U0162675

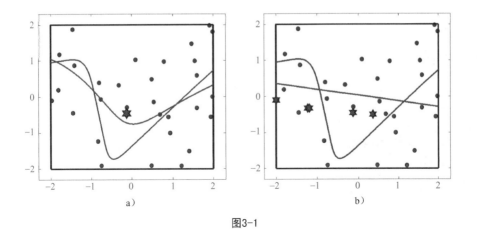

图3-1

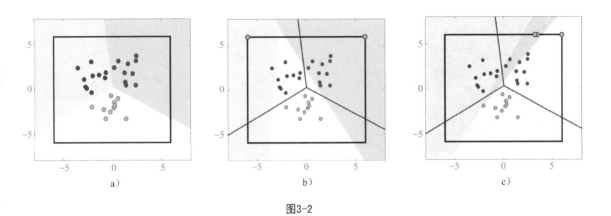

图3-2

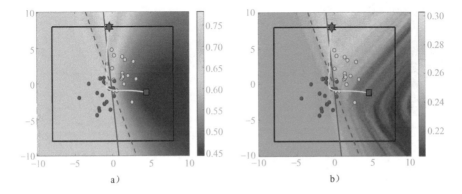

图3-3

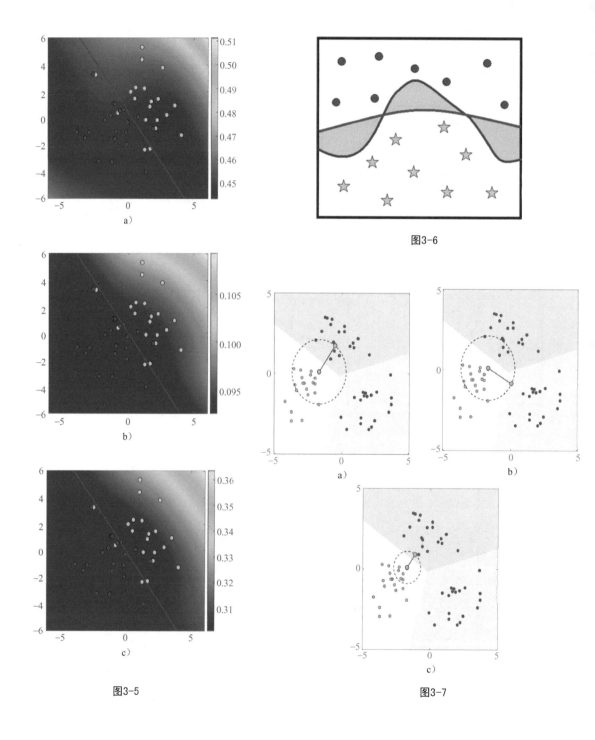

图3-5

图3-6

图3-7

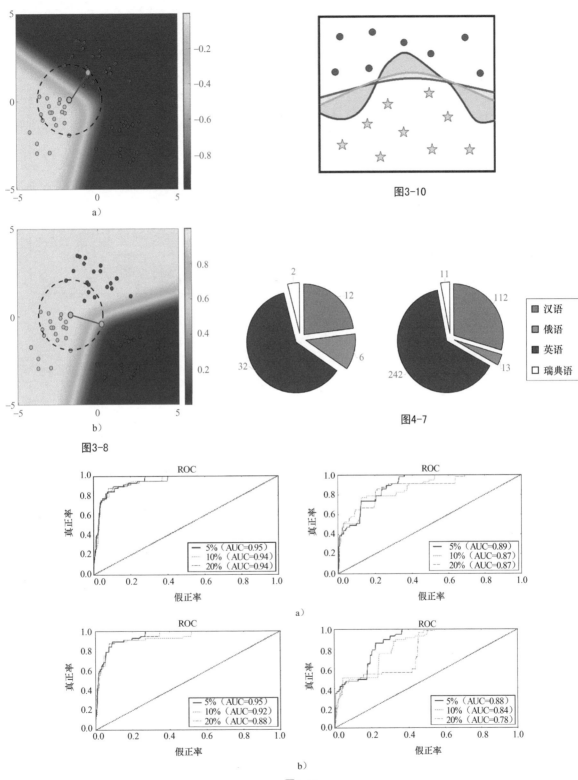

图3-10

图3-8

图4-7

图4-12

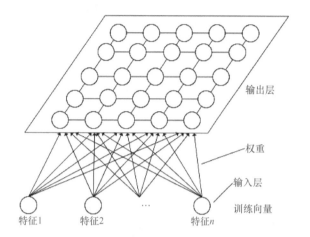

输出层

权重

输入层

训练向量

特征1   特征2   ...   特征n

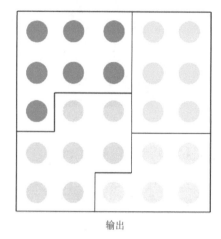

输出

图6-7

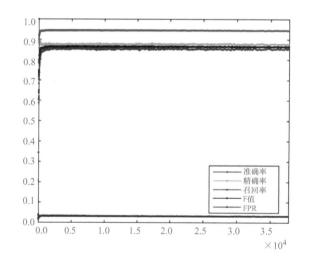

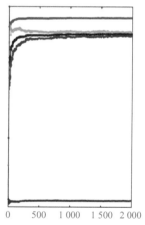

准确率
精确率
召回率
F值
FPR

图7-3

网络空间安全
技术丛书

基于人工智能方法的网络空间安全

[澳] 莱斯利·F. 西科斯（Leslie F. Sikos）编

寇广 雷程 李娜 胡志辉 何昌钦 岳望洋 译

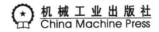

机械工业出版社
China Machine Press

图书在版编目（CIP）数据

基于人工智能方法的网络空间安全 /（澳）莱斯利·F. 西科斯（Leslie F. Sikos）编；寇广等译 . -- 北京：机械工业出版社，2021.9（2025.1 重印）
（网络空间安全技术丛书）
书名原文：AI in Cybersecurity
ISBN 978-7-111-69180-8

I. ① 基… II. ① 莱… ② 寇… III. ① 人工智能 - 应用 - 网络安全 IV. ① TP393.08-39

中国版本图书馆 CIP 数据核字（2021）第 195437 号

北京市版权局著作权合同登记 图字：01-2019-7108 号。

Translation from the English language edition:

AI in Cybersecurity

edited by Leslie F. Sikos

Copyright © Springer Nature Switzerland AG, 2019.

This edition has been translated and published under licence from

Springer Nature Switzerland AG.

All Rights Reserved.

本书中文简体字版由 Springer 授权机械工业出版社独家出版。未经出版者书面许可，不得以任何方式复制或抄袭本书内容。

基于人工智能方法的网络空间安全

出版发行：机械工业出版社（北京市西城区百万庄大街 22 号 邮政编码：100037）

责任编辑：赵亮宇　　　　　　　　　　　　　责任校对：殷　虹

印　　刷：北京捷迅佳彩印刷有限公司　　　　版　　次：2025 年 1 月第 1 版第 4 次印刷

开　　本：186mm×240mm　1/16　　　　　　印　　张：13.25　　　插　页：2

书　　号：ISBN 978-7-111-69180-8　　　　　定　　价：79.00 元

客服电话：（010）88361066　68326294

版权所有·侵权必究

封底无防伪标均为盗版

译 者 序

　　新一代人工智能已成为引领未来的战略性先导技术，是公认的最有可能改变世界的颠覆性技术。历史经验证明，新旧技术更替的趋势不可阻挡。将人工智能的潜能充分释放，对现有网络空间安全防御机制进行深刻变革，是大势所趋。当前，网络空间发展迈向万物互联、智能泛在的新阶段，同时，网络空间攻防呈现出多维拒止、自主对抗的新局面，勒索软件、新型病毒依然呈现爆发态势，或许人工智能将为网络安全带来革新技术。人工智能的发展和成熟为网络空间安全提供了全新思路，未来基于人工智能的网络空间安全能够有效应对不断深化的攻击风险，同时安全防护能力将随时间的推移不断学习从而不断增强。智能将成为安全的内在属性，人工智能与安全的融合从叠加、外挂演变成为内生，与此同时，人工智能的自身安全也是关键所在。

　　正所谓"智能的安全，安全的智能"，这已然成为学者们争相追逐的热点。莱斯利·F. 西科斯博士的这本书非常全面地阐述了人工智能在网络空间安全领域的运作机理、算法、应用和评价等，既有知识驱动的智能安全本体论，也有数据驱动的深度学习安全观。当然，我也相信基于人工智能的网络空间安全未来一定是双驱动的内生智能安全。

　　在此，我要感谢我的师弟雷程，他及时向我推荐了这本著作，但由于日常工作繁忙，翻译耗时较长，有的内容可能不是最新的了，但这并不影响理解。感谢我的学生李娜、胡志辉、何昌钦、岳望洋，有你们的努力才有本书的面世。不过，由于团队自身水平有限，不足之处还请各位读者多多批评指正！

2021 年 6 月于北京

序　言

　　1969 年开始举办的国际人工智能联合会议（IJCAI）和 1980 年开始举办的 AAAI 人工智能会议证明了人工智能（AI）是一个相对成熟的研究主题。多年来，AI 技术取得了令人瞩目的发展，并且融入了我们生活的方方面面。例如，《卫报》曾报道过 AlphaZero AI 在自学 4 个小时后击败了国际象棋冠军程序。因此，当 AI 能够对世界上的任何事物产生影响，甚至进行控制时，它将不再只是科幻小说中的元素。

　　尽管可能会引起争议，但 AI 应用不仅存在于商业世界中，而且存在于战场和军事环境中。也正是基于这个原因，Google 决定不再与美国政府续签关于联合开发人工智能军事应用的技术合同，例如开发人工智能在军事物联网中的应用。

　　AI 还在网络空间安全、网络威胁情报和高级持续性威胁（APT）的监测分析、遏制缓解，以及打击恶意网络行为（例如，有组织的网络犯罪以及国家支持的网络威胁）等方面扮演了重要角色。例如，不同于传统的签名方法，基于特征和行为的 AI 技术可用于自动扫描、识别未知的恶意软件和零日漏洞利用。

　　本书的重点在这里。例如，在第 2 章，作者阐述了网络语义的形式化知识表示在解决异构网络数据多源化挑战中所展示出的潜力。这包括从不同的安全监控解决方案收集和产生的大量数据。网络语义的形式化知识表示可以利用智能方式和下一代 AI 技术从结构化（大）数据中挖掘、解释和提取知识，为决策和制定网络防御策略提供信息。如本书中所述，其他人工智能网络安全应用包括系统与设备中的漏洞和脆弱点检测，以及可疑行为和异常监测。

　　AI 技术同样可以用于恶意目的。例如，对手可以使用 AI 技术来识别和利用系统与设备中的漏洞，并利用这些漏洞开展攻击。例如，利用无人驾驶车辆和无人驾驶飞行器（UAV，又称无人机）在高聚集区域开展协同攻击（例如高峰时段的城市地区）。此外，通过协同攻击，AI 技术可以利用智慧城市基础设施（例如，智能交通系统）中的漏洞来最大化此类攻击的影响，以造成社会恐慌和动荡。因此，防御基于人工智能的网络攻击十分必要。

换句话说，需要在很多方向上做更多的工作来回答下面这些开放式问题：

1）如何使用 AI 技术促进司法调查？

2）如何设计 AI 技术来帮助预测未来的网络攻击或潜在漏洞（已存在的风险）？

3）AI 技术能否帮助设计新的安全解决方案以克服人为设计的缺陷（例如，缓解密码协议中的"破解和修复"趋势）或者设计新的区块链类型？

简而言之，作者对 AI 技术在网络安全中的应用进行了全面阐述，对于从事 AI 领域网络安全研究的相关人员非常有用。

毫无疑问，这是一个激动人心的时代，在可预见的未来，AI 与网络安全之间的联系将变得越来越重要。

Kim-Kwang Raymond Choo 博士

于美国得克萨斯州圣安东尼奥市

前　　言

安全漏洞和被感染的计算机系统会让政府和企业遭受严重损失。攻击机制与防御机制在不断地并行发展，要检测欺诈性支付网关，保护云服务以及让文件安全传输，需要不断发展新技术。为了尽可能地防止未来发生的网络攻击或至少将其影响最小化，人工智能方法被用来抵御网络威胁和攻击。不断增加的全球网络威胁和网络攻击的数量促使人们迫切需要自动化防御机制来及时发现漏洞、威胁和恶意活动。知识表示和推理、自动化计划以及机器学习这些方法，有助于主动实现网络安全措施，而非被动实现。为此，人工智能驱动的网络安全应用程序开始发展，相关信息可参阅基于 AI 的安全基础设施 Chronicle 系统（谷歌提供的云服务，可以用于企业保留、分析和搜索网络安全数据）和"企业免疫系统"Darktrace。

日益复杂的网络、操作系统和无线通信漏洞，以及恶意软件行为给安全专家带来了国家级别甚至国际级别的重大挑战。本书囊括了目前几乎所有 AI 技术驱动的安全技术和方法。第 1 章介绍了 AI 的本体工程及其在网络安全、网络威胁情报和网络态势感知等方面的应用。本体中网络基础架构的概念、属性、关系和实体的正式定义使编写机器可解释的语句成为可能。这些语句可用于对专家知识进行有效的索引、查询和推理。第 2 章详细介绍了如何利用知识工程来描述网络拓扑和流量，以便软件代理可以自动处理它们并执行网络知识发现。网络分析人员往往使用多种来源的信息，除非使用统一的语法，否则软件代理无法有效地处理这些信息并将这些信息解释为易于理解的含义（例如模型理论语义和 Tarski 式解释）。网络知识的形式化表示不仅需要确定性的原理，有时还需要模糊的、概率性的原理以及元数据等作为来源。通过对语义丰富的网络知识进行推理，自动化机制可以生成即使是有经验的分析师也会忽略的关于相关性的非常规描述，并自动识别可能导致漏洞的错误配置。

第 3 章告诉我们,人工智能不仅可以提供帮助,还可能对网络安全构成威胁,因为黑客也会使用 AI 方法,比如攻击机器学习系统以利用软件漏洞并破坏程序代码。举个例子,他们可能在机器学习算法中引入误导性数据(数据投毒),篡改算法的行为,导致电子邮件将数千封垃圾邮件标记为"非垃圾邮件",从而使恶意电子邮件被视为正常邮件。

社交媒体网站中提到的软件漏洞可以被软件供应商用来打补丁,也可以被对手在打补丁之前加以利用。第 4 章展示了软件漏洞发布和利用之间的相关性,并提出了一种基于在线资源预测漏洞被利用的可能性的方法,供应商可以使用这些资源(包括 Dark Web 和 Deep Web)来优先安排补丁程序。

第 5 章介绍了适用于检测网络攻击的 AI 方法。它提供了二元分类器和优化技术,可以提高分类准确度、训练速度以及用于网络攻击检测的分布式 AI 驱动的计算效率。该章还描述了基于神经网络、模糊网络和进化计算的模型,以及二元分类器的组合策略,从而能够对不同子样本进行多种方式的训练。

第 6 章讨论了利用机器学习和数据挖掘来识别恶意连接的入侵检测技术,比较了使用模糊逻辑和人工神经网络的常见入侵检测系统,并在此基础上总结了使用人工神经网络处理网络攻击的主要挑战和机遇。

安全性的强弱取决于系统中最薄弱的环节。不论企业采取了什么样的安全措施,一个粗心的或经验不足的用户足以破坏文件传输的安全性或违反企业安全策略进行登录。例如,安装软件不仅可能导致系统感染恶意软件,还可能导致数据丢失、隐私泄露等。如第 7 章所述,人工智能可以用于分析软件安装程序的安全性,这一章中论述了基于机器学习的 Android 移动设备上用于分发和安装移动程序以及中间件的包文件格式的分析方法。利用机器学习算法对 APK 文件结构进行分析,可以识别潜在的恶意软件目标。

网络分析师、防御专家、学生和网络安全研究人员都可以从本书中汇编的一系列 AI 方法中受益,这本书不仅回顾了目前的技术水平,还提出了这一快速发展的研究领域的新方向。

Leslie F. Sikos 博士

于澳大利亚阿德莱德

目　　录

第1章

网络空间安全中的网络本体语言：
网络知识的概念建模

Leslie F. Sikos

摘要 网络漏洞检测、网络威胁情报自动预警和实时网络态势感知需要从形式化描述的概念中实现任务的自动化。知识组织系统，包括受控词汇表、分类法和本体，可以将原始网络数据转换成网络安全专家所需的有益信息。网络空间概念和属性的形式化知识表示为上层和领域本体，通过捕获网络拓扑结构与设备、信息流、漏洞和网络威胁的语义，可用于需要自动推理的特定应用、情境感知查询和知识发现。相应的结构化数据可用于网络监控、网络态势感知、异常检测、脆弱性评估和网络安全对策。

1.1 网络空间安全中的知识工程简介

形式化知识表示是人工智能的一个领域，它获取特定知识领域的概念、属性、关系和个体的语义（含义）作为结构化数据（比如所关注的领域和内容）。**资源描述框架**（RDF[⊖]）实现了以主语 - 断言 - 宾语三元组的形式来编写机器可解释的语句，称为 RDF 三元组[1]。

可以使用各种语法来表达这些语句，其中最常用的是 RDF/XML[⊖]、Turtle[⊜]、

⊖ https://www.w3.org/RDF/
⊖ https://www.w3.org/TR/rdf-syntax-grammar/
⊜ https://www.w3.org/TR/turtle/

N-Triples[⊖]、JSON-LD[⊜]、RDFa[⊜]和 HTML5 Microdata^㉕。例如，在 Turtle 序列化格式中，自然语言 "WannaCry 是一个勒索软件" 可以写成三元组 `WannaCry rdf：type：Ransomware`，其中 `type` 是来自 RDF 词汇表（rdfV）的 `isA` 关系，网址为 http://www.w3.org/1999/02/22-rdf-syntax-ns#type。^㊄请注意，RDF 三元组在 Turtle 中以句点终止，除非存在具有相同主语和断言，但对象不同的多个语句，在这种情况下，主语和断言仅被写入一次，然后是对象列表，并用分号分隔。使用名称空间机制，可以通过在 Turtle 文件的开头定义前缀来缩写，例如本例中的 `rdf:`，如列表 1.1 所示。

列表 1.1   名称空间前缀声明

```
@prefix rdf: <http://www.w3.org/1999/02/22-rdf-syntax-ns#> .
```

这样的 RDF 三元组是机器可解释的，通过使用严格的规则，它们可以通过自动推理，基于明确声明的语句来推断新语句。

机器可解释的定义是在不同的概念化和全面性层次上创建的，从而导致**知识组织系统**（KOS）类型的不同。受控词汇将表达方式绑定到预选方案中，以用于在主索引中进行后续检索，比如描述主题标题等（请参阅定义 1.1）。

定义 1.1（受控词汇） 受控词汇是一个包含可数无限 IRI^㊅集的三元组：$V=(N_C, N_R, N_I)$。其中，N_C 表示原子概念（概念名称或类）、N_R 表示原子角色（角色名称、特性或性质）、N_I 表示单个名称（对象），N_C、N_R 和 N_I 是成对的不相交集。

叙词表列出了根据含义相似性而分组在一起的单词，例如同义词。**分类法**是以层次结构对单词进行分类的。**知识库**（KB）描述了知识领域的术语和个体，包括概念和个体之间的关系。**本体**是具有复杂关系和复杂规则的知识领域的形式化概念，适用于自动推断新语句。**数据集**是相关的机器可解释语句的集合。

能够表达核心关系的 RDF 词汇经过扩展，已经能够描述概念和属性（例如分类结

㊀   https://www.w3.org/TR/n-triples/

㊁   https://www.w3.org/TR/json-ld/

㊂   https://www.w3.org/TR/rdfa-primer/

㊃   https://www.w3.org/TR/microdata/

㊄   作为常见断言，Turtle 允许将 `rdf：type` 缩写为 `a`。

㊅   国际化资源标识符。

构）之间更复杂的关系，从而形成了 **RDF 架构**（RDFS⊖）**语言**。RDFS 通常定义词汇表、分类法、叙词表和简单本体。复杂的知识领域需要更多的表示能力，例如属性基数约束、域和范围约束以及枚举类，这导致了 Web 本体语言（OWL，有意缩写为 W 和 O 交换）⊖，这是一种专为创建 Web 本体而设计的语言，具有丰富的建模构造函数，并解决了 RDFS 的本体工程限制问题。

每个 OWL 本体由定义概念（类）、角色（属性和关系）和个体的 RDF 三元组组成⊖。OWL 本体的本体文件可以由本体 URI、`rdf:type` 断言和来自 OWL 词汇表的 Ontology 概念定义（参见列表 1.2）。

列表 1.2 定义为本体的 OWL 文件

```
@prefix rdf: <http://www.w3.org/1999/02/22-rdf-syntax-ns#> .
@prefix owl: <http://www.w3.org/2002/07/owl#> .
<http://example.com/cyberontology.owl> a owl:Ontology .
```

可以使用 `rdf:type` 和 OWL 词汇表中的 Class 概念声明类，如列表 1.3 所示。

列表 1.3 OWL 类声明

```
:Malware a owl:Class .
```

可以使用 RDFS 词汇表中的 subclassOf 属性定义超级类–子类关系，如列表 1.4 所示。

列表 1.4 定义为本体的 OWL 文件

```
:Ransomware rdfs:subClassOf :Malware .
```

在 OWL 中，使用 `owl:ObjectProperty` 定义实体之间关系的属性，并使用 `owl:DatatypeProperty` 将属性分配给属性值或值范围，如列表 1.5 所示。

列表 1.5 对象属性和数据类型属性声明

```
:connectedTo a owl:ObjectProperty .
:hasIPAddress a owl:DatatypeProperty .
```

OWL 概念名称通常用 PascalCase 编写，其中通过连接大写单词来创建单词，而

⊖ https://www.w3.org/TR/rdf-schema/
⊖ https://www.w3.org/OWL/
⊜ SWRL 规则可以作为补充，但可能会导致不可判定。

OWL 属性名称通常以 CamelCase 编写，即复合单词或短语的编写方式是每个单词或缩写都以大写字母开头（中间大写）。

可以使用 OWL 词汇中的 namedIndividual 来声明个体，如列表 1.6 所示。

列表 1.6 实体声明

```
:WannaCry a owl:namedIndividual .
```

如我们的第一个示例所示，个体也可以声明为类的实例。在 OWL 中，还可以使用其他构造函数，例如原子和复杂概念否定、概念交叉、普通约束、有限存在量化、可传递性、角色层次、反向角色、函数属性、数据类型、名词和基数约束等。在 OWL 的第二个版本 OWL 2 中，这是由有限的复杂角色包含和角色层次结构的并集来补充的，并且受限的基数约束代替了非受限的基数约束。⊖

OWL 本体的形式基础可以由描述逻辑提供，描述逻辑中，有许多是一阶断言逻辑的可判定片段，并且通过支持不同的数学构造函数集，在表达性和推理复杂性之间具有不同的平衡[2]。

专家网络知识的统一表示使重要的数据验证任务成为可能，如自动化数据完整性检查和推理机制，可以通过自动化推理明确表达隐式语句。

本体的范围由粒度确定。**上层本体**（也称为上层次本体、顶层次本体或基础本体）是适用于各个领域的通用本体。**领域本体**通过特定的观点和事实来描述特定知识领域的词汇。**核心参考本体**是标准化的或事实上的标准本体，由不同的用户组使用，以通过合并多个领域本体来整合它们对知识域的不同观点。

1.2 网络空间安全分类标准

可靠和安全计算分类定义了属性（可用性、可靠性、安全性、机密性、完整性、可维护性）、威胁（故障、错误、失效）和方法（故障预防、容错、故障清除、故障预测）的概念层次结构[3]。分类结构中进一步详细说明了这些概念。错误分为开发错误、物理错误和交互错误。失效可以是服务失效、开发失效或可靠性失效。容错具有子类，例如错误检测和恢复。故障清除定义了更具体的类，例如验证、诊断、更正和

⊖ 由于构造函数示例超出本章讨论的范围，详细介绍请参见 https://www.w3.org/TR/owl2-quick-reference/。

非回归验证。故障预测可以采用顺序评估或概率评估方式，后者可以是建模或操作测试。故障类在非常深的类层次结构中会详细描述。

Hansman 和 Hunt 创建了网络和计算机攻击分类法，以对攻击类型进行分类[4]。它由四个"维度"组成，分别是攻击类别、攻击目标、漏洞和攻击方法，它们被用于对攻击进行分类以及判断攻击是否具有有效载荷或造成的影响超出其本身影响的可能性。为此，第一个维度定义了诸如病毒、蠕虫、特洛伊木马、缓冲区溢出、拒绝服务攻击、网络攻击、物理攻击、密码攻击和信息收集攻击等概念。第二个维度具有硬件和软件类别，包括计算机、操作系统、应用程序和网络，所有这些都能够在最高级别的粒度上进行详细描述，例如操作系统版本以及网络协议。第三个维度使用 CVE⊖（通用漏洞披露）。第四个维度描述了可能的有效载荷，例如蠕虫中可能有木马负载。

在 Gao 等人的文章中，攻击涉及如下几方面[5]：

- 攻击影响：机密性、完整性、可用性、身份验证、授权、审核。
- 攻击途径：DoS、人类行为攻击、信息收集、格式错误的输入、恶意代码、网络攻击、密码攻击、物理攻击。
- 攻击目标：硬件（计算机、网络设备、外围设备），软件（应用程序、网络、操作系统），人（接收者、发送者）。
- 漏洞：位置，动机，特定于资源的弱点，设计过程带来的弱点，实施过程带来的弱点，OWASP⊖中的弱点。
- 防御：安全网络通信、安全硬件、标准、技术误用、备份、加密、密码学、消息摘要校验和、内存保护、信任管理、访问控制、漏洞扫描程序、源代码扫描程序、系统登录、监视、蜜罐、杀毒、密钥管理。

该分类法通过捕获安全属性权重和评估指标来进行攻击效果评估，其中攻击效果涵盖了攻击之前和之后的系统性能变化。

Burger 等人的网络威胁情报交换的分类法与 OpenIOC⊖结构化威胁信息表达式

⊖ https://cve.mitre.org
⊖ https://www.owasp.org
⊜ http://www.openioc.org

(STIX)⊖和事件对象描述交换格式（IODEF⊖)[6]属于同一类型。与具有类层次结构的分类法相反，它采用分层模型，部分遵循 ISO/OSI 模型。从下到上的五个层次分别是传输、会话、指标、智能和 5W。传输概念层包含同步字节流、异步原子消息和原始字节流。会话层涵盖经过身份验证的发送者和接收者，以及整个内容的权限。指标层定义了指标的模式、行为和权限。智能涵盖三个概念：动作、查询和目标。顶层包含 5W 和 H（谁，什么，何时，何地，为什么，如何）。

1.3　网络空间安全的核心参考本体模型

网络安全运营信息参考本体是一种从网络安全运营的角度构建网络安全信息并协调行业规范的网络安全本体[7]，旨在作为使用以下内容在全球范围内交换网络安全信息时的基础：ISO/IEC⊜、OASIS⊛、NIST⑤、ITU-T⑥、MITRE⊕ 开放网格论坛⑧和 IEEE⑨。此本体的实现允许使用实际标准 CVE 标识符描述漏洞，并使用**通用攻击模式枚举和分类**（CAPEC）标识符⊕描述威胁。网络安全运营信息参考本体与标准保持一致准则，例如 ISO/IEC 27032⊕、ITU-T E. 409⊕、ITU-T X. 1500⊕和 IETFRFC 2350⊕。

1.4　网络空间安全的上层本体

安全本体（SO）用于代表任意信息系统[8]。它可以对资产（例如数据、网络和服务）、策略（例如防火墙和防病毒软件）以及风险评估知识进行建模。安全本体可用于

⊖　https://oasis-open.github.io/cti-documentation/stix/intro
⊖　https://www.ietf.org/rfc/rfc5070.txt
⊜　https://www.iso.org
⊛　https://www.oasis-open.org
⑤　https://www.nist.gov
⑥　https://www.itu.int
⊕　https://www.mitre.org
⑧　https://www.ogf.org
⑨　https://www.ieee.org
⊕　https://capec.mitre.org
⊕　https://www.iso.org/standard/44375.html
⊕　https://www.itu.int/rec/T-REC-E.409-200405-I/en
⊕　https://www.itu.int/rec/T-REC-X.1500/en
⊕　https://www.ietf.org/rfc/rfc2350.txt

形式化安全要求，并且支持各种来源的可互操作的安全性知识的汇总和推理。

安全资产漏洞本体（SAVO）是信息安全的上层本体，经过专门设计，可捕获威胁、风险、DoS 攻击、非法访问和漏洞等核心概念以及这些概念的属性。它定义了威胁、漏洞、风险、暴露、攻击和其他安全概念，并映射低级和高级安全要求和功能（参见图 1.1）。

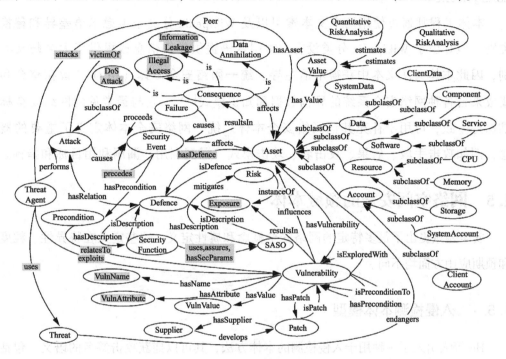

图 1.1 安全资产漏洞本体结构[9]

由 SAVO 的同一作者开发的**安全算法标准本体**（SASO）涵盖了安全算法、标准、概念、凭证、目标、保证级别。它由安全算法、安全保证、安全凭证和安全目标等概念组成。Fenz 等人提出的安全本体用于获取风险管理的语义，涵盖诸如属性、漏洞、威胁、控制、等级等安全概念[10]。属性类型包含子类型，例如控制类型、威胁来源、规模等。控制概念涵盖控制类型、与已建立的信息安全标准的关系、实现规范和缓解规范。漏洞包括管理漏洞和技术漏洞。本体中的定义已有正式的逻辑描述公理，并与 ISO 27001⊖ 和 NIST 信息安全风险管理指南[11]等标准保持一致。Wali 等人通过使用引

⊖　https://www.iso.org/isoiec-27001-information-security.html

导策略的自动分类方法来从文本索引生成网络安全本体[12]。本体是全面的，具有很深的分类结构。例如，对于概念 Countermeasure，它定义了子概念，如 AccessControl，Backup，Checksum，Cryptography，EmissionsSecurity，HoneyPot 和 Key-Management。

本体工程师通过使用两个文本索引以及 Wikipedia 分类来考虑术语差异和替换类别。但是由于 Wikipedia 分类没有为索引术语提供类别信息或提供了太多歧义类别，因此本体又从文本中获得术语主导。**统一网络安全本体**（UCO）[⊖]旨在整合和集成来自各种网络安全系统的异构数据和知识模式[13]。它与最常见的网络安全标准保持一致，可用于补充其他网络安全本体。统一网络安全本体定义了重要的概念，例如攻击手段、后果、攻击者、攻击模式、漏洞利用、漏洞利用目标和指标。

1.5　网络空间安全的领域本体

安全领域提出了很多特定的网络安全概念和属性定义。这些定义在特异性、粒度和预期应用方面均不同。

1.5.1　入侵检测本体模型

He 等人引入了一种用于入侵检测的本体方法，其可以捕获攻击签名的语义，包括但不限于系统状态（网络连接状态、CPU 和内存使用情况）、IP 地址、端口、协议以及路由器和防火墙日志[14]。该方法中的漏洞表示与常见的 CVE 代码相似。可以将本体用于基于字符串匹配的数字签名入侵检测，以及多传感器协作检测。

1.5.2　恶意软件分类和恶意软件行为本体模型

MITER 的**网络本体**基于恶意软件本体，可以整合不同的数据源，并支持自动化的网络防御任务[15]。该本体背后的概念框架是 Ingle 的恶意软件钻石模型行为，包括参与者、受害者、基础设施和能力。恶意软件行为是一种基于在受害者系统上的恶意软

⊖　https://github.com/Ebiquity/Unified-Cybersecurity-Ontology/blob/master/uco_1_5_rdf.owl

件感染期间观察到的一组可疑行为的本体论[16]。它定义了以下概念类型：

- 启动项攻击，如拒绝服务、发送电子邮件（垃圾邮件、网络钓鱼）、扫描、利用攻击发送。
- 规避，包括反分析（调试器检查、环境检测、删除证据）、反防卫（删除注册表、关闭防御机制）。
- 远程控制，例如下载代码（已知的恶意软件执行、其他代码执行、get 命令）。
- 自我防护，包括维护事件，例如组件检查、创建同步对象、语言检查、持久性。
- 窃取，包括系统信息窃取（主机名、操作系统信息、资源信息）和用户信息窃取（凭证、网银数据）。
- 版本控制，例如浏览器、内存写入和操作系统。

该本体可用于描述带有 RDF 语句的恶意软件操作。Swimmer 提出了 malonto，这是一种恶意软件本体，可通过推理进行假设测试和原因分析。它定义了病毒、蠕虫、特洛伊木马、漏洞利用程序、丢弃程序以及 drops、hasPayload、hasInsituacy、hasLocality、hasObfuscation、hasTransitivity 和 hasPlurality 等属性的类。

恶意软件本体⊖是一个综合的大类，包含恶意软件类别（例如 Trojan）、漏洞利用类别（例如 XSS 和 SQLi）以及大约 12 000 个恶意软件名称。该本体是旨在帮助威胁情报团队及时完成大数据任务。它可以用来总结恶意软件目标，回答与模式相关的问题，描述最近报告的 IP、散列和文件名，汇总和链接与恶意软件有关的技术信息。

1.5.3　网络威胁情报本体模型

如 STIX 和 IODEF 规范所证，社区正在不断努力使网络威胁信息标准化，以及定义与之相称的术语的本体[17]。实际上，尽管很多网络威胁本体都是基于 STIX 本身或者其扩展的，但仍有很多更精确的威胁本体并没有遵循标准。

顾名思义，**事件响应和威胁情报本体**⊖是用于对 Internet 实体进行分类和分析的本体，重点是计算机事件响应和威胁情报处理。它为该领域中使用的数据格式定义了语

⊖　https://www.recordedfuture.com/malware-ontology/

⊖　https://raw.githubusercontent.com/mswimmer/IRTI-Ontology/master/irti.rdf

义，从而使数据的生成方式不那么琐碎，不必重新解释数据。

Ekelhart 等人根据 1.2 节中提到的可靠和安全计算分类法和 IT 基础架构领域的概念[19]创建了一个方法。它可以用来正式描述 IT 基础架构元素的分配，类似于建筑物中楼层和房间号。这样的描述可用于定义灾难，例如物理威胁。当用于仿真时，该本体可以提供计算 IT 成本的基础，分析特定威胁的影响、潜在对策及其收益。

Costa 等人⊖提出的内部威胁指标本体论定义了描述恶意内部人员活动、内部威胁检测、预防和缓解的潜在指标的概念[20]。本体支持创建、共享和使用 AcceptAction、AccessAction、AccountAuthenticationInformation、AnomalousEvent、Back-doorSoftwareAsset、BankAccountAsset、BreachAction、ClassifiedInfor-mation、DataDeletionEvent、DataExfiltrationEvent、DataModificatio-nEvent、EncryptAction、FailedAction、FraudulentAction、Illegiti-mateAction 和 IntellectualProperty 等概念分析内部威胁的指标。

威胁情报本体实现了洛克希德·马丁[21]广泛采用的入侵杀伤链的方法，能够描述七个攻击阶段，每个阶段都与可以干扰入侵的行为相关联，即侦察、武器化、交付、开发、安装、指挥和控制，以及对目标的操作[22]。该本体旨在帮助威胁情报分析师有效地组织和搜索开源情报和威胁指标，从而更好地了解威胁环境。威胁情报本体可以用来描述各种攻击，例如分布式拒绝服务（DDoS）攻击，这种攻击会产生大量来自多个独立 IP 地址的流量，如果用来进行工业控制系统攻击，可能会导致能源部门断电。

1.5.4　数字取证本体模型

IT 安全事件中的数字取证本体，定义了特定时刻计算机上所有与取证相关的部分[23]。每个取证对象都与时间戳和取回它的取证工具相关联。在硬件方面，这些概念包括内存、HDD、网络接口卡（NIC）。本体定义了内核、资源和进程列表概念，这些概念在关系定义中使用，例如 hasResource 和 processlist。用户概念的特征指诸如用户名和密码等属性以及用户所属的一个或多个组。本体中还定义了与每个程序相关联的进程概念，并且在进程列表中列出了所有进程。根据定义，除了初始进程外，

⊖　http://resources.sei.cmu.edu/asset_files/TechnicalReport/2016_005_112_465537.owl

每个程序都至少具有一个线程和一个父进程。网络被定义为 NIC 配置，其中包括 IP、网关和名称服务器。连接由套接字包装，具有本地和远程 IP 地址。进程可以使用为套接字定义的端口和协议，以便资源参考。注册表包含配置单元，每个配置单元都有一个根密钥。每个密钥都有一个名称和状态，它们表示可以在其中找到密钥的标志。密钥可能具有可选的子密钥和值。值包含键值对、值类型和状态。对于文件系统，本体定义了文件系统类别、数据单元类别、文件名类别、元数据类别和应用程序类别。内存概念具有五个子类：内存系统体系结构、元数据、元代码、数据和代码。元数据具有更具体的子类，即内存组织元数据和运行时组织元数据。数据概念的子类是特定于操作系统的数据和应用程序数据，而代码概念的子类是特定于操作系统的数据代码和应用程序代码。

1.5.5　安全操作和流程本体模型

Oltramari 等人为安全操作创建了正式可执行的本体[24]。此外，它还可用于描述安全检索文件和检测入侵的任务。它具有诸如网络运营、网络运营商、任务计划、网络开发、有效负载等概念，以及这些概念之间的关系。

Maines 等人为满足业务流程的网络安全要求创建了一个本体规范[25]。定义了四个级别的概念，其中最高级别包含关键概念：隐私、访问控制、可用性、完整性、责任制以及攻击/危害检测和预防。隐私有两个直接子类：机密性和用户同意。访问控制定义了子类，例如身份验证、识别和授权。可用性包括服务、数据、人员和硬件备份。完整性涵盖数据、硬件、人员和软件完整性控制。责任制类具有子类，例如审计跟踪、数字取证和不可抵赖性。攻击/危害检测和预防包括以下概念：漏洞评估、蜜罐、防火墙以及入侵检测和预防系统。这些概念将在第三和第四级中进一步详细介绍。

1.5.6　描述网络攻击及其影响的本体模型

网络效应仿真本体论（CESO）[⊖]不仅适用于定性结果，而且适用于描述技术和人为

⊖　https://github.com/AustralianCentreforCyberSecurity/Cyber-Simulation-Terrain/blob/master/v1-0/cyber/ThreatSimulationOntology/tso.ttl

方式对网络的影响[26]。它与 STIX 保持一致,并定义了行动类别、行动方案、漏洞利用、利用目标和威胁参与者以及它们的属性,其旨在用于建模和模拟网络攻击对组织和军事单位的影响,例如陆战中的火炮射击任务。为此,它不仅为虚拟概念建模,还对物理概念和事件建模。

1.6 网络空间安全的相关网络系统本体集

网络基础设施的正式表示提供了标准化的数据模式,可以通过机器学习实现漏洞和暴露分析任务的自动化[27]。这些基础设施不仅包括计算机,还包括可以有效描述的物联网(IoT)设备[28]。该表示方法也可以用于无基础设施的无线网络,例如移动自组织网络(MANET⊖),可以使用 **MANET 分布式功能本体**(MDFO)进行描述[29]。

第一个网络管理本体集可以追溯到语义网的早期(例如,参见文献 [30])。De Paola 等人将网络中的计算机网络管理概念定义为流量实体、事件、数据库、管理工具、流量统计、行为、需求、参与者、路由、异常和网络实体等[31]。**网络域本体**专门用于设计详细的网络,其中网络设备是网络概念的实例,可以使用诸如 MAC 地址、IP地址、操作系统以及设备所在办公室的编号等属性来描述[32]。

网络本体论(NetOnto)是一种用于描述交换的 BGP⊖ 路由的方法[33]。写入 SWRL⊖ 规则的 BGP 是对本体中 OWL 公理的补充,该策略确定了相邻节点之间如何共享路由信息以控制跨网络的流量。这些策略还包括上下文信息,例如从属关系和路由约束。使用 NetOnto 可以专注于高级策略并自动重新配置网络。

Basile 等人在三个层级定义了本体:第一层,例如 Switch、Router、Firewall;第二层,例如 Workstation、Server、PublicService 等;第三层,例如 Shared-Workstation、PublicServer,其中第二个字母可以通过对第一个字母的推理自动生成[34]。

Ghiran 等人的防火墙本体定义了端口范围、IP 地址范围、接口、防火墙规则、协议和操作等概念[35]。防火墙规则进一步分为正确规则、冲突规则和未分类规则。冲突

⊖ http://tools.ietf.org/html/rfc2501
⊜ Border Gateway Protocol.
⊜ Semantic Web Rule Language.

规则定义为概括、冗余规则、阴影规则或相关规则。可针对防火墙策略进行高级推理的 SWKL 规则是对本体的最佳补充。

INSPIRE 项目的 **SCADA 本体**基于现已撤销的 ISO/IEC 13335—1：2004 标准⊖以及这些概念的属性、关系和相互依赖性来定义资产、漏洞、处理、攻击源和防护概念[36]。它获取了 SCADA 系统中连接之间的语义和依赖关系及其安全性方面。

物理设备本体定义了诸如设备、智能卡、配置和插槽等概念，以及它们的对象和数据类型属性[37]。它可用于描述设备（例如路由器）及其配置。

IP 流量的测量本体研究是一种用于与 IP 流量测量设备进行接口和数据交换的 ETSI 规范[38]。它合并了定义连接、协议、应用程序和路由设备、逻辑和物理位置、路由和排队算法以及用于测量网络流量的单位等概念的本体。它与网络测量的标准信息模型保持一致，比如 IETF SNMP MIB⊜（RFC 3418）、IPFIX⊜（RFC 3955）、IPPM⊗（RFC 6576）、CAIDA DatCat⊕、ITU M.3100⊗和 DMTF CIM⊕。

路由器配置域的本体设置（ORCONF）是用来描述网络路由器的命令行界面（CLI）的语义[39]。更具体地说，它适用于描述路由器的所有可执行配置语句，即组合使用以表示路由器配置操作的有效命令和变量序列（例如 set→system→host_name→<名称>）。可以使用**网络设备配置本体**（ONDC）以类似的方式描述其他设备（如交换机），也可以用作填充特定于供应商和设备框架的一部分[40]。

Laskey 等人的概率本体是针对大规模 IP 地址地理定位而设计的[41]。它将用于 IP 地理定位的因子图模型与代表地理定位的知识域集成在一起。因子图模型中的随机变量对应于领域中的不确定属性和关系。该模型可用于推理任意数量的 IP 节点、区域和网络拓扑。

MonONTO 是用于网络监控的领域本体[42]。它定义了高级应用程序的服务质量、

⊖ http://www.iso.org/standard/39066.html
⊜ https://tools.ietf.org/html/rfc3418
⊜ https://www.ietf.org/rfc/rfc3955.txt
⊗ https://tools.ietf.org/html/rfc6576
⊕ http://ww.datcat.org
⊗ https://www.itu.int/rec/T-REC-M.3100/en
⊕ https://ww.dmtf.org/standards/cim

网络性能度量和用户配置文件的概念。它可以基于专家系统的使用来监视高级 Internet 应用程序的性能。MonONTO 可以获取延迟、带宽吞吐量、链路利用率、跟踪路由、网络丢失和延迟的语义。本体的开发人员还创建了一组推理规则，这些推理规则由从 MonONTO 概念之间的关系得到的网络知识组成。

IP 网络拓扑和通信本体⊖是定义 IPv4 和 IPv6 网络拓扑及连接的最全面的概念之一。它还为 HTTP 方法、IP 地址、协议和连接状态定义了自定义数据类型。

通信网络拓扑和转发本体（CNTFO）⊜是基于 Internet 协议（IP）、**开放式最短路径优先**（OSPF）和边界网关协议（BGP）[43]形成的。它获取了 OSPF 链接状态公告和 BGP 更新消息、路由器配置文件以及开放数据集检索到的路由信息语义。此外，它涵盖了基本的管理和网络概念及其属性，用于描述自治系统、网络拓扑和流量。CNTFO 特定属性的属性值范围与 IETF RFC 中的标准定义保持一致，并对标准 XSD 数据类型的约束进行定义。为了使自动生成的数据具有权威性，CNTFO 支持在 RDF 三元组和数据级间使用标准 PROV-O 术语⊜和自定义的特殊来源术语（例如 importHost、import-User 和 sourceType）。可以使用 RDF 四元组（例如 TriG⊛序列化格式）来获取这些可识别出处的语句[44]。

1.7 总结

本体工程可以通过支持自动化数据处理来为网络安全挑战提供解决方案，这依赖于专家网络知识的通用表达式。考虑到 RDF 三元组的特点，使用 OWL 定义 RDF 三元组中描述网络知识的概念和角色的语义是很简单的。上层本体到特定领域本体见证了网络空间安全本体的激增，其可组合用于描述有关 IP 基础结构、网络拓扑、当前网络状态以及潜在的网络威胁等的复杂声明。基于这些形式化的描述，可以有效地执行自动化任务，并且可以使复杂的、隐含的语句变得明确，从而有助于在日益复杂和高度动态的网络空间中发现知识。

⊖ https://github.com/twosixlabs/icas-ontology/blob/master/ontology/ipnet.ttl
⊜ http://purl.org/ontology/network/
⊜ https://www.w3.org/TR/prov-o/
⊛ https://www.w3.org/TR/trig/

参考文献

[1] Sikos LF (2015) Mastering structured data on the Semantic Web: from HTML5 Microdata to Linked Open Data. Apress, New York. https://doi.org/10.1007/978-1-4842-1049-9

[2] Sikos LF (2017) Description logics in multimedia reasoning. Springer, Cham. https://doi.org/10.1007/978-3-319-54066-5

[3] Avizienis A, Laprie J-C, Randell B, Landwehr C (2004) Basic concepts and taxonomy of dependable and secure computing. IEEE Trans Depend Secur Comput 1(1):11–33. https://doi.org/10.1109/TDSC.2004.2

[4] Hansman S, Hunt R (2005) A taxonomy of network and computer attacks. Comput Secur 24(1):31–43. https://doi.org/10.1016/j.cose.2004.06.011

[5] Gao J, Zhang B, Chen X, Luo Z (2013) Ontology-based model of network and computer attacks for security assessment. J Shanghai Jiaotong Univ (Sci) 18(5):554–562. https://doi.org/10.1007/s12204-013-1439-5

[6] Burger EW, Goodman MD, Kampanakis P (2014) Taxonomy model for cyber threat intelligence information exchange technologies. In: Ahn G-J, Sander T (eds) Proceedings of the 2014 ACM Workshop on Information Sharing & Collaborative Security. ACM, New York, pp 51–60. https://doi.org/10.1145/2663876.2663883

[7] Takahashi T, Kadobayashi Y (2015) Reference ontology for cybersecurity operational information. Comput J 58(10):2297–2312. https://doi.org/10.1093/comjnl/bxu101

[8] Tsoumas B, Papagiannakopoulos P, Dritsas S, Gritzalis D (2006) Security-by-ontology: a knowledge-centric approach. In: Fischer-Hübner S, Rannenberg K, Yngström L, Lindskog S (eds) Security and privacy in dynamic environments. Springer, Boston, pp 99–110. https://doi.org/10.1007/0-387-33406-8_9

[9] Vorobiev A, Bekmamedova N (2007) An ontological approach applied to information security and trust. In: Cater-Steel A, Roberts L, Toleman M (eds) ACIS2007 Toowoomba 5–7 December 2007: Delegate Handbook for the 18th Australasian Conference on Information Systems. University of Southern Queensland, Toowoomba, Australia. http://aisel.aisnet.org/acis2007/114/

[10] Fenz S, Ekelhart A (2009) Formalizing information security knowledge. In: Li W, Susilo W, Tupakula U, Safavi-Naini R, Varadharajan V (eds) Proceedings of the 4th International Symposium on Information, Computer, and Communications Security. ACM, New York, pp 183–194. https://doi.org/10.1145/1533057.1533084

[11] Stoneburner G, Goguen A, Feringa A (2002) Risk management guide for information technology systems. NIST Special Publication 800-30, National Institute of Standards and Technology (NIST), Gaithersburg, MD, USA

[12] Wali A, Chun SA, Geller J (2013) A bootstrapping approach for developing a cyber-security ontology using textbook index terms. In: Guerrero JE (ed) Proceedings of the 2013 International Conference on Availability, Reliability, and Security. IEEE Computer Society, Washington, pp 569–576. https://doi.org/10.1109/ARES.2013.75

[13] Syed Z, Padia A, Mathews ML, Finin T, Joshi A (2016) UCO: a unified cybersecurity ontology. In: Wong W-K, Lowd D (eds) Proceedings of the Thirtieth AAAI Workshop on Artificial Intelligence for Cyber Security. AAAI Press, Palo Alto, CA, USA, pp 195–202. https://www.aaai.org/ocs/index.php/WS/AAAIW16/paper/download/12574/12365

[14] He Y, Chen W, Yang M, Peng W (2004) Ontology-based cooperative intrusion detection system. In: Jin H, Gao GR, Xu Z, Chen H (eds) Network and parallel computing. Springer, Heidelberg, pp 419–426. https://doi.org/10.1007/978-3-540-30141-7_59

[15] Obrst L, Chase P, Markeloff R (2012) Developing an ontology of the cyber security domain. In: Costa PCG, Laskey KB (eds) Proceedings of the Seventh International Conference on Semantic Technologies for Intelligence, Defense, and Security. RWTH Aachen University, Aachen, pp 49–56. http://ceur-ws.org/Vol-966/STIDS2012_T06_ObrstEtAl_CyberOntology.pdf

[16] Grégio A, Bonacin R, Nabuco O, Afonso VM, De Geus PL, Jino M (2014) Ontology for malware behavior: a core model proposal. In: Reddy SM (ed) Proceedings of the 2014 IEEE

23rd International WETICE Conference. IEEE, New York, pp 453–458. https://doi.org/10.1109/WETICE.2014.72

[17] Asgarli E, Burger E (2016) Semantic ontologies for cyber threat sharing standards. In: Proceedings of the 2016 IEEE Symposium on Technologies for Homeland Security. IEEE, New York. https://doi.org/10.1109/THS.2016.7568896

[18] Ussath M, Jaeger D, Cheng F, Meinel C (2016) Pushing the limits of cyber threat intelligence: extending STIX to support complex patterns. In: Latifi S (ed) Information technology: new generations. Springer, Cham, pp 213–225. https://doi.org/10.1007/978-3-319-32467-8_20

[19] Ekelhart A, Fenz S, Klemen M, Weippl E (2007) Security ontologies: improving quantitative risk analysis. In: Sprague RH (ed) Proceedings of the 40th Annual Hawaii International Conference on System Sciences. IEEE Computer Society, Los Alamitos, CA, USA. https://doi.org/10.1109/HICSS.2007.478

[20] Costa DL, Collins ML, Perl SJ, Albrethsen MJ, Silowash GJ, Spooner DL (2014) An ontology for insider threat indicators: development and applications. In: Laskey KB, Emmons I, Costa PCG (eds) Proceedings of the Ninth Conference on Semantic Technology for Intelligence, Defense, and Security. RWTH Aachen University, Aachen, pp 48–53. http://ceur-ws.org/Vol-1304/STIDS2014_T07_CostaEtAl.pdf

[21] Falk C (2016) An ontology for threat intelligence. In: Koch R, Rodosek G (eds) Proceedings of the 15th European Conference on Cyber Warfare and Security. Curran Associates, Red Hook, NY, USA

[22] Hutchins EM, Cloppert MJ, Amin RM (2011) Intelligence-driven computer network defense informed by analysis of adversary campaigns and intrusion kill chains. In: Armistead EL (ed) Proceedings of the 6th International Conference on Information Warfare and Security. Academic Conferences and Publishing International, Sonning Common, UK, pp 113–125

[23] Wolf JP (2013) An ontology for digital forensics in IT security incidents. M.Sc. thesis, University of Augsburg, Augsburg, Germany

[24] Oltramari A, Cranor LF, Walls RJ, McDaniel P (2014) Building an ontology of cyber security. In: Laskey KB, Emmons I, Costa PCG (eds) Proceedings of the Ninth Conference on Semantic Technology for Intelligence, Defense, and Security. RWTH Aachen University, Aachen, pp 54–61. http://ceur-ws.org/Vol-1304/STIDS2014_T08_OltramariEtAl.pdf

[25] Maines CL, Llewellyn-Jones D, Tang S, Zhou B (2015) A cyber security ontology for BPMN-security extensions. In: Wu Y, Min G, Georgalas N, Hu J, Atzori L, Jin X, Jarvis S, Liu L, Calvo RA (eds) Proceedings of the 2015 IEEE International Conference on Computer and Information Technology; Ubiquitous Computing and Communications; Dependable, Autonomic and Secure Computing; Pervasive Intelligence and Computing. IEEE, New York, pp 1756–1763. https://doi.org/10.1109/CIT/IUCC/DASC/PICOM.2015.265

[26] Ormrod D, Turnbull B, O'Sullivan K (2015) System of systems cyber effects simulation ontology. In: Proceedings of the 2015 Winter Simulation Conference. IEEE, New York, pp 2475–2486. https://doi.org/10.1109/WSC.2015.7408358

[27] Sicilia MA, García-Barriocanal E, Bermejo-Higuera J, Sánchez-Alonso S (2015) What are information security ontologies useful for? In: Garoufallou E, Hartley R, Gaitanou P (eds) Metadata and semantics research. Springer, Cham, pp 51–61. https://doi.org/10.1007/978-3-319-24129-6_5

[28] Gaglio S, Lo Re G (eds) (2014) Advances onto the Internet of Things: how ontologies make the Internet of Things meaningful. Springer, Cham. https://doi.org/10.1007/978-3-319-03992-3

[29] Orwat ME, Levin TE, Irvine CE (2008) An ontological approach to secure MANET management. In: Jakoubi S, Tjoa S, Weippl ER (eds) Proceedings of the Third International Conference on Availability, Reliability and Security. IEEE Computer Society, Los Alamitos, CA, USA, pp 787–794. https://doi.org/10.1109/ARES.2008.183

[30] De Vergara JEL, Villagra VA, Asensio JI, Berrocal J (2003) Ontologies: giving semantics to network management models. IEEE Netw 17(3):15–21. https://doi.org/10.1109/MNET.2003.1201472

[31] De Paola A, Gatani L, Lo Re G, Pizzitola A, Urso A (2003) A network ontology for computer network management. Technical report No 22. Institute for High Performance Computing and Networking, Palermo, Italy

[32] Abar S, Iwaya Y, Abe T, Kinoshita T (2006) Exploiting domain ontologies and intelligent agents: an automated network management support paradigm. In: Chong I, Kawahara K (eds) Information networking. Advances in data communications and wireless networks. Springer, Heidelberg, pp 823–832. https://doi.org/10.1007/11919568_82

[33] Kodeswaran P, Kodeswaran SB, Joshi A, Perich F (2008) Utilizing semantic policies for managing BGP route dissemination. In: 2008 IEEE INFOCOM Workshops. IEEE, Piscataway, NJ, USA. https://doi.org/10.1109/INFOCOM.2008.4544611

[34] Basile C, Lioy A, Scozzi S, Vallini M (2009) Ontology-based policy translation. In: Herrero Á, Gastaldo P, Zunino R, Corchado E (eds) Computational intelligence in security for information systems. Springer, Heidelberg, pp 117–126. https://doi.org/10.1007/978-3-642-04091-7_15

[35] Ghiran AM, Silaghi GC, Tomai N (2009) Ontology-based tools for automating integration and validation of firewall rules. In: Abramowicz W (ed) Business information systems. Springer, Heidelberg, pp 37–48. https://doi.org/10.1007/978-3-642-01190-0_4

[36] Choraś M, Flizikowski A, Kozik R, Hołubowicz W (2010) Decision aid tool and ontology-based reasoning for critical infrastructure vulnerabilities and threats analysis. In: Rome E, Bloomfield R (eds) Critical information infrastructures security. Springer, Heidelberg, pp 98–110. https://doi.org/10.1007/978-3-642-14379-3_9

[37] Miksa K, Sabina P, Kasztelnik M (2010) Combining ontologies with domain specific languages: a case study from network configuration software. In: Aßmann U, Bartho A, Wende C (eds) Reasoning web. Semantic technologies for software engineering. Springer, Heidelberg, pp 99–118. https://doi.org/10.1007/978-3-642-15543-7_4

[38] ETSI Industry Specification Group (2013) Measurement ontology for IP traffic (MOI); requirements for IP traffic measurement ontologies development. ETSI, Valbonne. http://www.etsi.org/deliver/etsi_gs/MOI/001_099/003/01.01.01_60/gs_moi003v010101p.pdf

[39] Martínez A, Yannuzzi M, Serral-Gracià R, Ramírez W (2014) Ontology-based information extraction from the configuration command line of network routers. In: Prasath R, O'Reilly P, Kathirvalavakumar T (eds) Mining intelligence and knowledge exploration. Springer, Cham, pp 312–322. https://doi.org/10.1007/978-3-319-13817-6_30

[40] Martínez A, Yannuzzi M, López J, Serral-Gracià R, Ramírez W (2015) Applying information extraction for abstracting and automating CLI-based configuration of network devices in heterogeneous environments. In: Laalaoui Y, Bouguila N (eds) Artificial intelligence applications in information and communication technologies. Springer, Cham, pp 167–193. https://doi.org/10.1007/978-3-319-19833-0_8

[41] Laskey K, Chandekar S, Paris B-P (2015) A probabilistic ontology for large-scale IP geolocation. In: Laskey KB, Emmons I, Costa PCG, Oltramari A (eds) Tenth Conference on Semantic Technology for Intelligence, Defense, and Security. RWTH Aachen University, Aachen, pp 18–25. http://ceur-ws.org/Vol-1523/STIDS_2015_T03_Laskey_etal.pdf

[42] Moraes PS, Sampaio LN, Monteiro JAS, Portnoi M (2008) MonONTO: a domain ontology for network monitoring and recommendation for advanced Internet applications users. In: 2008 IEEE Network Operations and Management Symposium Workshops–NOMS 2008. IEEE, Piscataway, NJ, USA. https://doi.org/10.1109/NOMSW.2007.21

[43] Sikos LF, Stumptner M, Mayer W, Howard C, Voigt S, Philp D (2018) Representing network knowledge using provenance-aware formalisms for cyber-situational awareness. Procedia Comput Sci 126C: 29–38

[44] Sikos LF, Stumptner M, Mayer W, Howard C, Voigt S, Philp D (2018) Automated reasoning over provenance-aware communication network knowledge in support of cyber-situational awareness. In: Liu W, Giunchiglia F, Yang B (eds) Knowledge science, engineering and management. Springer, Cham., pp 132–143. https://doi.org/10.1007/978-3-319-99247-1_12

第 2 章

推理型网络态势感知的
网络语义知识表示

Leslie F. Sikos, **Dean Philp**, **Catherine Howard**, **Shaun Voigt**,
Markus Stumptner, **Wolfgang Mayer**

摘要　网络分析师应了解网络设备如何互联,以及信息是如何在网络之间传输的,这对于实现主动式网络安全监控等应用程序所需的网络态势感知是至关重要的。许多异构数据源对于这些应用程序都很有用,包括路由器配置文件、路由消息和开放数据集。但是,这些数据集存在互操作性问题,可以通过基于网络语义的形式化知识表示技术来解决。形式化的知识表示还支持对有关网络概念、属性、实体和关系的声明进行自动推理,从而实现知识发现。本章介绍了形式化知识表示形式,用于获取通信网络概念的语义、其属性和关系,以及元数据(例如数据来源)。本章还描述了如何提高这些知识表示方法的表达能力,以表示不确定性和模糊性。

2.1　引言

主动式网络安全监控高度依赖于准确、简洁、高质量的网络数据。传统的网络漏洞检查依赖于需要大量专业知识且容易出错的劳动密集型流程。

尽管黑客不断地试图破坏关键基础设施,但智能系统也提供了一些机制来降低网络攻击的影响，并尽可能通过实时的网络态势感知来防止攻击，同时控制漏洞风险。基于网络设备语义和它们之间的通信流，将原始数据转换成有价值信息的过程不能仅仅依靠手动方法实现，因为通信网络具有大数据量和多样性。网络分析人员可以从基于自动推理的框架中受益，以提高对高度动态的网络空间的网络态势感知[1]。开发这样的框架需要通过句法和语义的互操作性进行数据集成，通过形式化知识表示标准来实现，例如资源描述框架（RDF）⊖[2]。

本章介绍获取通信网络概念的语义、属性以及它们之间关系的知识表示形式。在介绍了一些基本的通信网络概念（2.3 节）后，还进行了详细的讨论，解释了如何表示这些概念（2.4 节）以及元数据（2.5 节），包括数据出处以及如何提高表达能力来表示不确定性和模糊性（2.6 节和 2.7 节）。

2.2 预备知识

提供语法和语义互操作性是一种使通信网络能够进行自动数据处理的技术，这可以通过**形式化知识表示**来实现。形式化知识表示是人工智能的一个领域，专门用于表示被选定部分的信息，称为**知识域**（感兴趣的领域或关注的领域），其形式允许软件代理解决复杂的任务。形式化表示的信息不仅可以非常有效地索引和查询，还可以利用推理算法来推断新的表达，从而促进知识发现。从表示的角度来看，有两种类型的网络数据：专家知识和真实网络的实体（个人）声明。

专家知识代表网络概念和关系，可以在本体中编辑为术语定义来作为背景知识，从而描述有关通信网络的基本事实，例如 IP 地址不应在公共网络内重用。基于本体的表示使用一种通用的数据格式，该格式能够实现最大化语义内容所需的信息融合[3]。由于通信网络的复杂性，存在各种网络本体，所有这些知识都获取了网络不同方面的语义。一些著名的网络本体包括：物理设备本体[4]、网络域本体[5]、网络设备配置本体（ONDC）[6]，通用信息模型本体（CIM）[7]、路由器配置域本体（ORCONF）[8]、大规模 IP 地理位置概率本体[9]、IP 流量的测量本体研究（MOI）[10]和网络本体（NetOnto）[11]。但是，由于它们的范围、概念化和预期的应用，并不是所有网络本体都适合表示网络拓

⊖ https://www.w3.org/RDF/

扑和网络流量[12]。这促进了**通信网络拓扑和转发本体**（CNTFO）⊖的发展[13]。

用来描述特定网络的现实网络实体的属性可以是手动声明的属性，也可以由软件代理从网络设备之间发送的路由⊖消息、网络设备的配置文件等中提取的属性来表示。许多用于数据网络态势感知的数据（例如，路由跟踪响应、路由消息和路由器配置文件）构成了**非结构化数据**，并通常以专有格式存储。相应的信息仅人类可读，只有专家才能理解。例如，软件代理无法有效地处理 "ServerX 的 IP 地址为 103.254.136.21" 这样的自然语句，因为对于软件代理而言，该语句将只是毫无意义的字符串。相反，以半结构化数据格式（例如 XML⊜）编写的同一条语句是机器可读的，因为设备名称和 IP 地址使用单独的标签（例如，< device > ServerX </device > 和 < ipadd > 103.254.136.21</ipadd>），它允许软件代理提取相应的数据。但是，这些属性的语义（含义）仍未定义。为了克服此限制，可以使用诸如 RDF 之类的 "语义 Web 标准" 将语句编写为结构化数据，并使用知识组织系统（KOS）的注释（尤其是受控词汇表）进行扩展，这些注释收集术语、属性、关系、知识领域的实体和本法，它们是知识领域的形式化概念，具有适用于推理新陈述的复杂类、关系和规则。这样，数据变得可以被机器解释、明确且可互操作，与非结构化或半结构化相比，允许执行更多类型的自动化任务。根据发布结构化数据的最佳实践编写的结构化数据称为链接数据。链接数据通常用于补充本体的概念定义，以进一步详细说明知识表示的语义和与链接相关的资源[14]。链接数据原则包括 HTTP 上每种资源的可引用 URI、使用开放标准的知识表示以及与相关资源的链接[15]。如果使用公开许可证（例如 PDDL⃝四、ODC-By⃝五、ODC-ODbL⃝六、CC0 1.0⃝七、CC-BY-SA⃝八、GFDL⃝九）发布，则链接数据将成为**链接开放数据**（LOD）。那些包含链接开放数据的数据集称为 **LOD 数据集**。

⊖ http://purl.org/ontology/network/
⊖ 路由是选择网络路径来承载网络流量的过程。
⊜ https://www.w3.org/TR/xml11/
四 https://opendatacommons.org/licenses/pddl/
五 https://opendatacommons.org/licenses/by/
六 https://opendatacommons.org/licenses/odbl/
七 https://creativecommons.org/publicdomain/zero/1.0/
八 https://creativecommons.org/licenses/by-sa/4.0/
九 https://www.gnu.org/copyleft/fdl.html

RDF 允许使用主语–断言–对象形式的机器可解释的语句（请参阅定义2.1）。

定义2.1（RDF 三元组） 令 S 为一组数据源，它是国际资源标识符（IRI）集合（$\mathbb{I}$）的子集，即以下形式的 Unicode 字符串集 scheme:[//[user:password @]host [:port][/]path[? query][#fragment]表示为 $S \subset \mathbb{I}$。假设存在成对的不相交的无穷集：

1）IRI；

2）RDF 文字（$\mathbb{L}$），可以是

a）格式为 "<string>"(@ <lang>)的自表示普通文字 $\mathbb{L}_P$，其中<string>是字符串，<lang>是可选语言标记；

b）格式为" <string>" ^^ <datatype>的类型文字 $\mathbb{L}_T$，其中<datatype>是一个根据模式（如 XML Schema）表示数据类型的 IRI<string>是与数据类型对应的词法空间元素；

3）空白节点（$\mathbb{B}$），表示：既不是 IRI 也不是 RDF 文字的唯一但匿名的资源。

三元组 $(s,p,o) \in (\mathbb{I} \cup \mathbb{B}) \times \mathbb{I} \times (\mathbb{I} \cup \mathbb{L} \cup \mathbb{B})$ 称为 **RDF 三元组**（或 RDF 语句），其中 s 是主语，p 是断言 o 是宾语。

例如，路由器是网络设备这一事实可以如例2.1中这样表示。

例2.1 三元组 Router-isA-Networking Device。

要声明每个三元组的定义，请使用 DBpedia 中的 "Router" 定义、RDF 词汇表（rdfV）中的 "isA" 关系以及 DBpedia 中的网络设备定义。然后代入以下 RDF 三元组：

- 主语：http://dbpedia.org/resource/Router_(computing)
- 断言：http://www.w3.org/1999/02/22-rdf-syntax-ns#type
- 宾语：http://dbpedia.org/resource/Networking_device

可以使用命名机制来缩写经常使用的 URL，该机制定义了一个前缀 URL，可以将该前缀 URL 与三元组元素串联以获得完整的 URL。由于 RDF 支持广泛的序列化格式，因此可以用多种方式表示 RDF 三元组。例如，使用 Turtle 序列化$^\ominus$，上一个三元组将类似于列表2.1。

列表2.1 一个 RDF 三元组

```
@prefix dbpedia: <http://dbpedia.org/resource/> .
@prefix rdf: <http://www.w3.org/1999/02/22-rdf-syntax-ns#> .

dbpedia:Router_(computing) rdf:type dbpedia:Networking_device .
```

$\ominus$ https://www.w3.org/TR/turtle/

可以将一组 RDF 三元组视为有向标记图, 称为 **RDF 图**, 其中节点集与图中 RDF 三元组的主语和宾语相对应, 主语和宾语之间的边表示断言关系。

RDF 三元组由上下文形式 RDF 四元组补充 (请参见定义 2.2)。

定义 2.2 (RDF 四元组) 形式为 (s, p, o, c) 的四元组, 其中 s, p, o 表示 RDF 三元组, 而 c 标识该三元组的上下文, 称为 **RDF 四元组**。

例如, : host18: hasInterface: I10.1.8.1: traceroute101。是一个 RDF 四元组, 根据 traceroute101, 它描述 host18 的接口地址为 10.1.8.1。

每个三元组的上下文可以标识该三元组所属的 RDF 图 (请参见定义 2.3)。

定义 2.3 (命名图) 如果上下文是标识三元组所属的 RDF 图名称的 IRI, 则可以将 RDF 数据集 D 定义为一组形式为 $g_0, n_1, g_1 \cdots n_m, g_m$ 的 RDF 图, 其中每个 g_i 是一个图, g_0 是 D 的默认图。每个可选对 n_i, g_i 称为一个 **命名图**, 其中 $n_1, \cdots, n_m \in \mathbb{I}$ 是 D 中唯一的图名称[16]。

为了在表达性和推理复杂性之间做好折中, 并确保可判定性⊖, 可以在**描述逻辑** (DL) 中实现知识表示[17]。DL 形式化通常在 RDF 语句中实现, 该语句利用 Web 本体语言 (OWL)⊖编写的术语。每个描述逻辑的表达性由受支持的数学构造函数确定, 这由 DL 名称中的字母反映出来。例如, 核心描述逻辑 $\mathcal{ALC}$ (带有补语的定语) 允许原子和复杂概念否定、概念相交、普通限制和有限存在量化。带有可传递性的 $\mathcal{ALC}$ 的扩展角色是 $\mathcal{S}$。具有角色层次结构 ($\mathcal{H}$)、逆角色 ($\mathcal{I}$)、功能属性 ($\mathcal{F}$) 和数据类型 ($\mathcal{D}$) 的 $\mathcal{S}$ 称为 $\mathcal{SHIF}^{(\mathcal{D})}$, 大致对应于 OWL Lite。向 $\mathcal{SHIF}^{(\mathcal{D})}$ 添加标称 ($\mathcal{O}$) 和基数约束 ($\mathcal{N}$) 会成为 $\mathcal{SHOIN}^{(\mathcal{D})}$, 即 OWL DL 背后的描述逻辑。$\mathcal{SROIQ}^{(\mathcal{D})}$ 是逻辑 OWL 2 DL 的基础, 除了 $\mathcal{SHOIN}^{(\mathcal{D})}$ 构造函数之外, 还允许结合有限的一组复杂角色包含和角色层次结构 ($\mathcal{R}$), 并用受限的基数约束 ($\mathcal{Q}$) 替换非受限的基数约束 ($\mathcal{N}$)。

符合 OWL 2 DL 标准的知识库, 以 $\mathcal{SROIQ}^{(\mathcal{D})}$ 描述逻辑为逻辑基础, 是基于原子概念 (N_C)、原子角色 (N_R) 和个体名称 (N_I) 的三个有限且成对不相交的集合, 其中 (N_C)、(N_R) 和 (N_I) $\in \mathbb{I}$。它们可以在概念表达式中实现各种构造函数, 包括概念名称、概念交叉、概念联合、补语、重言式、矛盾、存在和全称量词、受限的最少和最多约束、局部反射性和个人名称 (请参见定义 2.4)。

定义 2.4 ($\mathcal{SROIQ}$ 概念表达式) $\mathcal{SROIQ}$ 概念表达式中允许的构造函数集可以定义为 $\mathbf{C}::=N_C|(C\cap D)|(C\cup D)|\neg C|\top|\bot|\exists R.C|\forall R.C|\geqslant nR.C|\geqslant nR.C|\exists R.\text{Self}|N_I,$

⊖ 形式化的可判定性确保了推理算法不会陷入无限循环。

⊖ https://www.w3.org/OWL/

其中 C 代表概念，R 代表角色，n 为非负整数。

角色表达式支持通用角色、原子角色和否定原子角色（请参见定义 2.5）。

定义 2.5（$\mathcal{SROIQ}$ 角色表达式） 可以将 $\mathcal{SROIQ}$ 角色表达式的允许构造函数定义为 $\mathbf{R} ::= \mathrm{U} \mid \mathrm{N}_R \mid \mathrm{N}_{R^-}$。

基于这些集合，每个公理可以是概念包含、单独的断言或角色断言（请参见定义 2.6）。

定义 2.6（$\mathcal{SROIQ}$ 公理） $\mathcal{SROIQ}$ 公理可以分类如下：

- 概念 C 和 D 的一般形式为 $C \sqsubseteq D$ 且 $C \equiv D$（术语知识，TBox）；
- 形式为 $C(a), R(a,b), \neg R(a,b), a \approx b, a \not\approx b$ 的各个断言，其中 $a, b \in \mathrm{N}_I$ 表示个体名称，$C \in \mathbf{C}$ 表示概念表达式，$R \in \mathbf{R}$ 代表角色（断言知识，ABox）；
- 角色的断言形式 $R \sqsubseteq S$，$R_{1 \dots n} \sqsubseteq S$，对于角色 R，R_i 和 S，有非对称（R）、取反（R）、不反射（R）或不相交（R,S）（角色框，RBox）。

形式化描述的网络概念和角色的含义由其基于解释的模型理论语义定义。这些解释由一个话语域 Δ 组成，Δ 由两个不相交的集合和一个解释函数组成。涉及的对象领域 $\Delta^{\mathcal{I}}$ 包括特定的抽象对象（个体）、抽象对象的类（概念）以及抽象角色。一个具体域 $\mathcal{D}$ 是一个对（$\Delta_{\mathcal{D}}, \phi_{\mathcal{D}}$），其中 $\Delta_{\mathcal{D}}$ 是一个称为数据类型域的集合，而 $\Phi_{\mathcal{D}}$ 是一个具体断言的集合。$\Phi_{\mathcal{D}}$ 中的每个断言名称 P 与参数 n 和一个 n 元断言 $P^D \subseteq \Delta_{\mathcal{D}}^n$ 相关联。具体领域整合描述具体集合的逻辑，例如自然数（$\mathbb{N}$）、整数（$\mathbb{Z}$）、实数（$\mathbb{R}$）、复数（$\mathbb{C}$）、字符串、布尔值、日期和时间值，以及在这些集合上定义的具体角色，包括数值比较、字符串比较以及与常数的比较。Tarski 风格的 DL 解释 $\mathcal{I} = (\Delta^{\mathcal{I}}, \cdot^{\mathcal{I}})$ 使用概念解释函数 $\cdot^{\mathcal{I}_C}$ 将概念映射到对象域的子集中，使用角色解释函数 $\cdot^{\mathcal{I}_R}$ 将对象角色映射到 $\Delta^{\mathcal{I}} \times \Delta^{\mathcal{I}}$ 的子集，数据类型角色映射成 $\Delta^{\mathcal{I}} \times \Delta_{\mathcal{D}}$ 的子集，个体解释函数 $\cdot^{\mathcal{I}_I}$ 将个体映射到对象域的元素中。

2.3 通信网络的概念

下面将简要介绍一些通信网络的概念，并讨论如何使用形式化的知识表示来描述这些概念的语义以及它们的属性和关系。尽管大量的网络本体证明了核心网络概念可以使用专家知识来描述，但网络属性的定义却远没有那么简单。第一，并非所有属性对于理解网络设备如何互连或信息如何在网络中传输都至关重要，必须仔细选择相关属性；第二，并不是所有网络属性都是标准化的，有些网络属性可能是特有的，如 Cisco 和

Juniper 路由器中路由协议的实现所示；第三，复杂网络属性的定义需要自定义数据类型，并非所有这些数据类型都可以通过限制标准化数据类型来定义，其中一些是上下文相关的。下面将从形式表示的角度讨论核心网络概念的一些相互依赖性和属性。

2.3.1　网络和拓扑结构

通信网络在网络节点之间建立连接，以通过电缆或无线媒介交换数据。这些网络节点可以是主机（例如个人计算机、工作站和服务器），也可以是网络设备（例如调制解调器、路由器、交换机、转发器、集线器、网桥、网关、VPN 设备和防火墙）。在知识表示中，可以通过概念定义来描述这些网络节点，这些概念定义可以在任意语句中使用。在网络中，如果存在相同节点类型的多个实例，则通常在节点类型之后加入连续的数字，例如 Router1 和 Router2。如果知道实际网络设备的名称，例如路由消息中使用的名称，则个体名称将与该名称相同，例如 Router10143R1。

通信网络的拓扑结构是指网络内各种网络元素（如路由器、计算机和链路）的分布。计算机网络拓扑有两个基本类别：**物理拓扑**和**逻辑拓扑**。网络的物理拓扑是指网络的物理组件的分布，包括设备和电缆的位置，而逻辑拓扑则显示了网络设备如何通过通信协议彼此进行逻辑通信。网络拓扑可以由节点及其之间的关系描述，例如，通过使用直接连接的设备之间的 connectedTo 表述。表示中的每个节点必须具有唯一的标识符，例如公用 IP 地址或由节点类型和数字组成的名称。关于复杂网络的复杂陈述通常需要将背景知识和个人经验相结合。

2.3.2　网络接口和 IP 地址

Internet 协议（IP）是通信网络中使用的基本网络路由协议。要加入 IP 网络，每个网络元素必须具有正确配置的 IP 网络接口。正确配置的接口具有两个主要参数：IP 地址和子网掩码。IP 地址的长度为 32 位，并且在整个 IP 网络中都是唯一的。为了使 IP 地址和子网掩码易于阅读，它们通常以点分十进制格式编写[26]（见图 2.1）。

子网掩码定义 IP 地址的网络 ID 和主机 ID 部分。可以使用属性–键值对来描述网络接口。来自不同网络元素的网络接口被组合在一起成为子网。不同的子网连接在一起可以形成更大的 IP 网络。将一个或多个子网连接在一起的网络元件称为路由器。

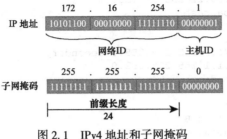

图 2.1　IPv4 地址和子网掩码

2.3.3　路由器

当路由器接收到不是发往自己接口的数据包时，它将使用路由表来确定将该数据包转发到其目的地的哪个接口，从而使数据包能到达其目的地。对于每个可到达的目的地，路由表列出了到达目的地的路径中下一个连接的网络元素。当 IP 数据包到达时，路由器会使用此表根据其目标 IP 地址[⊖]来确定要转发数据包的接口[⊖]。接下来，下一台路由器将使用自己的路由表重复此过程，直到数据包到达其目的地。为了使 IP 网络正常运行，所有网络元素上的路由表都需要与路由表项的配置保持一致，路由表项用于将数据包从网络中的任一位置转发到其他位置。

每个路由器都使用路由器配置文件进行配置。这些文件包含配置路由器[18]所需的所有命令和参数。为了演示可用于路由器配置的数据类型，以了解网络环境，请考虑列表 2.2 中所示的 Cisco 路由器配置文件的片段。

列表 2.2　路由器配置文件的片段[19]

```
no keepalive
no cable proxy-arp
cable helper-address 10.100.0.30
interface FastEthernet0/0
ip address 10.100.0.14 255.255.255.0
no ip directed-broadcast
no ip mroute-cache
```

⊖　假设在一个子网内，每个 IP 地址都是唯一的。
⊖　通常接口和 IP 地址是一一对应的。

```
!!
interface Ethernet2/3
ip address 10.145.30.22 255.255.255.0
no ip directed-broadcast
!
interface Cable5/0
ip address 172.1.71.1 255.255.255.0 secondary
ip address 10.100.1.1 255.255.252.0
no ip directed-broadcast
no ip route-cache
no ip mroute-cache
cable downstream annex B
cable downstream modulation 64qam
cable downstream interleave-depth 32
cable upstream 0 spectrum-group 1
cable upstream 0 modulation-profile 3
cable downstream frequency 531000000
cable upstream 0 frequency 28000000
cable upstream 0 power-level 0
no cable upstream 0 shutdown
cable upstream 1 shutdown
cable upstream 2 shutdown
cable upstream 3 shutdown
```

2.3.4 自治系统和路由系统

自治系统（AS）是由单个管理实体或组织管理和监督的网络或网络的集合。这样的管理实体可以是 Internet 服务提供商、企业、大学、公司部门或某一组织。为了进行路由选择，每个 AS 均分配有一个全球唯一的 AS 编号，称为**自治系统编号**（ASN），由注册国的区域 Internet 注册表（RIR）分配（例如，亚太地区的 APNIC[⊖]）。例如，ASN 3356 对应三级通信公司，ASN 1299 对应 Telia 公司（Telia Company AB），而 ASN 174 则代表 Cogent 通信公司。ASN 可以单独使用，以声明有关 AS 及其与组织、网络设备和网络事件的关系。

在 AS 之间的流量使用不同的协议。AS 之间的流量路由（称为 AS 间路由）由外部网关协议（EGP）（例如 BGP[20]）管理。BGP 通过在 AS 之间交换路由和可达性信息来更新 AS 间的互联关系。BGP 通常被归类为路径矢量路由协议。自治系统边界路由器（ASBR）发布网络可达性信息（即通过每个邻居可访问的网络以及每个网络有多少跳数）。在路由器之间初始化 BGP 会话后，将发送消息以交换路由信息，直到已交换完

⊖ https://www.apnic.net

整的 BGP 路由表为止。BGP 根据 AS 路径、网络策略和网络管理员配置的规则集做出路由决策。BGP **对等组**是一组共享相同出站路由策略的 BGP 邻居（尽管入站策略可能有所不同）。

单个 AS 中的路由（称为 AS **内路由**）由内部网关协议（IGP）管理，例如 OSPF 协议[21]、中间系统到中间系统（IS-IS）协议[22]、路由信息协议（RIP）[23]和增强型内部网关路由协议（EIGRP）。在一个 AS 中，可以同时使用多个 IGP，并且可以在不同的网段上使用同一 IGP 的多个实例。路由表可以手动配置，也可以使用 BGP、OSPF、IS-IS 和 RIP 等动态路由协议填充。

OSPF 是一种链路状态路由协议[⊖]，是 Internet 上使用最广泛的内部网关协议[24]。每个链路都有一个相关的成本度量标准，该成本通常由路由器接口的速度、数据吞吐量、链路可用性和链路可靠性等因素决定。每个路由器将自己的链路状态传达给其他路由器，以使每个路由器对整个 OSPF 网络有一个相同的视图。利用链路状态信息构建的拓扑，以及 Dijkstra 的最短路径优先算法[25]，每个路由器都会为每个目标网络计算最短路径树。然后利用该树创建路由表，之后该路由表用于确定转发和接收数据包的接口。由于链路状态路由协议（如 OSPF）维护有关完整拓扑的信息，因此可以利用此信息来支持网络态势感知[27]。

网络中的每个 OSPF 路由器都分配有一个路由器标识号。此编号（以下称为 routerID）唯一标识路由域中的路由器[⊖]。路由器 ID 使用点分十进制表示法显示，例如 10.2.0.2。OSPF 网络通常分为 OSPF 区域，以简化管理、优化流量和利用资源。这些路由区域由 32 位数字标识，该数字以十进制或基于 IPv4 地址的八位表示法表示。OSPF 网络的核心或主干区域是区域 0 或 0.0.0.0。

路由器可以根据其在网络中的位置和角色进行分类。OSPF 协议本身配置在路由器的接口上，而不是在整个路由器上配置的。在多个区域具有接口的路由器称为**区域边界路由器**（ABR）。在主干区域具有接口的路由器称为**主干路由器**。仅在一个区域中具有接口的路由器称为**内部路由器**。与非 OSPF 网络中的路由设备交换路由信息的路由器

⊖　在链路状态路由协议中，每个路由器在其所在地构造一个网络连通性的映射图。

⊖　在计算机网络中，路由域是运行常见路由协议的联网系统的集合，并处于单个管理实体的控制下。一个给定 AS 可能包含多个路由域。路由域可以在没有 Internet 参与的 AS 的情况下存在。

称为**自治系统边界路由器**（ASBR）。ASBR 在整个 OSPF AS 中通告外部学习的路由。根据网络中 ASBR 的位置，它可以是 ABR、主干路由器或内部路由器。可以将这些不同的路由器类型定义为类，并与 rdf：type 断言一起使用，以声明有关路由器类型的语句。**链路状态公告**（LSA）是 OSPF 路由协议的基本通信机制。LSA 共有 11 种不同类型，这些 LSA 中包含的信息对于网络态势感知很有用。

2.4 网络态势感知的形式化知识表示

以下各节展示了上一节提及的通信网络概念的形式化表示。

用本体定义表示网络知识

为了演示如何在本体中定义核心网络概念和属性，请查看列表 2.3 中所示的路由器配置属性的描述逻辑化定义。

列表 2.3 具有描述逻辑公理的一些路由器配置术语的形式化定义

```
Area
Interface
Network
NetworkElement
OSPFSummaryRouteEntry
Router
Router ⊑ NetworkElement
RouteEntry
connectedTo
∃connectedTo.⊤ ⊑ Interface
⊤ ⊑ ∀connectedTo.Network
⊤ ⊑ ⩽1areaId.⊤
∃areaId.⊤ ⊑ Area
⊤ ⊑ ∀areaId.unsignedInt
∃ip.⊤ ⊑ Interface
ipv4 ⊑ ip
Dis(ipv4, areaId)
Dis(ipv4, routerId)
∃ipv4.⊤ ⊑ Interface
⊤ ⊑ ∀ipv4.ipv4Type
∃routerId.⊤ ⊑ RouteEntry ∪ Router ∪ OSPFSummaryRouteEntry
⊤ ⊑ ∀routerId.ipv4Type
ipv4Type ≡ string["((([0−1]?[0−9]?[0−9]|2([0−4][0−9]|5[0−5]))
    \.){3}([0−1]?[0−9]?[0−9]|2([0−4][0−9]|5[0−5]))"]
```

列表 2.4 所示为这些定义在 CNTFO 中的实现。

列表2.4　在 RDF 中定义的一些路由器配置概念和属性（Turtle 语法）

```
@prefix net: <http://purl.org/ontology/network/> .
@prefix rdf: <http://www.w3.org/1999/02/22-rdf-syntax-ns#> .
@prefix rdfs: <http://www.w3.org/2000/01/rdf-schema#> .
@prefix owl: <http://www.w3.org/2002/07/owl#> .
@prefix xsd: <http://www.w3.org/2001/XMLSchema#> .

:Area a owl:Class .
:Interface a owl:Class .
:Network a owl:Class .
:NetworkElement a owl:Class .
:OSPFSummaryRouteEntry a owl:Class .
:Router a owl:Class ; rdfs:subclassOf :NetworkElement .
:RouteEntry a owl:Class .

:connectedTo a owl:ObjectProperty ; rdfs:domain :Interface ;
    rdfs:range :Network .
:areaId a owl:DatatypeProperty , owl:FunctionalProperty ;
rdfs:domain :Area ; rdfs:range xsd:unsignedInt .
:ip a owl:DatatypeProperty ; rdfs:domain :Interface .
:ipv4 a owl:DatatypeProperty ; rdfs:subPropertyOf :ip ;
owl:propertyDisjointWith :areaId , :routerId ; rdfs:domain
:Interface ; rdfs:range :ipv4Type .
:routerId a owl:DatatypeProperty ; rdfs:domain [ a owl:Class ;
    owl:unionOf (:RouteEntry :Router :OSPFSummaryRouteEntry) ]
    ; rdfs:range net:ipv4Type .

:ipv4Type a rdfs:Datatype ; owl:onDatatype xsd:string ;
owl:withRestrictions ( [xsd:pattern
    "((([0-1]?[0-9]?[0-9]|2([0-4][0-9]|5[0-5]))\.){3}
    ([0-1]?[0-9]?[0-9]|2([0-4][0-9]|5[0-5]))"] ) .
```

这些定义可以在任意 RDF 语句中使用，其中相应地约束了应用域、范围和数据类型。假设列表2.5中所示为路由器配置文件的片段。

列表2.5　路由器配置文件中的一些属性及其值

```
#---- Router configuration file for RE20
hostname "RE20"
interface FastEthernet0/0 ip address 10.100.0.13 255.255.255.252
router ospf 1 router-id 10.100.0.13

#---- Router configuration file for RE37
hostname "RE37"
interface FastEthernet0/0 ip address 10.100.0.14 255.255.255.252
router ospf 1 router-id 10.100.0.14
```

这些可以用列表2.6所示的描述逻辑形式来编写。

列表 2. 6 带有描述逻辑公理的列表 2. 5 的形式描述

Router(RE20)
RE20 ∩ ∃hostname.{RE20}
RE20 ∩ ∃routerId.{10.100.0.13}
Interface(RE20_FastEthernet0_0)
RE20_FastEthernet0_0 ∩ ∃ipv4.{10.100.0.13}
Router(RE37)
RE20 ∩ ∃hostname.{RE37}
RE37 ∩ ∃routerId.{10.100.0.14}
Interface(RE37_FastEthernet0_0)
RE37_FastEthernet0_0 ∩ ∃ipv4.{10.100.0.14}
Network(N10.100.0.12/30)
N10.100.0.12/30 ∩ ∃ipv4Subnet.{10.100.0.12/30}

可以使用 CNTFO 中的概念、角色和数据类型定义在 Turtle 中对其进行序列化，如列表 2.7 所示。

列表 2. 7 列表 2. 6 的 Turtle 序列化

```
# RE20 is a router and defines
# hostname, interface, ipv4, and OSPF routerId
:RE20 a net:Router .
:RE20 net:hostname "RE20" .
:I10.100.0.13 a net:Interface .
:I10.100.0.13 net:ipv4 "10.100.0.13"^^net:ipv4Type .
:RE20 net:hasInterface :I10.100.0.13 .
:RE20 net:routerId "10.100.0.13"^^net:ipv4Type .

# RE37 is a router and defines
# hostname, interface, ipv4, and OSPF routerId
:RE37 a net:Router .
:RE37 net:hostname "RE37" .
:I10.100.0.14 a net:Interface .
:I10.100.0.14 net:ipv4 "10.100.0.14"^^net:ipv4Type .
:RE37 net:hasInterface :I10.100.0.14 .
:RE37 net:routerId "10.100.0.14"^^net:ipv4Type .

# ipv4 addresses belong to subnets

# subnets define networks; 255.255.255.252 is a /30 network
# Both RE20 and RE27 interfaces have ipv4 addresses
:N10.100.0.12_30 a net:Network .
:N10.100.0.12_30 net:ipv4subnet
"10.100.0.12/30"^^net:ipv4SubnetType .
:I10.100.0.13 net:connectedTo :N10.100.0.12_30 .
:I10.100.0.14 net:connectedTo :N10.100.0.12_30 .
```

这个例子说明了我们如何定义两个路由器之间的网络连接，它对应于图 2.2 中用加粗线表示的链接。

我们使用 net:hasInterface 定义了两个路由器——：RE20 和：RE37，其主机名分别为 RE20 和 RE37。接口：I10.100.0.13（用于 RE20）和：I10.100.0.14（用于 RE37）通过 net:hasInterface 断言连接。网络接口具有 IPv4 地址，该地址由接口的 net:ipv4 数据类型属性定义。由于 IPv4 地址以点分符号格式定义，因此我们将字符串 10.100.0.13 和 10.100.0.14 约束为 net:ipv4Type。由于 IPv4 网络是根据 IPv4 子网定义的，因此我们还定义了网络:N10.100.0.12_30，其 IPv4 地址范围由 net:ipv4subnet 定义。net:ipv4SubnetType 约束可确保字符串 10.100.0.12/30 有效。为了完成 RE20 和 RE37 之间的网络连接，我们声明它们各自的接口已连接到同一子网。具体来说，:I10.100.0.13 和：I10.100.0.14 都是 net:connectedTo:N10.100.0.12_30。

总之，使用 Turtle 序列化，我们定义了模式 Router-Interface-Network-Interface-Router。路由器之间的网络连接模式是从列表 2.5 中的原始文件派生的，然后在列表 2.6 中具有形式语义，之后在列表 2.7 中采用 Turtle 格式。这样，我们可以使用 Turtle 和 CNTFO 形式化地描述图 2.2 的完整网络的语义。此外，由于我们使用 CNTFO 形式化地表达了网络连接性，因此我们可以定义规则，以促进信息融合并实现跨多个不同网络数据源的自动推理。这种自动化在很大程度上不为网络分析师所了解，而它所提供的信息却大大提高了网络态势感知水平。

复杂的路由策略可能需要比 OWL 更高的表达能力，例如 SWRL[⊖] 规则。SWRL 规则使用一元断言描述类和数据类型，使用二元断言和内置的 n 元断言描述属性（请参阅定义 2.7）。

定义 2.7（原子） 原子是形式为 $P(\arg_1, \arg_2, \cdots)$ 的表达式，其中 P 是断言符号（类、属性或个体），而 $\arg_1$，$\arg_2$，$\cdots$是表达式的参数（个体、数据值或变量）。

SWRL 规则包含一个先行项（主体）和一个后续项（头部），二者都可以是一个原子或原子的一个正（非负）连接（请参阅定义 2.8）。

定义 2.8（SWRL 规则） 规则 R 的给出形式为 $B_1 \wedge \cdots \wedge B_m \rightarrow H_1 \wedge \cdots \wedge H_n (n \geqslant 0, m \geqslant 0)$，其中 $B_1, \cdots, B_m, H_1, \cdots, H_n$是原子，$B_1 \wedge \cdots \wedge B_m$为主体（前提或先行项），$H_1 \wedge \cdots \wedge H_n$是头部（结论或结果）。

例如，可以将 BGP 对等组定义为共享相同出站策略的 BGP 邻居组（请参见列表 2.8）[28]。

⊖ Semantic Web Rule Language，是以语义的方式呈现规则的一种语言。

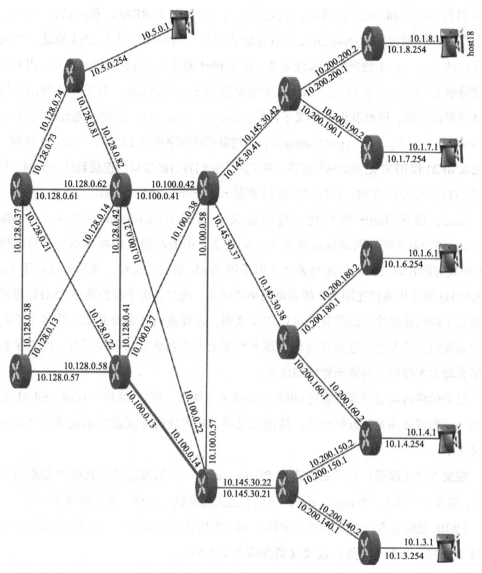

图 2.2 企业级网络拓扑结构

列表 2.8 SWRL 规则

```
ComputerSystem (?CS) ∧ Dedicated (?CS, 'router')
∧ RouterInAS (?CS,#AS400) → InBGPPeerGroup
(?CS,#AS100_AS400)
```

但是，为了确保可判定性，DL 公理应为首选，而非基于规则的形式。

2.5 表示网络数据来源

　　虽然语义 Web 能够支持复杂网络数据自动化处理的任务，获取 RDF 语句的来源可以使自动生成的网络数据具有权威性并且可验证，但这并非易事。可以看到，大多数在 RDF 中获取数据来源的机制存在多个问题。具体化（Reification）对 RDF 语句的描述没有形式化语义，它无法全局标识空白节点，从而导致三重膨胀、对应用程序说明的依赖和难以查询的表示。n 元关系还使用空白节点来表示关系实例，并且定义相应类的约束需要大量的三元组。因此，人们提出了替代方案（某些方案用于获取任意元数据，而不是专门用于获取来源），这些方案都具有不同的表示先决条件、粒度和精度以及推理复杂性。通过扩展标准 RDF 数据模型以三元组表示来源的方法包括：RDF/XML 源声明⊖、带注释的 RDF（aRDF）[29]，来源上下文实体（PaCE）[30]、单例属性[31]和 RDF*[32]。在描述逻辑层面，人们提出了一种称为上下文注释的方法[33]。基于四元组的方法包括 N-四元组⊖、命名图[34]及其派生，例如 RDF 三色[35]、RDF/S 图集[36]、纳米出版物[37]以及带注释的 RDF 架构[38]。RDF+是一种使用五元组捕获来源的方法[39]。在实现层面，许多图形数据库都有专有的解决方案，例如，AllegroGraph 提供了排序索引组和三元属性，可用于捕获数据来源[40]。

　　由于命名图是获取 RDF 数据来源的最符合标准的方法，因此以下示例将演示命名图的用法。通过使用两个命名图，默认图可以描述有关网络知识的 RDF 语句，并且来源图可以详细说明网络知识的来源，如列表 2.9 所示。

列表 2.9　使用两个命名图的来源感知网络知识表示

```
# Network knowledge graph @ http://example.com/NetworkDataset1

@prefix : <http://example.com/NetworkDataset1/> .
@prefix net: <http://purl.org/ontology/network/> .
:Router10143R1 net:inAS :AS10143 .

# Provenance graph @ http://example.org/provenance/

@prefix prov: <http://www.w3.org/ns/prov#> .
<http://example.com/NetworkDataset1/> prov:wasDerivedFrom
<http://example.com/NtwDiscovery20180626/> .
```

⊖ https://www.w3.org/Submission/rdfsource/
⊖ https://www.w3.org/TR/n-quads/

列表 2.10 中显示了利用多个命名图来捕获 BGP 更新消息来源、OSPF LSA、路由器配置文件、用于生成有关路由器及其所要应用的服务器的语句的开放数据集。

列表 2.10 多个命名图，用于表示从不同数据源衍生的网络知识

```
@prefix : <http://www.example.org/networkdataset24#> .
@prefix net: <http://purl.org/ontology/network/> .
@prefix prov: <http://www.w3.org/ns/prov#> .

:BGPUM { :Router10143R1 net:inAS :AS10143 . }
:OSPFLSA { :Router10143R1 net:isASBR "true" . }

:R1CF { :Router10143R1 net:hostname "AS10143R1" . }
:OD { :AS10143 net:asName "EXETEL-AS-AP" . }

:PROV { :BGPUM prov:wasDerivedFrom :BGP10143R1toAS1221R1 ;
         :OSPFLSA prov:wasDerivedFrom :OSPF143R1143R2 ;
         :R1CF prov:wasDerivedFrom :AS10143R1ConfigFile ;
         :OD prov:wasDerivedFrom :CAIDAASDataset . }

:META { :PROV prov:generatedAtTime
         "2017-11-02T12:37:00+09:30"^^xsd:dateTime . }
```

因为用于生成网络数据的各种解析器可能以不同的时间间隔运行，所以相应的 RDF 三元组的时间戳会有所不同。为了能够通过创建时间有效地查询海量网络数据，每个节点的来源都必须通过唯一的标识符加以区分，该标识符可用于获取第二层来源，从而将时间戳与网络数据和其他来源的数据隔离开来，请参见列表 2.11。

列表 2.11 用命名图捕获双层数据源

```
@prefix : <http://www.example.org/networkdataset24#> .
@prefix net: <http://purl.org/ontology/network/> .
@prefix prov: <http://www.w3.org/ns/prov#> .
@prefix xsd: <http://www.w3.org/2001/XMLSchema#> .

:BGPUM { :R10.0.3.1 net:inAS :AS10143 . }
:PROVBGP { :BGPUM prov:wasDerivedFrom :BGP_AS10143R1_AS1221R1 .
          }
:METABGP { :PROVBGP prov:generatedAtTime
             "2017-11-02T12:37:00+09:30"^^xsd:dateTime . }

:OSPFLSA { :R10.0.3.1 net:isASBR "true"^^xsd:boolean . }
:PROVLSA { :OSPFLSA prov:wasDerivedFrom :OSPF_AS10143R1 . }
:METALSA { :PROVLSA prov:generatedAtTime
             "2017-11-02T12:37:00+09:30"^^xsd:dateTime . }

:R1CF { :R10.0.3.1 net:hostname "AS10143R1"^^xsd:string . }
:PROVR1CF { :R1CF prov:wasDerivedFrom :AS10143R1_CF . }
:METAR1CF { :PROVR1CF prov:generatedAtTime
             "2017-11-02T12:37:00+09:30"^^xsd:dateTime . }
```

```
:OD { :AS10143 net:asName "EXETEL-AS-AP" . }
:PROVOD { :OD prov:wasDerivedFrom :CAIDAASDataset . }
:METAOD { :PROVOD prov:generatedAtTime
              "2017-11-02T12:37:00+09:30"^^xsd:dateTime . }
```

为了最大限度地提高互操作性，可以使用互联数据集词汇表（VoID）⊖中的标准术语来定义数据集级别的来源，如列表 2.12 所示。

列表 2.12　一个基于 traceroute 的数据集

```
@prefix : <http://www.example.com/> .
@prefix prov: <http://www.w3.org/ns/prov#> .
@prefix rdf: <http://www.w3.org/1999/02/22-rdf-syntax-ns#> .
@prefix void: <http://rdfs.org/ns/void#> .

<http://example.com/networkDiscovery/> a void:dataset ;
prov:wasGeneratedBy :host18_lsa_traceroute_20171106 .
```

这样可以有效地描述数据集和与相关 LOD 数据集的互联概念[41]，并在 LOD 数据集上执行联合查询[42]。

为了从来源数据中分离网络知识并为不同的图提供来源，可以使用 void：subset，用不同的来源数据声明分区的数据集。在这种情况下，void：Dataset 概念被严格用于符合 LOD 数据集要求的网络知识数据集中。

2.6　表示网络数据的不确定性

网络数据本质上是不确定的。概率描述逻辑支持关于概念和角色的概率术语知识的表示，以及有关概念和角色实例的断言概率知识。例如，概率公理可用于表示 IP 地址被欺骗的概率，网络段中存在错误配置时产生漏洞的概率。

例如，在 P-$\mathcal{SROIQ}$ 概率描述逻辑中[43]，个体 I 的集合被分为两个不相交的集合：经典个体 I_C 的集合和有限个体 I_P 的集合，它们在概率 ABox 中与每个概率个体相关联。假设基本分类概念的有限非空集 C 是原子或不受集合 I_P 影响的 $\mathcal{SROIQ}^{(\mathcal{D})}$ 中的复杂概念 C。每个基本分类概念 $\phi \in C$ 也是一个分类概念。如果 ϕ 和 ψ 是分类概念，则 $\neg\phi$ 和 $(\phi \cap \psi)$ 也是分类概念。请注意，每个分类概念也是标准的 $\mathcal{SROIQ}$ 概念，相反，对于 $\mathcal{SROIQ}$ 中的每个概念的有限集 S，存在一组有限的基本分类概念，因此它们的分类

⊖　https://www.w3.org/TR/void/

概念集包括 S。条件语句是 $(\psi|\phi)[l,u]$ 形式的表达式，其中 ϕ 和 ψ 是分类概念，而 l 和 u 是 $[0,1]$ 的实数。概率解释 Pr 是 I_C 上的一个概率函数，它将每个 I_C 映射到 $[0,1]$ 中，即 $\text{Pr}:I_C\to[0,1]$，这样所有 Pr (I) 的总和（其中 $I\in I_C$）为 1。在概率解释中，分类概念 ϕ 的概率 Pr (ϕ) 是所有 $\text{Pr}(I)$ 的和，即 $I|=\phi$。如果它具有令人满意的概率解释 Pr，则 $\top$ 具有令人满意的经典解释 $I=(\Delta^{\mathcal{I}},\cdot^{\mathcal{I}})$。

关系概率，如两个网络设备相同的可能性，或两个网络设备之间的流量经过同一个特定区域的可能性，可以用可能性描述逻辑公理来描述。在 π-$\mathcal{SROIQ}$ 可能性描述逻辑[44]中，例如，可能性概念表示个体的可能性集，可以使用规则 $C,D\to\top|\bot|A|C\cap D|C\cup D|\neg C|\forall R.\ C|\exists R_1 C1\ \forall T.\ d|\exists T.\ d|\geq nS.\ C|\leq nS.\ C|\geq nT.\ d|\leq nT.\ d|\exists S.\ \text{Self},(o_i,\alpha_i)|(A,\alpha)$ 构建，其中 C，D 是概念集（可能是复杂的），A 表示原子概念集，R 表示抽象角色集（可能是复杂的），S 表示简单角色集，T 表示具体角色集，d 是具体断言，$n\in\mathbb{N}^+$ 且 $\alpha\in(0,1]$。可能的角色表示可能的关系，并根据规则 $R\to R_A|R^-|U$，由原子角色集（R_A）、逆角色集（R^-）和通用角色集（U）构建。关于可能性具体域 Δ_D 的可能性解释 $\mathcal{I}=(\Delta^{\mathcal{I}},\cdot^{\mathcal{I}})$ 是由非空集合 $\Delta^{\mathcal{I}}$、与 Δ_D 不相交的域 $\mathcal{I}$ 和函数 $\cdot^{\mathcal{I}}$ 组成的，其中每个概念 C 对应一个函数 $C^{\mathcal{I}}$：$\Delta^{\mathcal{I}}\to[0,1]$，每个抽象角色 R 对应一个函数 $R^{\mathcal{I}}$：$\Delta^{\mathcal{I}}\times\Delta^{\mathcal{I}}\to[0,1]$，每个具体角色 T 对应一个函数 $T^{\mathcal{I}}$：$\Delta^{\mathcal{I}}\times\Delta_D\to[0,1]$，每个个体 a 都是 $\Delta^{\mathcal{I}}$ 中的元素，每个具体个体 v、每个 Δ_D 中的元素和每个 n 元具体断言 d 对应于特定解释 $d^{\mathcal{D}}$：$\Delta_D^n\to[0,1]$。可能性概念的语义定义如下：

$$\top^{\mathcal{I}}(x)=1$$

$$\bot^{\mathcal{I}}(x)=0$$

$$(C\cap D)^{\mathcal{I}}(x)=\min(C^{\mathcal{I}}(x),D^{\mathcal{I}}(x))$$

$$(C\cup D)^{\mathcal{I}}(x)=\max(C^{\mathcal{I}}(x),D^{\mathcal{I}}(x))$$

$$(\neg C)^{\mathcal{I}}(x)=1-C^{\mathcal{I}}(x)$$

$$(\forall R.\ C)^{\mathcal{I}}(\text{x})=\inf_{y\in\Delta^{\mathcal{I}}}\{\max(1-R^{\mathcal{I}}(x,y),C^{\mathcal{I}}(y))\}$$

$$(\exists R.\ C)^{\mathcal{I}}(x)=\sup_{y\in\Delta^{\mathcal{I}}}\{\min(R^{\mathcal{I}}(x,y),C^{\mathcal{I}}(y))\}$$

$$(\forall T.\ d)^{\mathcal{I}}(x)=\inf_{v\in\Delta_{\mathcal{D}}}\{\max(1-T^{\mathcal{I}}(x,v),d^{\mathcal{D}}(v))\}$$

$$(\exists T.\ d)^{\mathcal{I}}(x)=\sup_{v\in\Delta_{\mathcal{D}}}\{\min(T^{\mathcal{I}}(x,v),d_{\mathcal{D}}(v))\}$$

$$(\geqslant nS.\, C)^{\mathcal{I}}(x) = \sup_{y_i \in \Delta^{\mathcal{I}}} \min_{i=1}^{n} \{ min(S^{\mathcal{I}}(x,y_i), C^{\mathcal{I}}(y_i)) \}$$

$$(\leqslant nS.\, C)^{\mathcal{I}}(x) = \inf_{y_i \in \Delta^{\mathcal{I}}} \max_{i=1}^{n+1} \{ \max(1-S^{\mathcal{I}}(x,y_i), 1-C^{\mathcal{I}}(y_i)) \}$$

$$(\geqslant nT.\, d)^{\mathcal{I}}(x) = \sup_{v_i \in \Delta_{\mathcal{D}}} \min_{i=1}^{n} \{ \min(T^{\mathcal{I}}(x,v_i), d_{\mathcal{D}}(v_i)) \}$$

$$(\leqslant nT.\, d)^{\mathcal{I}}(x) = \inf_{v_i \in \Delta_{\mathcal{D}}} \max_{i=1}^{n+1} \{ \max(1-T^{\mathcal{I}}(x,v_i), 1-d_{\mathcal{D}}(v_i)) \}$$

$$(\exists S.\, \mathrm{self})^{\mathcal{I}}(x) = S^{\mathcal{I}(x,x)}$$

$$(\{o_1, \alpha_1\}, \cdots, (o_n, \alpha_n))^{\mathcal{I}}(x) = \sup \{ \alpha_i / x = o_i^{\mathcal{I}} \}$$

如果 $A^{\mathcal{I}}(x) \geqslant \alpha, (A, \alpha)^{\mathcal{I}}(x) = A^{\mathcal{I}}(x)$，否则 $A^{\mathcal{I}}(x) = 0$

其中 v 代表具体的个体。

可能角色的语义定义如下：

$$(R_A)^{\mathcal{I}}(x,y) = R_A^{\mathcal{I}}(x,y)$$

$$(R^-)^{\mathcal{I}}(x,y) = R^{\mathcal{I}}(y,x)$$

$$U^{\mathcal{I}}(x,y) = 1$$

概率的公理定义如下：

$$(C(a))^{\mathcal{I}} = C^{\mathcal{I}}(a^{\mathcal{I}})$$

$$(R(a,b))^{\mathcal{I}} = R^{\mathcal{I}}(a^{\mathcal{I}}, b^{\mathcal{I}})$$

$$(\neg R(a,b))^{\mathcal{I}} = 1 - R^{\mathcal{I}}(a^{\mathcal{I}}, b^{\mathcal{I}})$$

$$(T(a,v))^{\mathcal{I}} = T^{\mathcal{I}}(a^{\mathcal{I}}, vD)$$

$$(\neg T(a,v))^{\mathcal{I}} = 1 - T^{\mathcal{I}}(a^{\mathcal{I}}, vD)$$

$$(C \sqsubseteq D)^{\mathcal{I}} = \inf_{x \in \Delta^{\mathcal{I}}} \{ C^{\mathcal{I}}(x) \Rightarrow D^{\mathcal{I}}(x) \}$$

$$(R_1 \cdots R_n \sqsubseteq R)^{\mathcal{I}} =$$

$$\inf_{x_1, x_{n+1} \in \Delta^{\mathcal{I}}} \{ \sup(\inf(R_1^{\mathcal{I}}(x_1, x_2), \cdots, R_n^{\mathcal{I}}(x_n, x_{n+1})) \Rightarrow R_n^{\mathcal{I}}(x_1, x_{n+1})) \}$$

$$(T_1 \sqsubseteq T_2)^{\mathcal{I}} = \inf_{x \in \Delta^{\mathcal{I}}, v \in \Delta_{\mathcal{D}}} \{ T_1^{\mathcal{I}}(x,v) \Rightarrow T_2^{\mathcal{I}}(x,v) \}$$

其中 a 和 b 代表抽象的个体。

不确定网络知识表示的具体示例可参考例 2.2 中的三元组。

例2.2   不确定网络表示

⟨(connectedTo(I10.204.20.14, N10.204.20.12_30))[0.85, 1]⟩
⟨traverses(T10798_36149, Australia), 0.91⟩

第一个三元组表示接口 10.204.20.14 和网络 10.204.20.12/30 之间的连接概率至少为 85%，这反映了用于提取此信息的网络诊断工具的准确性和完整性限制。

第二个三元组描述了南非的 AS（AS10798）和夏威夷的 AS（AS36149）之间的流量将通过澳大利亚的可能性为 91%。

2.7   表示网络数据的模糊性

上一节的表达式与不确定性理论有关，因为它的陈述对于某种可能性或某些概率来说要么是真，要么是假。但是在表示网络知识时，并非所有陈述都是正确或错误的：许多陈述在一定程度上是正确的[45]。这可以用物理空间中的模糊值有效表示（例如 [0,1] 或完整），这些值可用于表示从探测数据获得的不精确信息，例如安全连接和可靠的网络数据。

例如，在 $ŁSROIQ$ 模糊描述逻辑[46]中，模糊概念 C 和 D 可以根据以下语法规则从原子概念（A）、顶部概念（$\top$）、底部概念（$\bot$）、命名的个体（o_i）以及角色 R 和 S 归纳构建，其中 S 是 R^A（原子作用），R^-（逆角色）或 U（通用角色）的简单角色形式：$C, D \rightarrow A | \top | \bot | C \cap D | C \cup D | \neg C | \forall R. C | \exists R. C | \alpha_1/o_1, \cdots, \alpha_m/o_m | (\geq mS. C) | (\leq nS. C) | \exists S.$ Self，其中 $n, m \in \mathbb{N}, n \geq 0, m > 0, o_i \neq o_j, 1 \leq i < j \leq m$。模糊的一般概念包括的形式为 $C \subseteq D \geq \alpha$ 或 $C \subseteq D > \beta$，这限制了一般概念包含的真实值。模糊断言可以是不等式断言形式 $a \neq b$、相等的断言形式 $a = b$，以及对概念或角色的真值的约束形式 $\psi \geq \alpha$，$\psi > \beta$，$\psi \leq \beta$ 或 $\psi < \alpha$，其中 ψ 的形式为 $C(a)$，$R(a, b)$ 或 $\neg R(a, b)$。角色公理可以是模糊角色包含公理的形式 $w \subseteq R \geq \alpha$ 或 $w \subseteq R > \beta$，角色链 $w = R_1 R_2, \cdots, R_n$ 或任何标准的 $SROIQ$ 角色公理形式，如不相交（S_1, S_2），自反（R），非存在性（R），对称（R）或非对称（S）。模糊解释函数 $\cdot^{\mathcal{I}}$ 在模糊解释 $\mathcal{I} = (\Delta^{\mathcal{I}}, \cdot^{\mathcal{I}})$ 中将每个个体名称 $a \in N_I$ 映射到元素 $a^{\mathcal{I}} \in \Delta^{\mathcal{I}}$，但与典型的 Tarski 风格的清晰 DL 解释相反，将每个原子概念 $A \in N_C$ 映射到隶属函数 $A^{\mathcal{I}}: \Delta^{\mathcal{I}} \rightarrow [0, 1]$，而不是对象域的子集，每个原子角色 $R \in N_R$ 映射到隶属函数 $R^{\mathcal{I}}: \Delta^{\mathcal{I}} \times \Delta^{\mathcal{I}} \rightarrow [0, 1]$，而不是 $\Delta^{\mathcal{I}} \times \Delta^{\mathcal{I}}$ 的子集。给定一个 t 范数 $\otimes$，

一个 t 范数 $\oplus$，一个否定函数 $\ominus$ 和一个蕴涵函数 $\Rightarrow$，模糊解释被扩展为如下所示的复杂概念和角色：

$$\top^{\mathcal{I}}(x) = 1$$

$$\bot^{\mathcal{I}}(x) = 0$$

$$(C \cap D)^{\mathcal{I}}(x) = C^{\mathcal{I}}(x) \otimes D^{\mathcal{I}}(x)$$

$$(C \cup D)^{\mathcal{I}}(x) = C^{\mathcal{I}}(x) \oplus D^{\mathcal{I}}(x)$$

$$(\neg C)^{\mathcal{I}}(x) = \ominus C^{\mathcal{I}}(x)$$

$$(\forall R. C)^{\mathcal{I}}(x) = \inf_{y \in \Delta^{\mathcal{I}}} \{R^{\mathcal{I}}(x,y) \Rightarrow C^{\mathcal{I}}(y)\}$$

$$(\exists R. C)^{\mathcal{I}}(x) = \sup_{y \in \Delta^{\mathcal{I}}} \{R^{\mathcal{I}}(x,y) \otimes C^{\mathcal{I}}(y)\}$$

$$\{\alpha_1/o_1, \cdots, \alpha_m/o_m\}^{\mathcal{I}}(x) = \sup\{\alpha_i \mid x = o_i^{\mathcal{I}}\}$$

$$(\geqslant mS. C)^{\mathcal{I}}(x) = \sup_{y_1, \cdots, y_m \in \Delta^{\mathcal{I}}} \left(\min_{i=1}^{m} \{S^{\mathcal{I}}(x,y_i) \otimes C^{\mathcal{I}}(y_i)\} \right) \otimes$$

$$\left(\bigotimes_{1 \leqslant j < k \leqslant m} \{y_j \neq y_k\} \right)$$

$$(\leqslant nS. C)^{\mathcal{I}}(x) = \inf_{y_1, \cdots, y_{n+1} \in \Delta^{\mathcal{I}}} \left(\min_{i=1}^{n+1} \{S^{\mathcal{I}}(x,y_i) \otimes C^{\mathcal{I}}(y_i)\} \right) \Rightarrow$$

$$\left(\bigotimes_{1 \leqslant j < k \leqslant n+1} \{y_j = y_k\} \right)$$

$$(\exists S. \text{Self})^{\mathcal{I}}(x) = S^{\mathcal{I}}(x,x)$$

$$(R^-)^{\mathcal{I}}(x,y) = R^{\mathcal{I}}(y,x)$$

$$U^{\mathcal{I}}(x,y) = 1$$

模糊解释功能扩展到模糊公理，如下所示：

$$(C(a))^{\mathcal{I}} = C^{\mathcal{I}}(a^{\mathcal{I}})$$

$$R(a,b)^{\mathcal{I}} = R^{\mathcal{I}}(a^{\mathcal{I}}, b^{\mathcal{I}})$$

$$(\neg R(a,b))^{\mathcal{I}} = \ominus R^{\mathcal{I}}(a^{\mathcal{I}}, b^{\mathcal{I}})$$

$$(C \subseteq D)^{\mathcal{I}} = \inf_{x \in \Delta^{\mathcal{I}}} \{C^{\mathcal{I}}(x) \Rightarrow D^{\mathcal{I}}(x)\}$$

$$(R_1 \cdots R_n \subseteq R)^{\mathcal{I}} = \inf_{x_1, x_{n+1} \in \Delta^{\mathcal{I}}} \left\{ \sup_{x_2 \cdots x_n \in \Delta^{\mathcal{I}}} \{(R_1^{\mathcal{I}}(x_1, x_2) \otimes \cdots \otimes R_n^{\mathcal{I}}(x_n, x_{n+1})) \Rightarrow \right.$$

$$\left. R^{\mathcal{I}}(x_1, x_{n+1})\} \right\}$$

使用模糊公理，可以在 ABox 中表达分级的命题，例如工作站#18 和节点 254 之间的连接安全性达到 85%（请参见例 2.3）。

例 2.3 表示分级命题的模糊公理

$\mathcal{A} = \{\langle \text{Connection}(\text{WKS18\_N254})\rangle, \langle \text{WKS18\_N254} \cap \exists \text{isSecure}.\{\text{true}\} \geq 0.85\rangle\}$

例如，可以使用此类语句来表示通过 HTTP 和 HTTPS 建立的连接之间的差异，或者表示通过 FTP 进行文件传输或使用 SSL、TLS、SCP 或 SFTP 进行的加密连接之间的差异。

2.8 对网络态势感知的推理支持

网络知识表示的真正优势在于它可以进行推理，从而使隐式知识变得明确。通过网络知识推理还可以执行核心任务，例如，通过搜索矛盾的语句（KB 一致性）来检查知识库中表示的知识是否有意义，并确定概念的可满足性，即检查概念是否有实例。从形式上讲，给定知识库 $\mathcal{K}$ 作为输入，如果存在这样的解释 $\mathcal{I}$ 使得 $\mathcal{I}| = \mathcal{K}$，则知识库一致性的决策过程将返回 "$\mathcal{K}$ 一致"，否则将返回 "$\mathcal{K}$ 不一致"。给定概念 C 和知识库 $\mathcal{K}$ 作为输入，如果存在解释 $\mathcal{I} = (\Delta^{\mathcal{I}}, \cdot^{\mathcal{I}})$ 和元素 $d \in \mathcal{I}$ 使得 $\mathcal{I}| = \mathcal{K}$ 且 $d \in C^{\mathcal{I}}$，则关于知识库 $\mathcal{K}$ 的概念可满足性的决策过程将返回 "C 关于 $\mathcal{K}$ 可满足"，否则返回 "C 关于 $\mathcal{K}$ 不可满足"。

决定在知识库上执行推理任务的因素包括语义表示、数字形式、知识库大小、实体的存在性以及该任务推理器中可用的函数 。

推理任务依赖于不同的推理规则，例如：RDFS 推理机制$^{\ominus}$，为 RDF 和 RDFS 词汇表提供语义；D–推理机制$^{\ominus}$，为数据类型提供语义；OWL 推理机制$^{\ominus}$，为 OWL 词汇表增加了语义[47]。

例如，基于三元组：Router10143R1 net：inAS：AS10143 以及 CNTFO 中 net：inAS 的域定义（：inAS rdfs：domain：router），可以使用 prp-dom OWL 推理规则进行推断，假设 T（? p，rdfs：domain,? c）且 T（? x,? p,? y），可得 T（? x，rdf：type,? c），那么可以推断出：Router10143R1 是 net：Router，这在前

⊖ https：//www.w3.org/TR/2004/REC-rdf-mt-20040210/#RDFSRules

⊜ https：//www.w3.org/TR/2004/REC-rdf-mt-20040210/#D_ entailment

⊜ https：//www.w3.org/TR/owl2-profiles/#Reasoning_ in_ OWL_ 2_ RL_ and_ RDF_ Graphs_ using_ Rules

文中并未明确说明。类似地，使用 `net：isAS`（`：inAS rdfs：range：Autono-mousSystem`）的范围定义和 prp-rng OWL 推理规则，假设 T（? p,rdfs:range,? c）且 T（? x,? p,? y），可得 T（? y,rdf:type,? c），那么可推断出 AS10143 是 `net：Auton-omousSystem`，这是前文中的隐藏知识。

2.9　总结

本章介绍了形式化知识表示形式，除了元数据外（如数据来源），还可以用来获取通信网络概念的语义、属性以及它们之间的关系。使用这些先进的知识表示形式来对网络进行推理是网络态势感知领域很有前景的研究方向。语义 Web 标准为各种来源的网络数据提供语法和语义的互操作性，并为网络概念、属性和关系以及实例化它们的实体提供机器可解释的定义。形式化表示可以使用清晰性、模糊性、概率性或可能性逻辑来表示数据的不同特征，优先考虑那些计算复杂度较低的语言，它们是可确定的，并且其公理可以在 OWL 中实现。捕获的网络节点的语义与网络拓扑和信息流相关的路由消息，可用于基本推理的网络知识发现，并最终实现网络拓扑可视化。利用形式化描述的网络语义的专家系统有助于关联、合并和理解网络信息，消除有误导性或冲突性的网络信息，识别漏洞，与其他分析人员合作，可以有更多发现和更全面的视角。

参考文献

[1] Vishik C, Balduccini M (2015) Making sense of future cybersecurity technologies: using ontologies for multidisciplinary domain analysis. In: Reimer H, Pohlmann N, Schneider W (eds) ISSE 2015. Springer, Wiesbaden, pp 135–145. https://doi.org/10.1007/978-3-658-10934-9_12

[2] Sikos LF (2014) Web standards: mastering HTML5, CSS3, and XML, 2nd edn. Apress, New York. https://doi.org/10.1007/978-1-4842-0883-0

[3] Sikos LF (2017) Utilizing multimedia ontologies in video scene interpretation via information fusion and automated reasoning. In: Ganzha M, Maciaszek L, Paprzycki M (eds) Proceedings of the 2017 Federated Conference on Computer Science and Information Systems. IEEE, New York, pp 91–98. https://doi.org/10.15439/2017F66

[4] Miksa K, Sabina P, Kasztelnik M (2010) Combining ontologies with domain specific languages: a case study from network configuration software. In: Amann U, Bartho A, Wende C (eds) Reasoning Web: semantic technologies for software engineering. Springer, Heidelberg, pp 99–118. https://doi.org/10.1007/978-3-642-15543-7_4

[5] Abar S, Iwaya Y, Abe T, Kinoshita T (2006) Exploiting domain ontologies and intelligent agents: an automated network management support paradigm. In: Chong I, Kawahara K (eds) Information networking: advances in data communications and wireless networks. Springer, Heidelberg, pp 823–832. https://doi.org/10.1007/11919568_82

[6] Martínez A, Yannuzzi M, López J, Serral-Gracià R, Ramarez W (2015) Applying information extraction for abstracting and automating CLI-based configuration of network devices in heterogeneous environments. In: Laalaoui Y, Bouguila N (eds) Artificial intelligence applications in information and communication technologies. Springer, Cham, pp 167–193. https://doi.org/10.1007/978-3-319-19833-0_8

[7] Quirolgico S, Assis P, Westerinen A, Baskey M, Stokes E (2004) Toward a formal common information model ontology. In: Bussler C, Hong S-k, Jun W, Kaschek R, Kinshuk, Krishnaswamy S, Loke SW, Oberle D, Richards D, Sharma A, Sure Y, Thalheim B (eds) Web information systems–WISE 2004 workshops. Springer, Heidelberg, pp 11–21. https://doi.org/10.1007/978-3-540-30481-4_2

[8] Martínez A, Yannuzzi M, Serral-Gracià R, Ramírez W (2014) Ontology-based information extraction from the configuration command line of network routers. In: Prasath R, O'Reilly P, Kathirvalavakumar T (eds) Mining intelligence and knowledge exploration. Springer, Cham, pp 312–322. https://doi.org/10.1007/978-3-319-13817-6_30

[9] Laskey K, Chandekar S, Paris B-P (2015) A probabilistic ontology for large-scale IP geolocation. In: Laskey KB, Emmons I, Costa PCG, Oltramari A (eds) Proceedings of the Tenth Conference on Semantic Technology for Intelligence, Defense, and Security. RWTH Aachen University, Aachen, pp 18–25. http://ceur-ws.org/Vol-1523/STIDS_2015_T03_Laskey_etal.pdf

[10] ETSI Industry Specification Group (2012) Measurement ontology for IP traffic (MOI); requirements for IP traffic measurement ontologies development. ETSI GS MOI 002 V1.1.1. http://www.etsi.org/deliver/etsi_gs/MOI/001_099/002/01.01.01_60/gs_MOI002v010101p.pdf

[11] Kodeswaran P, Kodeswaran SB, Joshi A, Perich F (2008) Utilizing semantic policies for managing BGP route dissemination. In: IEEE INFOCOM workshops 2008. IEEE, New York, pp 184–187. https://doi.org/10.1109/INFOCOM.2008.4544611

[12] Voigt S, Howard C, Philp D, Penny C (2018) Representing and reasoning about logical network topologies. In: Croitoru M, Marquis P, Rudolph S, Stapleton G (eds) Graph structures for knowledge representation and reasoning. Springer, Cham, pp 73–83. https://doi.org/10.1007/978-3-319-78102-0_4

[13] Sikos LF, Stumptner M, Mayer W, Howard C, Voigt S, Philp D (2018) Representing network knowledge using provenance-aware formalisms for cyber-situational awareness. Procedia Comput Sci 126C:29–38

[14] Sikos LF (2016) RDF-powered semantic video annotation tools with concept mapping to Linked Data for next-generation video indexing: a comprehensive review. Multim Tools Appl 76(12):14437–14460. https://doi.org/10.1007/s11042-016-3705-7

[15] Bizer C, Heath T, Berners-Lee T (2009) Linked data—the story so far. Int J Semant Web Inform Syst 5(3):1–22. https://doi.org/10.4018/jswis.2009081901

[16] Carroll JJ, Bizer C, Hayes P, Stickler P (2005) Named graphs, provenance, and trust. In: Proceedings of the 14th International Conference on World Wide Web. ACM, New York, pp 613–622. https://doi.org/10.1145/1060745.1060835

[17] Sikos LF (2017) Description logics in multimedia reasoning. Springer, Cham. https://doi.org/10.1007/978-3-319-54066-5

[18] Alani MM (2017) Guide to Cisco routers configuration: becoming a router geek. Springer, Cham. https://doi.org/10.1007/978-3-319-54630-8

[19] Systems C (2009) Cisco uBR7200 series universal broadband router software configuration guide. Cisco Press, Indianapolis

[20] Rekhter Y, Li T, Hares S (eds) (2006) A border gateway protocol 4 (BGP-4). https://tools.ietf.org/html/rfc4271

[21] Moy J (ed) (1998) OSPF version 2. https://tools.ietf.org/html/rfc2328

[22] Callon R (ed) (1990) Use of OSI IS-IS for routing in TCP/IP and dual environments. https://tools.ietf.org/html/rfc1195

[23] Hedrick C (ed) (1988) Routing information protocol. https://tools.ietf.org/html/rfc1058

[24] Nakibly G, Gonikman D, Kirshon A, Boneh D (eds) (2012) Persistent OSPF attacks. In: 19th Annual Network and Distributed System Security Conference, San Diego, CA, USA, 5–8 Feb 2012

[25] Dijkstra EW (1959) A note on two problems in connexion with graphs. Numer Math 1(1):269–271. https://doi.org/10.1007/BF01386390

[26] Braden R (ed) (1989) Requirements for internet hosts–application and support. https://tools.ietf.org/html/rfc1123

[27] Sikos LF, Stumptner M, Mayer W, Howard C, Voigt S, Philp D (2018) Summarizing network information for cyber-situational awareness via cyber-knowledge integration. In: AOC 2018 Convention, Adelaide, Australia, 28–30 May 2018

[28] Clemente FJG, Calero JMA, Bernabe JB, Perez JMM, Perez GM, Skarmeta AFG (2011) Semantic Web-based management of routing configurations. J Netw Syst Manag 19(2):209–229. https://doi.org/10.1007/s10922-010-9169-6

[29] Udrea O, Recupero DR, Subrahmanian VS (2010) Annotated RDF. ACM Trans Comput Logic 11, Article 10. https://doi.org/10.1145/1656242.1656245

[30] Sahoo SS, Bodenreider O, Hitzler P, Sheth A, Thirunarayan K (2010) Provenance context entity (PaCE): scalable provenance tracking for scientific RDF data. In: Gertz M, Ludascher B (eds) Scientific and statistical database management. Springer, Heidelberg, pp 461–470. https://doi.org/10.1007/978-3-642-13818-8_32

[31] Nguyen V, Bodenreider O, Sheth A (2014) Don't like RDF reification? Making statements about statements using singleton property. In: Chung C-W (ed) Proceedings of the 23rd International Conference on World Wide Web. ACM, New York, pp 759–770. https://doi.org/10.1145/2566486.2567973

[32] Hartig O, Thompson B (2014) Foundations of an alternative approach to reification in RDF. arXiv:1406.3399

[33] Zimmermann A, Gimenez-Garcea JM (2017) Integrating context of statements within description logics. arXiv:1709.04970

[34] Watkins ER, Nicole DA (2006) Named graphs as a mechanism for reasoning about provenance. In: Zhou X, Li J, Shen HT, Kitsuregawa M, Zhang Y (eds) Frontiers of WWW research and development. Springer, Heidelberg, pp 943–948. https://doi.org/10.1007/11610113_99

[35] Flouris G, Fundulaki I, Pediaditis P, Theoharis Y, Christophides V (2009) Coloring RDF triples to capture provenance. In: Bernstein A, Karger DR, Heath T, Feigenbaum L, Maynard D, Motta E, Thirunarayan K (eds) The Semantic Web–ISWC 2009. Springer, Heidelberg, pp 196–212. https://doi.org/10.1007/978-3-642-04930-9_13

[36] Pediaditis P, Flouris G, Fundulaki I, Christophides V (2009) On explicit provenance management in RDF/S graphs. In: Proceedings of the First Workshop on the Theory and Practice of Provenance, Article 4. USENIX Association, Berkeley

[37] Groth P, Gibson A, Velterop J (2010) The anatomy of a nanopublication. Inform Serv Use 30(1–2):51–56. https://doi.org/10.3233/ISU-2010-0613

[38] Straccia U, Lopes N, Lukácsy G, Polleres A (2010) A general framework for representing and reasoning with annotated semantic web data. In: Proceedings of the 24th AAAI Conference on Artificial Intelligence. AAAI Press, Menlo Park, CA, USA, pp 1437–1442. https://www.aaai.org/ocs/index.php/AAAI/AAAI10/paper/view/1590/2228

[39] Schüler B, Sizov S, Staab S, Tran DT (2008) Querying for meta knowledge. In: Proceedings of the 17th International Conference on World Wide Web. ACM, New York, pp 625–634. https://doi.org/10.1145/1367497.1367582

[40] Sikos LF (2015) Mastering structured data on the Semantic Web: from HTML5 Microdata to Linked Open Data. Apress, New York. https://doi.org/10.1007/978-1-4842-1049-9

[41] Alexander K, Cyganiak R, Hausenblas M, Zhao J (2009) Describing linked datasets. In: Bizer C, Heath T, Berners-Lee T, Idehen K (eds) Proceedings of the WWW2009 Workshop on Linked

Data on the Web. RWTH Aachen University, Aachen. http://ceur-ws.org/Vol-538/ldow2009_paper20.pdf

[42] Akar Z, Halaç TG, Ekinci EE, Dikenelli O (2012) Querying the Web of interlinked datasets using VoID descriptions. In: Bizer C, Heath T, Berners-Lee T, Hausenblas M (eds) Proceedings of the WWW2012 Workshop on Linked Data on the Web. RWTH Aachen University, Aachen. http://ceur-ws.org/Vol-937/ldow2012-paper-06.pdf

[43] Klinov P, Parsia B (2013) Understanding a probabilistic description logic via connections to first-order logic of probability. In: Bobillo F, Costa PCG, d'Amato C, Fanizzi N, Laskey KB, Laskey KJ, Lukasiewicz T, Nickles M, Pool M (eds) Uncertainty reasoning for the Semantic Web II. Springer, Heidelberg, pp 41–58. https://doi.org/10.1007/978-3-642-35975-0_3

[44] Bal-Bourai S, Mokhtari A (2016) π-$\mathcal{SROIQ}^{(\mathcal{D})}$: possibilistic description logic for uncertain geographic information. In: Fujita H, Ali M, Selamat A, Sasaki J, Kurematsu M (eds) Trends in applied knowledge-based systems and data science. Springer, Cham, pp 818–829. https://doi.org/10.1007/978-3-319-42007-3_69

[45] Sikos LF (2018) Handling uncertainty and vagueness in network knowledge representation for cyberthreat intelligence. In: Proceedings of the 2018 IEEE International Conference on Fuzzy Systems. Curran Associates, Red Hook, NY, USA

[46] Bobillo F, Straccia U (2011) Reasoning with the finitely many-valued Łukasiewicz fuzzy description logic $\mathcal{SROIQ}$. Inform Sci 181(4):758–778. https://doi.org/10.1016/j.ins.2010.10.020

[47] Sikos LF, Stumptner M, Mayer W, Howard C, Voigt S, Philp D (2018) Automated reasoning over provenance-aware communication network knowledge in support of cyber-situational awareness. In: Liu W, Giunchiglia F, Yang B (eds) Knowledge science, engineering, and management. Springer, Cham, pp 132–143. https://doi.org/10.1007/978-3-319-99247-1_12

第 3 章

机器学习系统的安全性

Luis Muñoz-González，**Emil C. Lupu**

摘要 机器学习是许多现代应用程序的核心，它从来源众多的数据中提取有价值的信息。机器学习给社会带来了颠覆性的改变，提供了新的功能，提高了用户的生活质量，例如，用户的生活变得个性化，资源得以优化使用，许多过程能够自动化执行。但是，机器学习系统本身也可能成为攻击者的目标，攻击者可以利用学习算法的漏洞获得明显的攻击优势。有报道称此类攻击已发生在不同的应用程序中。本章介绍了攻击者通过注入恶意数据、利用算法弱点或盲点来破坏机器学习系统的机制。此外，阐述了可以抑制此类攻击影响的机制，以及在设计更加安全的机器学习系统方面所面临的挑战。

3.1 机器学习算法的脆弱性

机器学习⊖促使社会和新技术的发展出现了巨大进步。在大数据时代⊖，越来越多的服务依赖于 AI 和数据驱动的方式，这些服务利用了从人、设备、传感器等各种来源获得的大量数据。机器学习算法能够从海量数据中提取有价值的信息，并提供强大的

⊖ 机器学习是计算机科学的一个领域，它使软件工具能够在不进行明确编程的情况下逐步提高其在特定任务中的性能。

⊖ 大数据是指在分析时可以揭示模式、趋势和关联的超大数据集，但由于数据速度、容量、价值、多样性和准确性等，无法使用传统的数据处理工具进行处理。

预测能力。机器学习促进了许多任务自动化运行，并在新功能、个性化和资源优化等方面表现出很大的优势。

机器学习已经成功地应用于许多不同的领域，包括计算机、系统安全等。因此，机器学习是大多数基于非特征检测系统的核心，其中包括垃圾邮件、恶意软件、网络入侵和欺诈等。与传统的基于特征的检测系统相比，机器学习具有泛化能力，例如，学习算法可以对一个未知样本展开预测。

尽管机器学习技术有很多优势，但是学习算法仍可能被滥用，从而为网络犯罪分子提供从事非法且高利润活动的机会。研究表明，机器学习算法极易受到攻击，并且可能成为攻击者的目标，攻击者通过利用这些算法漏洞可以获得很大的优势[1-2]。实际上，机器学习本身可能就是安全链中最薄弱的环节，攻击者通过攻击其中的漏洞来破坏整个基础架构，也可以注入恶意数据破坏学习过程，或者在测试时操纵数据，利用算法的弱点和盲点逃避检测。

这些攻击绝非仅仅是理论上的假设，而是已经在现实世界的系统中发生过的，比如防病毒引擎、垃圾邮件过滤器以及伪造配置文件和虚假新闻检测器[1]。这些攻击促进了人们对机器学习安全性的研究。因此对抗性机器学习研究逐渐成为研究的热点[3]。该研究领域涉及机器学习和网络安全，旨在了解现有机器学习算法的脆弱性，并设计出新的、更加安全的机器学习算法。

本章描述了机器学习系统的漏洞，并解释了攻击者能够在训练或测试时破坏机器学习算法的机制，也就是通常所说的**投毒攻击**或者**规避攻击**。首先，根据攻击者的能力、目标、知识和策略，描述了可能的攻击场景，并建立了威胁模型。然后，阐述了投毒攻击，阐明攻击者如何通过将恶意数据注入用于参数学习的训练数据集来操纵机器学习系统。与此同时，本章还介绍了一些能够消除此类攻击影响的防御手段。此外，描述了规避攻击。规避攻击是在测试时产生的攻击，旨在产生故意的错误或者规避系统检测。本章不仅描述了攻击策略，而且提出了一些有助于降低攻击成功率的防御策略。但是，针对投毒攻击和规避攻击的防御仍然是一个开放的研究课题。

3.2　威胁模型

与其他传统系统的安全性分析相类似，分析机器学习系统的漏洞和安全性，第一步就是定义适当的威胁模型。本节涉及由 Barreno 等人[4-5]和 Huang 等人[3]提出的威胁模型最初的框架以及由 Biggio 等人[6]和 Munoz-Gonzalez 等人[7]提出的扩展框架。这些架构包含了在不同攻击场景下针对机器学习算法的不同攻击模型。该框架根据攻击者的目标、他操纵数据和影响学习系统的能力、对算法的熟悉程度、防御者使用的数据，以及攻击者的策略等特征来描述攻击。根据上述方面，可以将最佳攻击策略定义为一个优化问题，其解决方案为构造攻击样本提供了方法。

　　该框架能够有效应对训练和测试同时发生的攻击，也就是通常所说的投毒攻击和规避攻击[3,6]。当攻击样本针对的是深度学习算法时，这些样本也称为对抗（训练和测试）样本[7-11]。尽管针对对抗性机器学习的研究主要集中在分类任务方面，但该架构仍可以用于描述其他学习任务和机器学习模式（比如无监督学习⊖）的威胁。

3.2.1　攻击者能力产生的威胁

　　攻击者对机器学习系统的攻击能力可以根据攻击者对学习算法使用的数据以及数据操作的约束等方面的影响来定义。

1. 攻击影响

　　根据攻击者能力的第一个方面，如果攻击者可以注入或者操控学习算法使用的训练数据，则攻击产生的影响可以是因果性的；如果攻击者不能影响训练过程，但可以在测试时创建恶意样本（即发起中毒和规避攻击），那么攻击产生的影响则将是探索性的。

　　投毒攻击通常发生在训练学习算法而收集到的数据不可信时，这些数据包括从可能受到危害或者恶意操纵的传感器、人员或设备处搜集和标记的数据。由于收集到的大量数据无法通过手动整理消除恶意示例或者异常值，因此，许多应用程序都需要频繁地对学习算法进行训练，从而适应基础数据分布的变化。

　　在探索性攻击中，攻击者只能在测试时操控数据。即使用于训练学习算法的数据集是可信的，攻击者也可以探测系统，进而发掘系统中的弱点和盲点，从而在学习系统中产生有意的错误（规避攻击）。此外，探索性攻击也可能包括以下场景：攻击者试

　　⊖　无监督机器学习是指从未标记的数据中推断出描述隐藏结构的函数的机器学习任务。

图通过获取有关防御者使用的机器学习模型信息或者用于训练的数据，这两种情况都意味着侵犯了他人隐私。

2. 数据控制约束

攻击者能力的另一方面体现在攻击者实施攻击时对数据操控的潜在约束，这很大程度取决于应用程序领域。比如，在计算机视觉应用中，攻击者可能只需要为每个像素提供有效值，就可以影响图像像素。与之相反，如果攻击者的目的是规避恶意软件分类系统，则需要操作数据以保证恶意软件的恶意功能不被发现，这限制了实施攻击的自由度。

在投毒攻击中，攻击者可能无法控制分配给注入毒节点的标签。比如，在垃圾邮件检测系统中，通常会自动分配标签，然后（有时）将使用用户反馈的标签重新标记。但是攻击者可以推断可能分配给毒节点的标签。通过这种方式，攻击者就可以控制所需增加的最大扰动数据量，以使得攻击节点按照预期被标记。这对于生成中毒样本同样重要。该样本难以通过异常检测和数据预过滤进行检测，可以降低部分攻击的影响[12]。

通常，可以在最佳攻击策略的定义中对这些约束进行建模，通过假定一组给定的初始攻击样本 $\mathcal{D}_p$，并假定攻击点在变化空间 $\phi(\mathcal{D}_p)$ 内发生修改，例如，约束每个攻击点的输入扰动的范数。

3.2.2 攻击者目标产生的威胁

攻击的目标可以用期望的**安全违规**和**攻击特异性**性来描述。在某些任务中，例如在多种分类场景中，攻击者的目标必须根据**错误特异性**加以描述，即攻击者想在系统中生成的错误类型[7]。

1. 安全违规

在本文中，安全违规是指由攻击引起的高级安全违规。机器学习系统中主要存在三种不同的安全违规：

- **完整性违规**：攻击可逃避检测，而不会损害系统的正常运行。比如，在垃圾邮件过滤器应用程序中，可以通过生成被误认为是请求邮件的垃圾邮件实现对垃圾邮件的误分类（误报）。

- **可用性违规**：攻击者旨在破坏系统功能，比如，通过提高分类算法中的总体错误率。
- **机密性违规**：攻击者获得有关机器学习系统以及用于训练的数据或者系统用户的个人信息。

2. 攻击特异性

攻击特异性定义了攻击者的意图有多具体，代表了从特定场景到非特定场景的一系列可能性：

- 针对性攻击：攻击者旨在让系统产生错误或者降低系统性能，以减少样本数量。
- 无差别攻击：攻击者旨在以非选择性的方式降低系统性能或产生错误（主要针对大量样本的情况）。

3. 错误特异性

错误特异性消除了错误性质可能不同的情况，比如多种分类任务[7]。因此，从错误特异性的角度看，攻击可能是以下类型中的一种：

- **不可知错误攻击**：攻击者想要在系统中生成的任何类型的错误。比如，在计算机视觉程序中，当攻击者修改图像时，产生不可知错误攻击，使得机器学习系统错误地分配在该图像中表示的对象，而不管（不正确的）预测类别。
- **特定错误攻击**：攻击者想要产生特定类型的错误。比如，在计算机视觉应用程序中，攻击者尝试让机器学习系统错误地将某个特定的恶意图片分为某一类别，具体地说，就是攻击者可以让系统将一只狗的图片判断为一只猫的图片。

3.2.3　攻击者知识产生的威胁

攻击者可能具备与目标机器学习系统相关的各种知识，包括以下方面：

- 用于训练学习算法的数据集 $\mathcal{D}_{tr}$。
- 学习算法的特征集 $\mathcal{X}$。
- 学习算法 $\mathcal{M}$。
- 学习算法的优化目标函数 $\mathcal{L}$。

- 机器学习算法参数w。

对上述机器学习系统的元素进行编码，即可得到向量$\theta=(\mathcal{D}_{tr}, \mathcal{X}, \mathcal{M}, \mathcal{L}, w)$，用于表示攻击者的知识。只需改变向量$\theta$中的元素取值，就能够表示出许多不同的攻击场景。但通常只考虑两种主要设置，即**完全知识攻击**和**有限知识攻击**。

1. 完全知识攻击

在完全知识攻击中，假定攻击者知道有关目标系统的所有信息。尽管这在大多数情况下可能并不现实，但是可以对机器学习系统的安全性进行最低极限的评估，评估系统性能在受到攻击时的下降极限。在受到同一种攻击的情况下，完全知识攻击能够通过对比不同学习算法在不同设置下的性能来选择适当的模型。

2. 有限知识攻击

有限知识攻击包含诸多可能性，但现有的研究通常只考虑两种情况：具有替代数据的攻击和具有替代学习器的攻击。

- 在具有替代数据的有限知识攻击中，假定攻击者知道特征集$\mathcal{X}$、学习算法$\mathcal{M}$以及学习算法的优化目标函数$\mathcal{L}$。这些攻击还假定攻击者无权访问训练数据集$\mathcal{D}_{tr}$，但是可以访问替代数据集$\hat{\mathcal{D}}_{tr}$，$\hat{\mathcal{D}}_{tr}$的特征和数据分布与$\mathcal{D}_{tr}$近似。然后，攻击者通过访问替代数据集$\hat{\mathcal{D}}_{tr}$上的优化目标函数$\mathcal{L}$来推测学习算法的参数$\hat{w}$。

- 在具有替代模型的有限知识攻击中，假定攻击者知道训练数据$\mathcal{D}_{tr}$和特征集$\mathcal{X}$（例如，如果学习算法是在公开可用的数据集上进行训练的），但不知道学习算法的优化目标函数$\mathcal{L}$。在这种情况下，由于攻击者的攻击模型不同，估计的参数向量$\hat{w}$也隶属不同的向量空间。这些攻击还包括以下情况：无论攻击者是否了解目标系统的学习算法，如果机器学习的优化问题是无解或难解问题，攻击者都不可能得出最佳的攻击策略。替代模型可以通过实施一种可操作但效果并不理想的攻击来解决这一问题。

3.2.4 攻击策略产生的威胁

攻击策略可以公式化为威胁模型在不同方面的优化问题。因此，假设有攻击者知识θ

和一组恶意样本 $\mathcal{D}_p \in \phi(\mathcal{D}_p)$，攻击目标可以通过目标函数 $\mathcal{A}(\mathcal{D}_p, \boldsymbol{\theta}) \in \mathcal{R}$ 加以刻画，它描述了在不同攻击点 $\mathcal{D}_p$ 实施攻击的效果。其最优攻击策略可以转化为以下优化问题：

$$\mathcal{D}_p^* \in \arg \max_{\mathcal{D}_p \in \phi(\mathcal{D}_p)} \mathcal{A}(\mathcal{D}_p, \boldsymbol{\theta}) \tag{3.1}$$

这种高阶的表达方式既包括投毒攻击，也包括规避攻击，并且可以应用于不同的学习任务。但是，本章其余部分将着重介绍对抗性机器学习的分类任务。最后，表 3.1 从不同方面对所描述的威胁模型进行了总结。

表 3.1　威胁模型

攻击者能力	**攻击影响** ● 因果攻击：攻击者可以操纵训练数据并影响学习算法 ● 探索性攻击：攻击者只能在测试时操作数据
	数据操作约束：根据应用程序的不同，攻击者可能被限制操作攻击样本的功能或标签。攻击者还可以考虑附加约束以避免检测。
攻击者的目标	**安全冲突** ● 违反完整性：恶意活动不会影响正常的系统操作 ● 可用性违规：系统正常运行受到影响 ● 隐私侵犯：攻击者获取有关学习算法、数据或系统用户的隐私信息
	攻击特异性 ● 目标攻击：集中在数量减少的目标样本上 ● 不加区分的攻击：针对广泛的样本，例如，通过增加学习系统整体总体错误率进行攻击
	错误特异性 ● 错误不可知攻击：攻击者的目标是在系统中产生错误，而不考虑错误的种类 ● 特定错误攻击：攻击者的目标是在系统中产生特定类型的错误
错误特异性	**完美知识**：假定攻击者知道用于训练学习算法的数据集和特征集、模型、为训练算法而优化的函数及其参数
	限制知识 ● 代理数据：攻击者不知道目标系统中使用的训练数据集，但可以访问具有类似特征和数据分布的代理数据集 ● 代理模型：攻击者知道目标系统使用的数据集，但对目标模型和要优化的函数一无所知。攻击者使用代理模型创建攻击点

3.3 数据中毒

数据中毒（也称为**因果攻击**）被认为是与数据驱动技术最相关的新兴安全威胁之一[13]。在这类攻击中，假定攻击者能够控制学习算法所使用的一部分训练数据，进而通过特定或非特定的方式（例如，降低系统的整体性能，或者产生特定类型的错误）来破坏整个学习过程。这类攻击促使后续系统发展出回避行为。

在许多应用中，数据源于不受信任的数据源，诸如传感器、设备或者人们提供的信息。具体而言，许多系统和在线服务都是利用用户数据和决策反馈来训练和更新基础的学习算法的。这些威胁与系统数据收集的数据的可靠性有很大关联，攻击者通过故意提供错误信息逐渐使系统中毒，从而破坏系统性能。即使学习算法能够识别攻击者注入的恶意数据并将其正确分类，但在使用中毒数据重新训练模型时，系统的性能仍然会降低。例如，在垃圾邮件过滤程序中，机器学习算法通常会根据邮件正文和标题的特征将邮件分为垃圾邮件或者正常邮件。攻击者可以混合垃圾邮件和正常邮件的文字，使得系统在训练时，将先前认定的非典型垃圾邮件特征认定为典型的垃圾邮件特征。此外，某些包含合法单词的邮件将被误认为是垃圾邮件。

在分类任务中，攻击者试图修改由机器学习算法确定的**决策边界**[⊖]，从而增加整体分类的错误率，或者针对特定类别分类的错误率，或者针对特定数据集产生的错误分类。仍以垃圾邮件过滤程序为例，攻击者企图通过对垃圾邮件和正常邮件进行错误分类或者提高误报率来让系统无法正常运行。攻击者还可以有针对性地促使一些特定邮件被误分类为垃圾邮件，比如针对来自竞争对手的广告邮件[14]。

图 3.1 展示了在小型神经网络[⊜]中针对二元分类器的投毒攻击，该系统旨在正确区分蓝点和红点。假设攻击者只能注入恶意节点（标记为红点），中毒之前的决策边界用蓝线表示。如图 3.1a 所示，注入单个毒节点后（用红色星表示），决策边界将发生明显变化（红线）。图 3.1b 说明添加五个毒节点后，攻击效果十分明显。

本节使用了 3.2 节中描述的威胁模型，回顾了针对机器学习分类器实施投毒攻击

⊖ 决策边界是一个超曲面，它将底层向量空间划分为多个集合，每个集合对应一个类。
⊜ 人工神经网络是受大脑生物神经网络启发的计算系统。

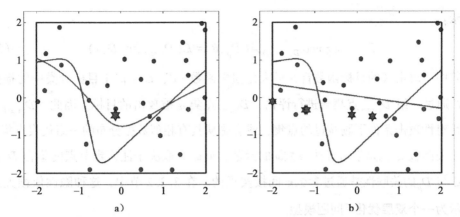

图 3.1　二元分类问题中注入一个毒节点和五个毒节点的数据中毒实例。蓝线表示系
　　　　统未受攻击时的决策边界。中毒后的判定边界用红线表示。中毒点属于红色
　　　　类，用星星表示（见彩插）

的案例。此外，描述了投毒攻击的最优策略，使得我们对评估数据中毒情况下机器学
习分类器的安全性时，能够分析模型的最坏情况。与此同时，还提出投毒攻击具有可
传递性，这意味着针对某一特定学习算法的投毒攻击通常也适用于其他算法。最后，
介绍了降低投毒攻击影响的方法。

3.3.1　投毒攻击场景

　　按照类似于文献［7］的处理方式，根据攻击者有意产生的错误类型，投毒攻击场
景分为两大类，这两大类能够涵盖绝大多数针对多级分类系统的投毒攻击场景。

1. 不可知错误投毒攻击

　　不可知错误投毒攻击是一种常见的攻击手段[15-17]，这种攻击试图使系统产生任意
错误类型，进而将二元分类任务作为实施**拒绝服务攻击**（DoS）的手段。从安全违规的
角度看，这类攻击属于可用性攻击，能够依据攻击是否影响特定数据集或者单个数据
点加以判断。

　　对于多分类系统，不可知错误投毒攻击并非要产生特定的错误，而是在目标数据
点上产生错误分类。若用式(3.1)表示攻击策略，不可知错误投毒攻击则可用如下形

式表示：

$$\mathcal{D}_p^* \in \arg\max_{\mathcal{D}_p \in \phi(\mathcal{D}_p)} \mathcal{A}(\mathcal{D}_p, \boldsymbol{\theta}) = \mathcal{L}(\mathcal{D}_{\text{target}}, \boldsymbol{w}(\mathcal{D}_p)) \tag{3.2}$$

其中，攻击者的目标函数旨在最大化损失函数⊖$\mathcal{L}$，$\mathcal{L}$类似于目标分类中的损失函数。$\mathcal{L}$通过一组$\mathcal{D}_{\text{target}}$点集合进行评估，$\mathcal{D}_{\text{target}}$点集是被攻击的目标。因此，$\mathcal{D}_{\text{target}}$可以是有针对性攻击条件下删减过的点集，或者是从具有相似数据分布的一组代表点集。

损失函数$\mathcal{L}$也是学习算法参数$\boldsymbol{w}$的函数，而$\boldsymbol{w}$又取决于注入毒节点的集合$\mathcal{D}_p$。因此，$\mathcal{L}$与$\mathcal{D}_p$的关联性是通过参数$\boldsymbol{w}$间接实现的。在3.3.2节中，这种隐性依赖关系可以表示为一个**双层优化**⊖问题模型。

因此，在不可知错误投毒攻击中，攻击者只是想要使目标样本的损失最大化，而不管系统产生的是哪种分类错误。在这种情况下，攻击者具备操纵恶意节点的特征或标签的能力。

2. 特定错误投毒攻击

在特定错误投毒攻击中，攻击者试图引发与多分类任务有关的一种特定分类错误[7]。根据3.2节中描述的分类，这种攻击可以同时导致完整性和可用性的安全违规事件。按照前文介绍的方法，它可以依据攻击目标数据点集合的不同来判定是针对性攻击还是非针对性攻击。

特定错误投毒攻击的攻击策略可以公式化为如下形式：

$$\mathcal{D}_p^* \arg\max_{\mathcal{D}_p \in \phi(\mathcal{D}_p)} \mathcal{A}(\mathcal{D}_p, \boldsymbol{\theta}) = \arg\max_{\mathcal{D}_p \in \phi(\mathcal{D}_p)} -\mathcal{L}(\mathcal{D}'_{\text{target}}, \boldsymbol{w}(\mathcal{D}_p)) \tag{3.3}$$

或者，公式化为

$$\mathcal{D}_p^* \in \arg\min_{\mathcal{D}_p \in \phi(\mathcal{D}_p)} \mathcal{L}(\mathcal{D}'_{\text{target}}, \boldsymbol{w}(\mathcal{D}_p)) \tag{3.4}$$

在这种情况下，目标样本集$\mathcal{D}'_{\text{target}}$包含与$\mathcal{D}_{\text{target}}$相同的数据，但同时还包含了攻击者提供的标注。比如，如果攻击者想要让分类器将一个样本从类别1（在数据集$\mathcal{D}_{\text{target}}$中）误判为类别2，那么攻击者必须将该样本在数据集$\mathcal{D}'_{\text{target}}$中标记为类别2。之后，攻击者需要找到毒节点的集合$\mathcal{D}_p$，使得$\mathcal{D}'_{\text{target}}$中重标记样本的损失函数最小化。与前

⊖ 损失函数是一个函数，它将一个或多个变量的值映射到一个实数上，表示与这些值相关的成本。
⊖ 双层优化是将一个问题嵌入（嵌套）另一个问题的优化。

面攻击类型的情况类似，目标函数与 $\mathcal{D}_p$ 是通过模型参数 $\boldsymbol{w}$ 间接关联的。因此，也可以建立双层优化问题模型。

对于违反完整性的事件和有目标的攻击，$\mathcal{D}'_{\text{target}}$ 中的某些标签实际上可能与真实标签是相同的，因此正常系统的操作不会受到影响，或者仅会影响特定的数据点，这样可以降低攻击被检测到的概率。

3. 综合实例

为了说明上述情况，图 3.2 展示了一个具有三级分类的综合数据集合，分别由蓝色、绿色和红色点组成。图 3.2a 表明，当没有攻击发生时，多分类逻辑回归分类器能够正确区分三个类别（决策区域与相应数据点具有相同的颜色）。这里假定攻击者只能注入绿色标记的数据点。

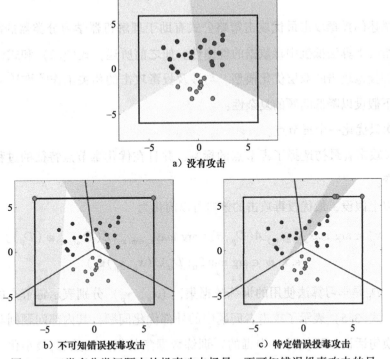

a）没有攻击

b）不可知错误投毒攻击　　　　　　c）特定错误投毒攻击

图 3.2　三类多分类问题中的投毒攻击场景。不可知错误投毒攻击的目的是增加总体分类错误；特定错误投毒攻击旨在将红点误分类为绿点（见彩插）

图 3.2b 表示了攻击者在注入三个中毒数据点产生不可知错误攻击后的决策区域。与没发生攻击时的决策边界（图中用蓝色线表示）相比，攻击发生后，决策边界也发生了重大变化。毒节点用带红色边框的绿色点表示，且位于黑色矩形的边角处，表示攻击者操纵特征时的约束条件（例如式（3.2）中的 $\phi(\mathcal{D}_p)$）。在这种情况下，左上角有两个重叠的毒节点。

图 3.2c 显示了特定错误的投毒攻击效果，其中，攻击者希望分类器能够将红点错误地分为绿色。当攻击者注入三个毒节点后，红色类别的决策区域相应缩小，大多数红点被误划分为绿点。在图 3.2c 中，由未中毒数据集学习确定的决策边界用蓝线表示，式（3.3）和式（3.4）的攻击者约束条件则用黑色矩形表示。

3.3.2 最佳投毒攻击

前面描述的投毒攻击最优攻击策略公式有助于理解机器学习分类器的漏洞，并评估了最坏情况下算法抵抗中毒数据的鲁棒性。如之前所述，式（3.2）和式（3.3）分别描述了两种投毒攻击的双层优化模型。与涉及投毒攻击的相关工作[7,15-17]相似，我们做出了如下假设以降低问题的复杂性：

- 一次只优化一个毒节点。
- 假设攻击者最初选择了毒节点的标签，并且在优化毒节点特征的过程始终保持不变。

根据以上假设，最优投毒攻击的策略可以简化为

$$\boldsymbol{x}_p^* \in \arg \max_{\boldsymbol{x}_p \in \phi(\boldsymbol{x}_p)} \mathcal{A}(\mathcal{D}_p, \boldsymbol{\theta}) = \arg \max_{\boldsymbol{x}_p \in \phi(\boldsymbol{x}_p)} \mathcal{L}(\mathcal{D}_{\text{target}}, \boldsymbol{w}(\mathcal{D}_p))$$

$$\text{s. t. } \boldsymbol{w} \in \arg \min_{\boldsymbol{w}} \mathcal{L}_{\text{tr}}(\mathcal{D}_{\text{tr}} \cup (\boldsymbol{x}_p, y_p) \boldsymbol{w}) \tag{3.5}$$

其中，$\mathcal{D}_{\text{tr}}$ 是学习算法使用的训练数据集，$(\boldsymbol{x}_p, y_p)$ 分别表示毒节点的特征和标签。因此，式（3.5）表示了攻击者问题中的外部优化问题，其内部问题则与防御者目标有关。换句话说，要使得（中毒的）训练数据集的损失函数 $\mathcal{L}_{\text{tr}}$ 最小化。通常情况下，$\mathcal{L}$ 和 $\mathcal{L}_{\text{tr}}$ 的期望是相同的（在完全知识的场景中），但是通过用不同的符号表示攻击者和防御者的损失，可以使模型的应用场景更加灵活。

通过对某几类损失函数和学习算法采用梯度上升法求解，并计算函数的梯度，能

够解决上述双层优化问题。神经网络、深度学习和支持向量机（SVM）就是这样解决的。然而，对于不能应用基于梯度方法的决策树或者随机森林，如何解决这个问题还有待进一步研究。

假设 $\mathcal{L}$ 和 $\mathcal{L}_{\text{tr}}$（攻击者和防御者的损失）是可微的，对于 w 和 x_p，按照以下规则，计算得到用于解决双层优化问题的梯度 $\nabla_{x_p}\mathcal{A}$：

$$\nabla_{x_p}\mathcal{A}=\nabla_{x_p}\mathcal{L}+\frac{\partial w}{\partial x_p}\nabla_w\mathcal{L} \tag{3.6}$$

对于毒点 x_p，这里主要的难点在于求解参数 w 的隐式导数。为此，式（3.5）的内部优化问题可以用固定条件替换，比如 Karush-Kuhn-Tucker（KKT）条件[7,15-17]：

$$\nabla_w\mathcal{L}_{\text{tr}}(\mathcal{D}_{\text{tr}}\cup(x_p,y_p),w)=0 \tag{3.7}$$

这只能在某些规律性条件下完成，即学习算法的损失函数 $\mathcal{L}_{\text{tr}}$ 对于 w 和 x_p 是可微的，如同 Adaline 等线性分类器、支持向量机或者逻辑回归、神经网络和深度学习架构等。

根据式（3.7）的 KKT 条件，可用**隐函数定理**来计算所需的隐式导数：

$$\frac{\partial w}{\partial x_p}=-(\nabla_{x_p}\nabla_w\mathcal{L}_{\text{tr}})(\nabla_w^2\mathcal{L}_{\text{tr}})^{-1} \tag{3.8}$$

通过将式（3.8）代入式（3.6），求解双层优化问题的梯度可以写成：

$$\nabla_{x_p}\mathcal{A}=\nabla_{x_p}\mathcal{L}-(\nabla_{x_p}\nabla_w\mathcal{L}_{\text{tr}})(\nabla_w^2\mathcal{L}_{\text{tr}})^{-1}\nabla_w\mathcal{L} \tag{3.9}$$

然后，根据梯度上升策略，得到计算毒节点的方程：

$$x_p=\prod_\phi(x_p+\eta\ \nabla_{x_p}\mathcal{A}) \tag{3.10}$$

其中，η 是学习率，$\prod_\phi$ 是投影算子，能够将毒节点当前的更新映射到可行域 ϕ 中，从而利用外部优化问题对攻击者约束进行建模。

1. 综合实例

图 3.3 展示了逻辑回归分类器在综合示例中的最优投毒攻击策略。在此示例中，有红点和黄点两种，攻击者的目的是在红点中注入毒节点，从而使分类错误最大化。为此，攻击者在一个单独数据集 $\mathcal{D}_{\text{target}}$ 中评估了攻击目标，$\mathcal{D}_{\text{target}}$ 中数据点的分布与训练数据点的分布一致。用交叉熵计算攻击目标 $\mathcal{A}$ 和逻辑回归分类器 $\mathcal{L}_{\text{tr}}$ 造成的损失

函数。

图 3.3a 展示了利用梯度上升策略时毒节点的轨迹（黄线表示）。背景色映射描述了攻击者的目标函数 $\mathcal{A}$。黑色矩形表示可行域 ϕ，它表示攻击者控制毒节点特征值所需的约束。红星表示攻击者注入毒节点后式(3.5) 的双层优化问题。与预期的一样，毒节点坐标位于交叉熵最大的可行域中，同时，通过将攻击后的决策边界（红色实线）与攻击前的决策边界（红色虚线）进行对比，能够发现毒节点对决策域的影响。

图 3.3b 显示了相同的场景，但是颜色图是用 $\mathcal{A}$ 中攻击者使用的验证数据集中评估的分类错误来表示的。攻击者不能直接使分类误差最大化，因为它是一个不可微函数，因此不能应用式(3.5) 中的最优攻击策略。然而请注意，分类错误的颜色图类似于图 3.3a 中描述的交叉熵的颜色图。这表明交叉熵有利于最大化分类误差。

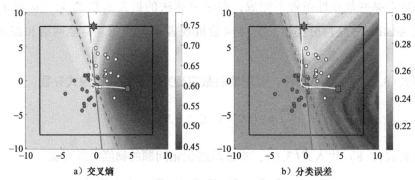

a）交叉熵   b）分类误差

图 3.3   对合成数据集的最佳投毒攻击。攻击者通过注入一个毒节点（红色）来最大化
　　　　分类错误。黑色矩形表示攻击者的约束。攻击前后的决策边界分别用红色虚线
　　　　和实线表示。在式(3.5) 中，用于解决优化问题的梯度上升策略的轨迹用黄色
　　　　表示，最终毒节点用红星表示。图 a 中的颜色图描述了用于模拟攻击者目标 $\mathcal{A}$
　　　　的交叉熵，在 $\mathcal{D}_{target}$ 中进行了评估。图 b 中的颜色图表示在用于 $\mathcal{A}$ 的同一数据
　　　　集中计算的分类错误（见彩插）

在图 3.4 中，投毒攻击的例子如 MNIST$^{\ominus}$所示，MNIST 是计算机视觉问题中手写数字识别的著名基准。为了简化这个场景，我们考虑了一个数字为 1 和 7 的二元分类问题。与上一个示例类似，攻击者通过最大化交叉熵和以逻辑回归分类器为目标来最大

　　$\ominus$　http://yann.lecun.com/exdb/mnist/

化分类错误。在这种情况下，攻击者的目标是注入一个标记为 7 的毒节点，以最大化分类错误。为此，攻击者从表示 1 的图像开始解决式 (3.5) 中的双层优化问题（参见图 3.4a）。如图 3.4b 所示，产生的毒节点具有与数字 1 和 7 相关的特征，即毒节点的形状设计为以区分两个数字的重要特征为目标。

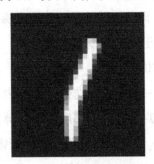 

a）攻击者选择的初始点　　　　b）对最优攻击求解二层优化问题后的最终毒节点

图 3.4　MNIST 数据集中的最佳投毒攻击示例（使用数字 1 和 7）

2. 降低计算复杂度

式 (3.10) 每次更新都要通过解决内部优化问题来获得 KKT 条件，比如在训练学习算法后，评估 w 的值所对应的导数。另一方面，计算和求逆 Hessian $\nabla_w{}^2\mathcal{L}_{tr}$ 的时间复杂度为 $\mathcal{O}(d^3)$，存储复杂度为 $\mathcal{O}(d^2)$，其中 d 是 w 的基数。此外，求解式 (3.9) 中的每个毒节点特征就是求解一个线性系统，其计算复杂度较高，因此在某些情况下是不可行的。

与文献［18］类似，式 (3.9) 的计算复杂度可以通过采用共轭梯度降维法降低，系统变为简单的线性系统，这是通过对式 (3.9) 第二部分中的项进行重组得到的。首先，求解给定的线性系统：

$$(\nabla_w^2\mathcal{L}_{tr})v = \nabla_w\mathcal{L} \tag{3.11}$$

在此基础上计算梯度：

$$\nabla_{x_p}\mathcal{A} = \nabla_{x_p}\mathcal{L} - (\nabla_{x_p}\nabla_w\mathcal{L}_{tr})v \tag{3.12}$$

通过使用 Hessian 向量积[19]，可以避免直接进行矩阵 $\nabla_{x_p}\nabla_w\mathcal{L}_{tr}$ 和 $\nabla_w^2\mathcal{L}_{tr}$ 的运算：

$$(\nabla_{x_p}\nabla_w\mathcal{L}_{tr})z = \lim_{h\to 0}\frac{1}{h}(\nabla_{x_p}\mathcal{L}_{tr}(x_p,w+hz) - \nabla_{x_p}\mathcal{L}_{tr}(x_p,w))$$

$$(\ \nabla_{\pmb{w}}^{2}\mathcal{L}_{\mathrm{tr}}) z = \lim_{h \to 0} \frac{1}{h} (\ \nabla_{\pmb{w}}\mathcal{L}_{\mathrm{tr}} (x_p , \pmb{w} + hz) - \nabla_{\pmb{w}}\mathcal{L}_{\mathrm{tr}} (x_p , \pmb{w})) \tag{3.13}$$

尽管使用这些求解技巧可以更有效地计算毒节点，但是在每次梯度上升迭代的时候，式(3.5) 中的内部优化问题依然存在。这在需要大量时间进行训练的大型神经网络和深度学习系统中是不可行的。然而，文献 [7] 提出，可以通过采用**反梯度优化**方法来克服这一问题。反梯度优化是文献 [20] 中基于能力模型首次提出的，后来在深度学习[35]架构中用于解决双层优化问题中的超参数优化问题。

这种方法的基本思想是用执行学习算法导致的一组减少的迭代来替换内部优化问题，从而更新参数 $\pmb{w}$ 。这种方法要求更新要平滑，类似于基于梯度的学习算法，比如神经网络、深度学习架构等。这样，就有可能利用 $\pmb{w}_T$ 计算外部优化问题中所需的梯度，在内部问题的不完全优化中获得学习算法参数，可以变为 T 迭代[20]。

算法 1 描述了标准的梯度降维方法，该方法用于解决不完全的内部优化问题，并将迭代次数限制为 T 。

算法 1：梯度下降

---

1 输入：初始参数 $\pmb{w}_0$，学习率 η，$\mathcal{D}_{\mathrm{tr}}$，$\mathcal{L}_{\mathrm{tr}}$

 1：for $t = 0, \cdots, T-1$ do

 2： $\pmb{g}_t = \nabla_{\pmb{w}}\mathcal{L}_{\mathrm{tr}} (\mathcal{D}_{\mathrm{tr}}, \pmb{w}_t)$

 3： $\pmb{w}_{t+1} \leftarrow \pmb{w}_t - \eta g_t$

 4：end for

 输出：训练参数 $\pmb{w}_T$

算法 2 描述了使用与 T 迭代的梯度降维类似的递归算法来计算 $\nabla_{x_p}\mathcal{A}$ 的反向梯度优化过程。

算法 2：反向梯度下降

 输入：训练参数 $\pmb{w}_T$，学习率（内部问题）η，学习率（外部问题）α，$\mathcal{D}_{\mathrm{tr}}$，$\mathcal{D}_{\mathrm{target}}$，毒节点 (x_p, y_p)，攻击者函数 $\mathcal{L}$，学习者损失函数 $\mathcal{L}_{\mathrm{tr}}$，初始化 $\mathrm{d}x_p \leftarrow 0$，$\mathrm{d}\pmb{w} \leftarrow \nabla_{\pmb{w}}\mathcal{L} (\mathcal{D}_{\mathrm{target}}, \pmb{w}_T)$

 1：for $t = T, \cdots, 1$ do

2： $dx_p \leftarrow dx_p - \eta dw \, \nabla_{x_p} \nabla_{\boldsymbol{w}} \mathcal{L}_{\mathrm{tr}} \, (x_p, \, \boldsymbol{w}_t)$

3： $dw \leftarrow dw - \eta dw \, \nabla_{\boldsymbol{w}}^2 \mathcal{L}_{\mathrm{tr}} \, (x_p, \, \boldsymbol{w}_t)$

4： $g_{t-1} = \nabla_{\boldsymbol{w}_t} \mathcal{L}_{\mathrm{tr}} \, (x_p, \, \boldsymbol{w}_t)$

5： $\boldsymbol{w}_{t-1} = \boldsymbol{w}_t + \alpha g_{t-1}$

6： end for

输出： $\nabla_{x_p} \mathcal{A} = \nabla_{x_c} \mathcal{L} + dx_p$

与传统方法相比，这种方法通过降低迭代次数即可实现对学习算法的运算，显著降低了计算复杂度，从而能够应对大型神经网络和深度学习系统的投毒攻击[7]。

3.3.3　投毒攻击的可传递性

在对抗性机器学习中，攻击的可传递性是一个非常重要的属性。换言之，针对特定学习算法的攻击也同样适用于其他算法。因此，攻击的可传递性也从一定程度上说明了不同学习算法之间同一漏洞的存在范围，这有助于提出相应的防御机制，进一步减轻攻击的影响。依据 3.2 节中描述的威胁模型，攻击的可传递性可以定义为具有代理模型的部分知识攻击，即攻击者在不知道防御者使用的学习算法的情况下发起的攻击。

尽管攻击的可传递性主要在规避攻击中加以分析[21]（参见 3.4.2 节），但该特性也在投毒攻击的相关试验中得以证明[7]。更确切地说，投毒攻击的目标是特定学习算法，而如果其他算法与被攻击的算法近似，那么同一攻击也将十分有效。比如，不同线性分类器之间的攻击具有较高的可传递性。

为了说明这一点，图 3.5 展示了一个对二元分类器攻击的实例。该分类器的目的是对红点和黄点进行线性分类，攻击者则尝试注入红色毒节点，从而使分类器的错误最大化。图 3.5a 展示了使用 Adaline 分类器（有时也被误称为感知器）在训练点集上用于最小化误差的均方差（MSE）$^{\ominus}$。颜色图表示了攻击者损失函数 $\mathcal{A}$ 的 MSE，在这种情况下，也是利用单独数据集 $\mathcal{D}_{\mathrm{target}}$ 评估得到 MSE。颜色图表明，当毒节点在图中右上角时，攻击函数取值最大。

$\ominus$　均方差是误差平方的平均值。它是估计质量的一种度量，总是非负的，并且它的值越接近于零越好。

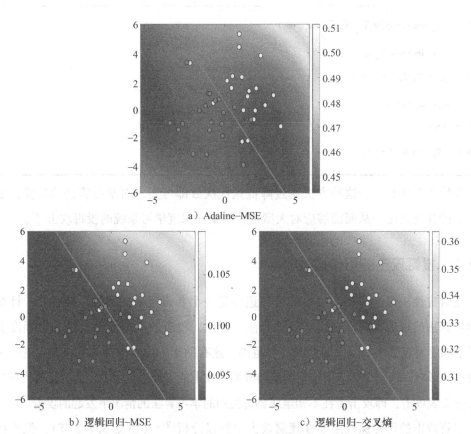

a) Adaline–MSE

b) 逻辑回归–MSE

c) 逻辑回归–交叉熵

图 3.5   对人工数据集的最佳投毒攻击。攻击者通过注入一个毒节点（红色）来最大
　　　　化分类错误。黑色矩形表示攻击者的约束。攻击前后的决策边界分别用红色
　　　　虚线和实线表示。在式(3.5) 中，用于解决优化问题的梯度上升策略的轨迹
　　　　用黄色表示，最终毒节点用红星表示。图 a 中的颜色图描述了用于模拟攻击
　　　　者目标 $\mathcal{A}$ 的交叉熵，在 $\mathcal{D}_{\text{target}}$ 中进行了评估。图 b 中的颜色图表示在用于 $\mathcal{A}$
　　　　的同一数据集中计算的分类错误（见彩插）

　　类似地，图 3.5b 展示了防御者训练逻辑回归分类器时，利用单独数据集 $\mathcal{D}_{\text{target}}$ 评
估 MSE 所得的颜色图，与图 3.5a 类似，通过利用 Adaline 分类器将 MSE 最小化。尽管
颜色图略有不同，使攻击者目标函数最大化的毒节点所在位置却与图 3.5a 相同。在
图 3.5c 中得到了相似的结果，其中攻击者和防御者都使用了交叉熵作为损失函数。因
此，如果三种情况下都应用了最佳的投毒攻击策略，那么投毒攻击的攻击点应该是一

致的。

该示例表明，无论攻击者和防御者使用哪一种损失函数，采用哪一类型的线性分类器，攻击点都是可传递的。因此，即使攻击者对防御者使用的学习算法并不完全了解，只要攻击者使用的替代模型与之相似，攻击效果依然十分显著。

攻击在线性分类器与非线性分类器之间的可传递性在文献 [7] 中已进行了验证，其中针对线性分类器的攻击能够更为有效地破坏（非线性的）神经网络体系架构。

3.3.4　对投毒攻击的防御

对比攻击策略研究，与数据中毒防御方法的相关研究较少，并且始终未能提出有效应对投毒攻击的防御方法。

拒绝负面影响（RONI）防御[14]是最早提出的一个缓解投毒攻击的方法，它通过检测和丢弃训练数据集中对分类器产生负面影响的样本来防止投毒攻击。RONI 要求使用训练数据集的子集对算法进行再训练，类似于 Leave-One-Out 验证，通过保留所有样本中最可靠的样本子集作为训练样本。在此基础上，RONI 度量每个子集中每个样本的验证性能，剔除在绝大多数分类器中存在负面影响的点。尽管该技术能有效抵御一些类型的投毒攻击[14]，但它的计算复杂度较高，并且要求学习算法对训练集合的每个点都进行重新训练（即使使用小子集加速计算），而这对于需要大量训练数据集的应用程序和深度网络而言是不可行的。此外，如果训练子集小于特征数量，RONI 将会过度拟合，从而导致分类器的验证性能无法实现可靠的恶意数据点检测。

离群值检测和适当数据预过滤技术也可以降低投毒攻击的影响，尤其是在无法正确定义攻击者约束的情况下。比如，文献 [7，15 - 17] 中的最优投毒攻击实验结果表明，攻击可以极大地降低机器学习分类器的性能，但没有考虑任何可检测的约束。换句话说，它们仅检测生成的攻击点是否可信。缺乏可检测约束的最佳攻击策略会导致毒节点和真正的毒节点完全不同[12]，毒节点可以通过应用异常检测发现，并从训练数据集中剔除。

基于这一论断，在生成模型的情况下，文献 [22] 提出了针对逻辑回归分类器的两步防御策略。首先是应用离群值检测，然后进行算法训练，从而基于分类器和标签之间的相关性解决优化问题。尽管该方法具有一定效果，但是其主要缺陷在于假定了防御者能够提前知道一部分毒节点样本，这在实际情况中是很难实现的，而且算法的性能对这些值很敏感。

文献［12］中提出了一种用于防止分类任务中毒的异常值检测方案。该方案依据少数受信任的数据点训练每个类别的异常值检测器。即使攻击者没有对特定的攻击约束建模，这种策略也可以有效地降低投毒攻击的影响。但是利用这种检测方法检测其他受限攻击却很难。例如标签翻转攻击，攻击者仅通过操纵标签注入毒节点。在这种情况下，刚刚提出的算法只能检测并移除相应类的毒节点。此外，该技术需要检查一些训练点。比如检查一些训练点是否被适当地标记，且这种标记不是恶意的。尽管在某些情况下会存在一定限制，但是这些假设在许多应用程序域中是合理的。依靠异常值检测，文献［23］给出了毒数据对二元分类器影响的上限，该方法要求对训练的数据做一些预处理。然而，通过使用替代损失函数而非分类误差函数计算，可以让计算的界限相对宽松。

其他研究也针对一些攻击提出了相关的防御方法，比如标签翻转攻击。文献［24］剔除了一种基于 *k* 近邻的防御机制，它根据训练集中相邻样本的标签对可能的恶意数据点进行标记。但是，该方法在很接近毒节点子集时效果不佳。文献［25］提出了一种基于可靠统计的影响函数，它既可以生成毒节点实例，还可以抵御标签翻转攻击。基于以上分析，如果想要识别出训练集中最具威胁的样本，就需要进行手动检查。影响函数提供了每个训练样本对机器学习系统性能影响的评估。与 RONI 相比，影响函数的计算不需要利用每个训练数据重新训练算法，仅需要进行一些梯度计算，显著地降低了计算复杂度。也就是说，影响函数可以用于抵御深度学习系统中的标签翻转攻击。

3.4 在测试中的攻击

规避攻击是在测试时产生的攻击，攻击者的目的是操纵输入数据，从而使机器学习系统产生错误。与毒数据相反，规避攻击不会改变系统的行为，相反地，它利用了系统的盲点和弱点产生错误。与投毒攻击类似，这些攻击主要是在机器学习分类时进行的，而且这种攻击也考虑了机器学习的分类器。

规避攻击可以利用机器学习系统中的以下两个漏洞：
- 通过利用训练数据不支持的特征空间域进行攻击（通过生成与用于训练学习算

法点集不同的点作为攻击点）。在这些域中，该算法可能会产生意料不到的预测。然而，可以轻易通过数据预过滤和异常检测来抵御这些攻击。因此，系统将拒绝它认为可能是异常值的点。因此，本节不分析这种情况。

- 通过利用学习算法特征空间的范围弱点（特征空间域，学习的决策边界与未知决策边界不同）进行攻击。这是因为用于训练算法的数据点数量有限，或者学习算法解决分类问题的能力有限（比如，使用线性分类器解决非线性分类问题，或者使用表达能力有限的小规模神经网络）。与之相反，在无法将类别完美分离的嘈杂分类问题中，攻击者可以使用类别之间具有的多个重叠区域规避检测。

图 3.6 展示了一个二元分类器任务的综合示例，它说明了之前存在的缺陷。蓝色曲线表示真实的位置决策边界，它可以通过具有无限数量的训练数据集和具有足以解决分类问题能力的学习算法获取这个边界。红色曲线则描绘了机器学习分类器在利用如图 3.6 所示的训练集合学习后得到的决策边界。在这种情况下，该算法如果能够正确分类训练数据集，就意味着该算法具有非常好的完成分类任务的能力。然而，当与真实决策边界相比较时，将会发现学习算法存在一些灰色阴影（学习算法不正确的区域）。攻击者可以利用这些区域进行对抗，从而逃避检测。

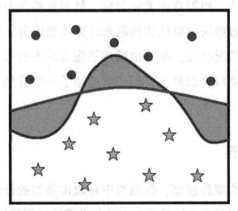

图 3.6 逃避攻击的动机。在这个二值分类问题中，用一条蓝色的曲线来描述将两类最佳分离的真（未知）决策边界。由于由红点和黄星给出的训练数据集是有限的，因此学习的决策边界用红色曲线表示。虽然学习分类器能很好地分离训练数据，但它与真实的决策边界不同。灰色区域表示机器学习分类器会出错的区域，攻击者可以利用这些区域成功地进行规避攻击（见彩插）

即使机器学习分类器具有足够的表达能力完成分类任务，在某些情况下，这些对抗区域也会产生稀缺数据，比如，由于这些区域中的数据概率密度非常低。因此，在这些区域中拥有训练数据点的机会非常低。随着数据集使用的特征数量增加，这个问题将变得更为严重：学习变得更具有挑战性，这需要一个更大的数据集，其中包含能够代表基础数据分布的数据集。

规避攻击近期已经开始针对深度神经网络。事实证明，它们非常容易受到这种威胁的攻击。相关事件确认了对抗性示例的存在，比如，当在真实图像中添加了无法察觉的失真（系统已经将其分为正确的类）时，深度学习系统可能会将其分为错误的样本。对抗性示例的存在首先在图像分类的背景下被发现[9]，这表明在深度学习分类器对于图像中无法检测到的修改会产生不一样的预测。因此，文献［10，26］提供了对该威胁的全面分析，描述了能够欺骗深层神经网络的有效规避攻击策略。

从实践的角度看，规避攻击被认为是相关威胁，并且可以阻碍机器学习技术渗透到某些应用程序领域。比如，如果使用深层网络在自动驾驶中执行图像分析，则攻击者可以利用学习算法的漏洞产生不良行为，比如，（物理上）操纵道路上的交通标志[27]。

本节的其余部分描述了根据攻击者的目标，针对机器学习分类器的不同规避攻击场景，并说明了如何通过解决约束优化问题来计算规避攻击，并在 MNIST 上显示了一些实例。与数据中毒的情况类似，本节也描述了规避攻击的可传递性。最后，尽管上述提及的挑战尚未在该领域得以解决，但仍然描述了一些有助于缓解这些攻击影响的机制。

3.4.1　规避攻击场景

本节利用 3.2 节中的威胁模型，按照与中毒攻击类似的处理方法，根据攻击者希望产生的错误类型，将规避攻击场景分为多类分类系统进行描述[28]。更具体的攻击场景也可以从以下内容中得到。

1. 错误不可知的规避攻击

在多类分类中，预测类 c^* 通常被看作对于给定的输入样本 x，符合判别函数 $f_k(x)$，

$k=1$，$\cdots$，c 的最大值的类：

$$c^* = F(\boldsymbol{x}) = \arg \max_{k=1,\cdots,c} f_k(\boldsymbol{x}) \tag{3.14}$$

在错误不可知的规避攻击（也称为不加区分的规避）中，攻击者的目标是在测试时产生错误分类，而与分类器预测的类无关。例如，在人脸识别系统中，攻击者可能希望阻止系统识别到他，而不管算法预测的身份是否错误。在这种场景下，错误不可知的规避攻击可以表述为以下优化问题：

$$\boldsymbol{x}_e^* \in \arg \min_{\boldsymbol{x}_e \in \phi(\boldsymbol{x}_e)} f_k(\boldsymbol{x}_e) - \max_{j \neq k} f_j(\boldsymbol{x}_e),$$
$$\text{s. t. } d(\boldsymbol{x},\boldsymbol{x}_e) \leq d_{\max} \tag{3.15}$$

其中 $f_k(\boldsymbol{x}_e)$ 表示在 $\boldsymbol{x}_e$ 中求值的真类相关联的判别函数，$\max_{j \neq k} f_j(\boldsymbol{x}_e)$ 为错误类集合中值较高的判别函数。优化问题的约束 $d(\boldsymbol{x},\boldsymbol{x}_e) \leq d_{\max}$ 给定了距离度量 d，限制了原始样本（攻击者想要修改以避开系统的样本）$\boldsymbol{x}$ 和攻击点 $\boldsymbol{x}_e$ 之间允许的最大扰动 $d_{\max}$。在文献中，通常使用 ℓ_1，ℓ_2 和 ℓ_∞ 距离来约束优化问题对抗性例子的干扰。此外，攻击点 $\boldsymbol{x}_e$ 还被限制在确定的有效点区域 ϕ 内，这也可以模拟攻击者只能修改学习算法使用的一些特征的攻击场景。

2. 特定错误的规避攻击

针对特定错误的规避攻击，攻击者的目标是避开系统检查以产生特定类型的错误。例如，在自动驾驶汽车的交通标志检测中，攻击者可能希望一个"停止"标志被错误地分类为"让路"标志。在文献中，这些攻击通常被称为**目标规避攻击**，常被表示为

$$\boldsymbol{x}_e^* \in \arg \min_{\boldsymbol{x}_e \in \phi(\boldsymbol{x}_e)} \left(\max_{j \neq k_e} f_j(\boldsymbol{x}_e) \right) - f_{k_e}(\boldsymbol{x}_e)$$
$$\text{s. t. } d(\boldsymbol{x},\boldsymbol{x}_e) \leq d_{\max} \tag{3.16}$$

其中，$f_{k_e}(\boldsymbol{x}_e)$ 是目标类 k_e 的判别函数，即对抗性示例应分配给的类。因此，$\max_{j \neq k_e} f_j(\boldsymbol{x}_e)$ 是不同于目标类的具有最高值的判别函数。约束的定义方式与式（3.15）中的错误不可知攻击相同。

3. 综合实例

图 3.7 显示了使用多类逻辑回归作为机器学习分类器，针对具有三个类的分类问

题的合成示例的三种不同攻击场景。在图 3.7a 中,可以观察到错误不可知的攻击场景,其中攻击者的目标是在由黑色虚线分隔的圆的中心产生用绿点表示的错误分类,从而确定攻击者允许的最大扰动。在本例中,避开分类器的最简单方法是将点误分类为红色,因为绿色和红色类之间的决策边界更接近原始点。攻击点用绿色和红色边框表示。注意,具有较小扰动的攻击也能够避开系统。在图 3.7b 中,显示了一种特定于错误的规避攻击,其中攻击者试图将绿点错误分类为蓝色。在这种情况下,即使绿色类和蓝色类之间的判定边界比前一种情况下更大,但特定于错误的攻击仍然是成功的。然而,如果允许的最大扰动水平降低,如图 3.7c 所示,只有错误不可知攻击才会成功,因为绿色和蓝色类之间的决策边界超出了攻击者允许的最大预算。

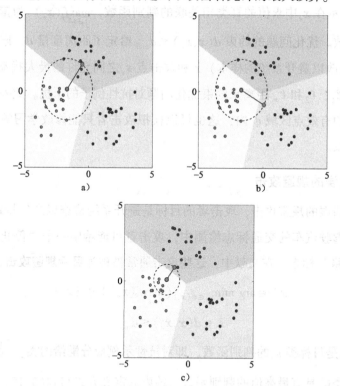

图 3.7　规避攻击场景:图 a 为错误不可知的规避——绿点被修改为红色(黑色虚线表示攻击者的约束);图 b 为特定于错误的规避——攻击者的目标是将绿点误分类为蓝色;图 c 为减少预算的规避——所选的绿点只能被错误分类为红色(见彩插)

3.4.2　规避攻击的计算

式(3.15) 和式(3.16) 所表示的优化问题可以用于解决梯度降维策略。在此基础上，计算逃避节点的公式如下：

$$x_e = \Pi_{\phi, d_{\max}} (x_e - \eta \ \nabla_{x_e} \mathcal{A}) \tag{3.17}$$

其中，$\mathcal{A} = f_k(x_e) - \max\limits_{j \neq k} f_j(x_e)$ 或者 $\mathcal{A} = \max\limits_{j \neq k_e} f_j(x_e) - f_{k_e}(x_e)$ 分别是用于非特定错误攻击和特定错误攻击的。类似于投毒攻击一样，在每次迭代时，更新的点通过投影算子 ϕ，$d_{\max}$ 投影到可行域 $\Pi_{\phi, d_{\max}}$ 上。该算子考虑了 ϕ 定义的约束，即规避点必须是一个有效点，而 $d_{\max}$ 为距离 $d(\cdot, \cdot)$ 允许的最大扰动。

图 3.8 展示了针对图 3.7a 和图 3.7b 中不可知错误和特定错误攻击时应用梯度降维方法获得的规避点轨迹。颜色图描绘了攻击者可能达到的最小成本（$\mathcal{A}$）。蓝色区域对应于较低的 $\mathcal{A}$ 值。在图 3.8a 描述的不可知错误场景中，蓝色区域包含了看见红色点和蓝色点的区域，即两个区域均可以实现规避。但是，鉴于规避点的初始位置和攻击者的约束条件，梯度下降算法发现规避点更容易在红色点附近出现，因为这样离决策边界更近。图 3.8b 表明，对于特定错误攻击，由于攻击者的目的是让分类器将绿点识别为蓝点，因此只有接近蓝点的区域，成本函数 $\mathcal{A}$ 的值才会较低。

其他计算规避攻击点的方法在一些文献中也有所涉及。比如，对于大规模深层网络，由于需要利用梯度进行计算，利用快速梯度符号方法（FSGM）[26] 可以在一次迭代中求得近似（次优）解决方案。因此，该方法计算规避攻击点的表达式为

$$x_e = x + d_{\max} \text{sign}(\nabla_x \mathcal{L}_{tr} ((x, y), w)) \tag{3.18}$$

其中，$\mathcal{L}_{tr}$ 是损失函数，它通过对初始点 x（带有初始标记 y）评估的学习算法达到最小值。该公式仅考虑了在 ℓ_∞ 情况下，规避点每个特征增加或减少不超过 $d_{\max}$。

针对特定错误攻击，优化问题可以表述为式(3.16) 所示，它首次在文献 [10] 中提出，其目标是定义扰乱，以及预测规避点所需的约束条件，具体如下所示：

$$\delta^* \in \arg \min_\delta \| \delta \|_p$$
$$\text{s. t. } F(x + \delta) = y^* \tag{3.19}$$

其中，攻击者旨在最小化扰动 δ（根据某些规范 p），但是这个前提是规避点 $x_e = x + \delta$ 应

被分为 y^*，即 $F(x+\delta)=y^*$ 成立。此外，还应该考虑其他约束条件以保证求解的规避点是有效的。该优化问题在文献［8］中使用拉格朗日乘子进行了形式化描述，从而将约束包含于优化目标中，并提供了不同的评分函数对约束进行建模。

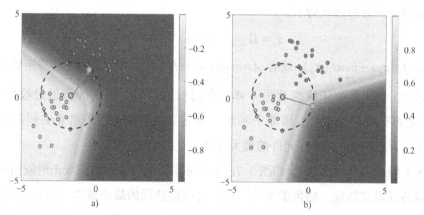

图 3.8　采用梯度下降算法表示图 3.7a 和图 3.7b 所示场景中的规避点。颜色
图表示攻击者在每个场景中要最小化的成本。黑色虚线表示攻击者
的约束，红色实线表示应用梯度下降时点的轨迹（见彩插）

MNIST 数据集实例

与 3.3 节中的投毒攻击类似，图 3.9 展示了在攻击模型为 ℓ_2 和 ℓ_∞ 时，利用 MNIST 数据集获得的规避点。为了更加精确，图 3.9a ~ 图 3.9c 展示了攻击前的原始节点，以及在攻击模型为 ℓ_2 和 ℓ_∞ 条件下的规避点。在攻击前，分类器可以将图像分类为 8，但是当发生攻击后，相应的图像标签就变为了 6。图 3.9d 和图 3.9e 显示了扰动增加到攻击初始点后的情况（放大了两倍）。值得注意的是，图 3.9b 和图 3.9c 中显示的数字为 8，其对应的背景噪声（对抗性的）十分小。

3.4.3　规避攻击的可传递性

3.3.3 节中介绍了攻击的可传递性概念，就是攻击用于不同机器学习算法的范围。在规避攻击中，攻击的传递性意味着攻击者可以在对目标算法了解有限的情况下，通过对代理模型进行规避攻击，将先前对象攻击点成功传递到目标模型。这使得攻击者可以成功实现黑盒攻击，并减少所需的查询数量，从而进一步降低了攻击的被检测概率。经验表明，规避攻击可以在不同"家族"和学习算法配置之间进行转移[21]，特别是对于具有共同特征的算法。在攻击者使用代理数据的情况下，攻击可以实现传递。如之前所述，这是因为攻击者可以利用某些区域进行规避攻击，而且对应的区域中基础数据分布的概率密度较低。

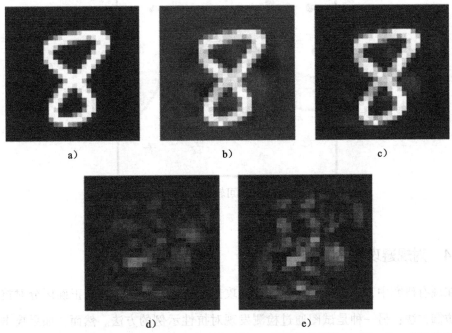

图 3.9　MNIST 数据集规避攻击示例。图 a 为原始图像，正确分类结果为 8；图 b 为 ℓ_2 范数规避攻击，限制 ℓ_2 范数的扰动为 1.5，此时这个数字现在被归为 6；图 c 为 ℓ_∞ 范数规避攻击，限制 ℓ_∞ 范数为 0.3，此时这个数字也被归为 6；图 d 为攻击者在 ℓ_2 范数攻击中引入的扰动（尺度乘 2）；图 e 为攻击者在 ℓ_∞ 范数攻击中引入的 e 扰动（尺度也乘 2）

　　图 3.10 说明了为什么规避攻击通常可以在不同的学习算法之间进行传递。类似于图 3.6 所示，对于二元分类问题，给定一组数据集（红点和黄星），两个非线性机器学习分类器在同一数据集上进行训练。响应的决策边界用绿色和红色曲线表示。类似于图 3.6，蓝色曲线表示在无限训练点情况下获取的最佳（未知）决策边界。图 3.10 表

示了在相同训练数据集中，两个非线性分类器可以产生相似的决策边界。在此基础上，灰色阴影区表示两种算法都会产生错误的区域。相反，黄色阴影区表示攻击点仅对其中一个分类器有效的区域。对比两组区域可知，在大多数情况下，其中一个分类器生成的攻击点将对另一个分类器也有效。

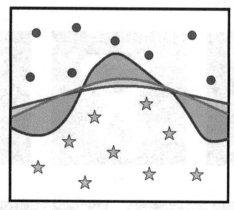

图 3.10　规避攻击的可转移性示例（见彩插）

3.4.4　对规避攻击的防御

在现有研究中，主要有两种针对规避攻击的防御技术：一种是正确区分对抗性示例的防御方法；另一种是试图通过检测发现对抗性示例的方法。然而，如果攻击者针对特定防御发起攻击，两种方法的防御效果并不理想[31]。这是因为对于其中的某些技术，攻击者只要稍微增加一些规避点的失真，即可成功躲避防御。

对抗性训练可能是在某种程度上减轻规避攻击影响的最有效方法之一。对抗性训练的核心思想是将对抗性示例引入训练数据集（通过使用正确的标签），该方法最初在文献［9］中提出。然而，如果使用标准的梯度方法，计算大量对抗性示例的成本巨大，特别是在深度学习系统中。使用 FGSM[26]中的式(3.18)，可以降低计算复杂度，这是因为它不需要迭代搜索规避点。尽管这种方式减少了攻击面，但对抗性训练不会系统地消除所有可能的对抗区域。因此，文献［29 - 30］中提出了对抗性训练变体，然而事实证明，对抗性训练变体在数据集之间的效率很低[31]。

其他防御方法也利用了掩盖梯度的方法来解决式（3.15）和式（3.16）所示的优化问题，将攻击成功的规避点隐藏起来。Papernot 等人提出了一种**蒸馏防御**方法，旨在通过训练，使得面向攻击方向的模型决策面更加平滑[32]。然而，如 3.4.3 节所示，由于攻击点通常具有可传递性，因此，攻击者可以使用代理模型产生对抗实例，并将高成功率的规避点传递到目标系统。此外，文献［33］表明，相较于未受保护的神经网络，蒸馏防御方法对于规避攻击的防御效果并不理想。

通过降维的方法能够减少攻击面，进而降低规避攻击的影响。文献［34］表明，使用**主成分分析（PCA）方法**来减少分类器使用的有效成分类别，能够有效抵御规避攻击。减少组件数量虽然可以影响分类器性能，但是大量组件会为攻击者生成对抗信息提供更大的空间。文献［34］中的实验结果表明，降维防御可以有效抵御规避攻击。然而，文献［31］提出这种防御与卷积神经网络（CNN）的安全性相同，这是因为该文章所做的实验只比较了各种机器学习算法的安全性（将 PCA 用于标准神经网络，并与 CNN 进行比较），但并未在同一"族"中比较文献［34］中提出的方法与该方法的差别。

文献［31］则提供了一个描述防御机制相似性和局限性的更加全面的列表。

3.5　总结

本章主要阐述了破坏机器学习系统的一系列漏洞，同时介绍了一种根据攻击者的能力、目标、知识和策略来构建不同攻击场景的威胁模型。根据攻击者操纵学习算法的能力，攻击可以分为投毒攻击和规避攻击两种。在投毒攻击中，攻击者通过将误导性数据注入训练集来操纵学习算法；规避攻击则与之相反，它旨在利用测试算法的局限性和盲点，在测试时使系统产生错误。对于两种攻击模型，不同攻击场景与攻击目标息息相关。具体而言，特定错误的攻击主要针对学习算法中的特定类型错误，而不可知错误攻击的目标则是产生任何一种类型的错误。

尽管现在已经有不同的防御机制能够抵御投毒攻击和规避攻击，但相关研究依然十分有限。因此，针对以上威胁的防御仍是一个开放性的研究问题，特别是对规避攻击的防御而言，攻击实例的检测和分类一致性是一个问题症结。

除上述问题症结以外，如何系统地测试机器学习系统的安全性是一个开放性问题。从这个意义上讲，传统的机器学习设计方法依赖于单独的验证（测试）数据集策略的性能指标（比如正确性或者错误率），而该指标尚未用于测试训练学习算法。此外，Occam 的 razor 原则通常用于模型选择：在性能相似的前提下优先选择最简单的模型。这种设计理念意味着复杂性和性能之间的权衡。然而，如果要考虑安全方面的因素，比如攻击者以学习算法为目标的可能性时，这种设计理念不再可行。

对于投毒攻击，可以利用最坏情况分析来比较算法在不同层次数据中毒时的鲁棒性。最佳攻击策略可以作为评估的一个指标，但是目前无法将其用于不能使用梯度的算法簇，比如决策树和随机森林，以及大规模的神经网络。因为需要针对这些算法计算最佳毒节点，这样的计算复杂度很高，因此需要更好的攻击策略，它可以更有效地刻画试图隐藏的高级攻击者所需满足的约束。

测试抵御规避攻击的鲁棒性是一个更具挑战的任务。这是因为从基础数据分布中得到测试数据集上评估算法的性能并不能为规避攻击提供任何指标，只能说明系统性能的上限。因此，要衡量机器学习系统对规避攻击的鲁棒性，需要对其加以验证，从而确保系统可以在更广泛的场景中按照预期运行。

参考文献

[1] Muñoz González L, Lupu EC (2018) The secret of machine learning. ITNow 60(1):38–39. https://doi.org/10.1093/itnow/bwy018

[2] McDaniel P, Papernot N, Celik ZB (2016) Machine learning in adversarial settings. IEEE Secur Priv 14(3):68–72. https://doi.org/10.1109/MSP.2016.51

[3] Huang L, Joseph AD, Nelson B, Rubinstein BI, Tygar J (2011) Adversarial machine learning. In: Chen Y, Cárdenas A.A, Greenstadt R, Rubinstein B (eds) Proceedings of the 4th ACM Workshop on Security and Artificial Intelligence. ACM, New York, pp 43–58. https://doi.org/10.1145/2046684.2046692

[4] Barreno M, Nelson B, Joseph AD, Tygar J (2010) The security of machine learning. Mach Learn 81(2):121–148. https://doi.org/10.1007/s10994-010-5188-5

[5] Barreno M, Nelson B, Sears R, Joseph AD, Tygar JD (2006) Can machine learning be secure? In: Lin, F-C, Lee, D-T, Lin B-S, Shieh S, Jajodia S (eds) Proceedings of the 2006 ACM Symposium on Information, Computer and Communications Security. ACM, New York, pp 16–25. https://doi.org/10.1145/1128817.1128824

[6] Biggio B, Fumera G, Roli F (2014) Security evaluation of pattern classifiers under attack. IEEE T Knowl Data En 26(4):984–996. https://doi.org/10.1109/TKDE.2013.57

[7] Muñoz-González L, Biggio B, Demontis A, Paudice A, Wongrassamee V, Lupu EC, Roli F (2017) Towards poisoning of deep learning algorithms with back-gradient optimization. In:

Thuraisingham B, Biggio B, Freeman DM, Miller B, Sinha A (eds) Proceedings of the 10th ACM Workshop on Artificial Intelligence and Security, pp 27–38. https://doi.org/10.1145/3128572.3140451

[8] Carlini N, Wagner D (2017) Towards evaluating the robustness of neural networks. In: 2017 IEEE Symposium on Security and Privacy. IEEE Computer Society, Los Alamitos, CA, USA, pp 39–57. https://doi.org/10.1109/SP.2017.49

[9] Szegedy C, Zaremba W, Sutskever I, Bruna J, Erhan D, Goodfellow I, Fergus R (2013) Intriguing properties of neural networks. arXiv:1312.6199

[10] Papernot N, McDaniel P, Jha S, Fredrikson M, Celik ZB, Swami A (2016) The limitations of deep learning in adversarial settings. In: Proceedings of the 2016 IEEE European Symposium on Security and Privacy. IEEE Computer Society, Los Alamitos, CA, USA, pp 372–387. https://doi.org/10.1109/EuroSP.2016.36

[11] Papernot N, McDaniel P, Goodfellow I, Jha S, Celik ZB, Swami A (2017) Practical black-box attacks against machine learning. In: Karri R, Sinanoglu O, Sadeghi A-R, Yi X (eds) Proceedings of the 2017 ACM on Asia Conference on Computer and Communications Security. ACM, New York, pp 506–519. https://doi.org/10.1145/3052973.3053009

[12] Paudice A, Muñoz-González L, György A, Lupu EC (2018) Detection of adversarial training examples in poisoning attacks through anomaly detection. arXiv:1802.03041

[13] Joseph AD, Laskov P, Roli F, Tygar JD, Nelson B (eds.) (2013) Machine learning methods for computer security. Dagstuhl Manif 3(1):1–30. http://drops.dagstuhl.de/opus/volltexte/2013/4356/pdf/dagman-v003-i001-p001-12371.pdf

[14] Nelson B, Barreno M, Chi FJ, Joseph AD, Rubinstein BI, Saini U, Sutton CA, Tygar JD, Xia K (2008) Exploiting machine learning to subvert your spam filter. In: Proceedings of the 1st Usenix Workshop on Large-Scale Exploits and Emergent Threats, article no. 7. USENIX Association, Berkeley, CA, USA. https://www.usenix.org/legacy/event/leet08/tech/full_papers/nelson/nelson.pdf

[15] Biggio B, Nelson B, Laskov P (2012) Poisoning attacks against support vector machines. In: Langford J, Pineau J (eds) Proceedings of the 29th International Conference on Machine Learning, pp 1807–1814. arXiv:1206.6389

[16] Mei S, Zhu X (2015) Using machine teaching to identify optimal training-set attacks on machine learners. In: Proceedings of the Twenty-Ninth AAAI Conference on Artificial Intelligence. AAAI Press, Palo Alto, CA, USA, pp 2871–2877. https://www.aaai.org/ocs/index.php/AAAI/AAAI15/paper/viewFile/9472/9954

[17] Xiao H, Biggio B, Brown G, Fumera G, Eckert C, Roli F (2015) Is feature selection secure against training data poisoning? In: Bach F, Blei D (eds) Proceedings of the 32nd International Conference on Machine Learning, pp 1689–1698

[18] Do CB, Foo CS, Ng AY (2007) Efficient multiple hyperparameter learning for log-linear models. In: Proceedings of the 20th International Conference on Neural Information Processing Systems. Curran Associates, Red Hook, NY, USA, pp 377–384

[19] Pearlmutter BA (1994) Fast exact multiplication by the Hessian. Neural Comput 6(1):147–160. https://doi.org/10.1162/neco.1994.6.1.147

[20] Domke J (2012) Generic methods for optimization-based modeling. In: Proceedings of the 15th International Conference on Artificial Intelligence and Statistics, pp 318–326. http://proceedings.mlr.press/v22/domke12/domke12.pdf

[21] Papernot N, McDaniel, P, Goodfellow I (2016) Transferability in machine learning: from phenomena to black-box attacks using adversarial samples. arXiv:1605.07277

[22] Feng J, Xu H, Mannor S, Yan S (2014) Robust logistic regression and classification. In: Ghahramani Z, Welling M, Cortes C, Lawrence ND, Weinberger KQ (eds) Proceedings of the 27th International Conference on Neural Information Processing Systems, vol 1. MIT Press, Cambridge, pp 253–261

[23] Steinhardt J, Koh PWW, Liang PS (2017) Certified defenses for data poisoning attacks. In: Guyon I, Luxburg UV, Bengio S, Wallach H, Fergus R, Vishwanathan S, Garnett R (eds) Advances in neural information processing systems 30 (NIPS 2017). Curran Associates, Red Hook, NY, USA, pp 3520–3532. http://papers.nips.cc/paper/6943-certified-defenses-for-data-poisoning-attacks.pdf

[24] Paudice A, Muñoz-González L, Lupu EC (2018) Label sanitization against label flipping poisoning attacks. arXiv:1803.00992

[25] Koh PW, Liang P (2017) Understanding black-box predictions via influence functions. In: Proceedings of the 34th International Conference on Machine Learning, pp 1885–1894. arXiv:1703.04730v2

[26] Goodfellow I, Shlens J, Szegedy C (2015) Explaining and harnessing adversarial examples. arXiv:1412.6572

[27] Evtimov I, Eykholt K, Fernandes E, Kohno T, Li B, Prakash A, Rahmati A, Song D (2017) Robust physical-world attacks on deep learning models. arXiv:1707.08945

[28] Melis M, Demontis A, Biggio B, Brown G, Fumera G, Roli F (2017) Is deep learning safe for robot vision? Adversarial examples against the iCub Humanoid. In: ICCV Workshop on Vision in Practice on Autonomous Robots, Venice, Italy, 23 Oct 2017. arXiv:1708.06939

[29] Grosse K, Manoharan P, Papernot N, Backes M, McDaniel P (2017) On the statistical detection of adversarial examples. arXiv:1702.06280

[30] Gong Z, Wang W, Ku WS (2017) Adversarial and clean data are not twins. arXiv:1704.04960

[31] Carlini N, Wagner D (2017) Adversarial examples are not easily detected: bypassing ten detection methods. In: Proceedings of the 10th ACM Workshop on Artificial Intelligence and Security. ACM, New York, pp. 3–14. https://doi.org/10.1145/3128572.3140444

[32] Papernot N, McDaniel P, Wu X, Jha S, Swami A (2016) Distillation as a defense to adversarial perturbations against deep neural networks. In: 2016 IEEE Symposium on Security and Privacy. IEEE Computer Society, Los Alamitos, CA, USA, pp 582–597. https://doi.org/10.1109/SP.2016.41

[33] Carlini N, Wagner D (2016) Defensive distillation is not robust to adversarial examples. arXiv:1607.04311

[34] Bhagoji AN, Cullina D, Mittal P (2017) Dimensionality reduction as a defense against evasion attacks on machine learning classifiers. arXiv:1704.02654v2

[35] Maclaurin D, Duvenaud D, Adams R (2015) Gradient-based hyperparameter optimization through reversible learning. In: Bach F, Blei D (eds) Proceedings of the 32nd International Conference on Machine Learning, pp 2113–2122

第 4 章

攻击前修补漏洞：
一种识别目标软件脆弱性的方法

Mohammed Almukaynizi, **Eric Nunes**, **Krishna Dharaiya**,
Manoj Senguttuvan, **Jana Shakarian**, **Paulo Shakarian**

　　摘要　当前，每年发现和公开披露的软件漏洞数量逐年增加，但其中只有很少一部分在现实网络攻击中被利用过。由于补丁修复受时间和技术资源的限制，组织通常会采取一些方法提前对漏洞威胁进行评估，以判定漏洞补丁的优先级。基于网上各类与漏洞相关的数据源（例如白帽子社区、漏洞研究社区和暗网/深网等），本章将提出一个预测模型，用于预测漏洞是否可能会被利用。

　　相较于通用漏洞评分系统（CVSS），以及利用 Twitter 数据进行漏洞预测的基准模型，本章的模型在少数类上的 F1 测度达到 0.40，高出 CVSS 基本分值 266%。与此同时，本章的预测模型具有较高的准确率和较低的误报率，分别达到 90% 和 13%，能够作为现实环境中漏洞利用的一项早期预测手段。

　　此外，针对漏洞在全部数据源中出现是否会增加其利用的可能性问题，本章进行了定性和定量研究。结果表明，本章的模型具有较强的鲁棒性，能够有效防止对手通过假样本试图诱导模型产生错误的预测结果。在本章最后，将对模型的可行性展开讨论，以说明该分类器在不同场景下的执行效率。

4.1 引言

漏洞指的是软件中存在的一项缺陷,攻击者利用该缺陷来破坏系统的机密性、完整性或可用性,进而达到控制软件或使其遭受损害的目的[1]。美国国家标准与技术研究院(NIST⊖)在美国国家漏洞数据库(NVD⊜)中维护了一份公开披露漏洞的完整列表,其中还包含有关目标软件产品 CPE⊜、可利用并产生影响的严重等级(CVSS 评估㉿),以及漏洞发布日期等信息。仅 2016 年,NVD 就披露了至少 6000 个漏洞,到 2017 年,漏洞数量更是上升到 14 500 多个。一旦这些漏洞被公开披露,它们被利用的可能性便会增加[2]。在资源有限的前提下,组织通常希望通过评估漏洞被利用后对组织的影响来判定漏洞修复的优先级。利用现有漏洞对系统部分功能代码进行修改的行为称为漏洞利用[3]。在本章中,实际利用指的是在对实际目标系统实施攻击时产生的漏洞利用行为。相反,概念验证(PoC)可用于验证是否存在已记录的漏洞,以便保留漏洞 CVE-ID 或者阐释如何利用该漏洞。漏洞经过 PoC 之后,通常还需要附加功能才能被利用。尽管在 PoC 已经存在的条件下漏洞被实际利用的概率极高,但是 PoC 的存在仍不代表漏洞已经在现实环境中被利用。

为了安全起见,诸如 CVSS、Microsoft 可利用性指数㊄和 Adobe 优先级㊅划分系统等标准风险评估系统将许多漏洞报告为严重漏洞,而前面所提到的系统被广泛视作漏洞管理团队进行补丁优先级排序的工具指南。这些系统的一个共同点在于,它们并不注重黑客社区在地下论坛或市场讨论和传播的信息,而是依据与漏洞评估技术细节相关的历史攻击模式来对漏洞进行分级排序。这样的做法通常难以缓解实际问题,因为大多数被标记过的漏洞都不会遭受攻击[4]。

此外,当前用于补丁优先级排序的方法都暴露出了不足之处[4]。Verizon 公司报告称,超过 99% 的攻击是由对已知漏洞的利用造成的。Cisco 公司还报告称:"补丁可用

⊖ https://www.nist.gov
⊜ https://nvd.nist.gov
⊜ https://nvd.nist.gov/cpe.cfm
㉿ https://nvd.nist.gov/vuln-metrics/cvss
㊄ https://technet.microsoft.com/en-us/security/cc998259.aspx
㊅ https://helpx.adobe.com/security/severity-ratings.html

性与实际使用之间的差距为攻击者提供了利用漏洞的机会。⊖" 对于某些漏洞，修补系统的时间窗口很小。例如，在 OpenSSL⊖密码软件库中的 Heartbleed⊜漏洞被公开披露后的 21 小时后，就发现该漏洞在现实环境中被利用[5]。因此，组织需要对现实环境中漏洞被利用的可能性展开有效评估，以保持较低的误报率。

NIST 的 NVD 包含一份完整的漏洞列表，但其中只有不超过 3% 的漏洞在现实环境中被利用过[4,6-9]，本章内容也证实了这一结果。除此之外，前期调查发现 NIST 提供的 CVSS 评分无法有效预测被利用的漏洞[4]。

研究者还提出过使用社交媒体[8,10]、暗网市场[11-13]以及 Contagio⑩等白帽子网站⑭的方法，这些方法能够较好地用于预测被利用的漏洞，却同样存在局限性。例如，文献［14］中详尽阐述了使用社交媒体预测被利用的漏洞时所存在的问题。文献［12-13］指出，漏洞和恶意软件的数据馈送限于单个站点，只用于分析并为站点的经济因素提供依据。尽管其他研究表明了数据收集的可行性，但并未对预测结果进行量化[10-11]。

本章研究了识别可能被真实网络攻击所利用的软件漏洞的可能性，在这一过程中收集了来自多个数据源的大量网络威胁情报数据。这个问题与补丁优先级直接相关。之前针对网络漏洞的研究主要是分析数据馈送和现实环境中被利用的漏洞的关联性[4,15]，或者是使用机器学习模型来预测 PoC 的可用性[6,14,16]。然而，这些研究所涵盖的漏洞仅有很少一部分具有 PoC 且在现实环境中被利用过。

通过对 DW 数据研究文献[4,11,17-19]的回顾，对 SecurityFocus⑯、Talos⑰等各类在线资源数据馈送的分析，以及对安全托管服务提供商（MSSP）⑱专业人员、网络风险评估公司、IT 托管服务提供商（MSP）安全专家的上百次采访，目前已经确定了三个可以

⊖　https://www.cisco.com/c/dam/m/en_ca/never-better/assets/files/midyear-security-report-2016.pdf
⊖　https://www.openssl.org
⊜　http://heartbleed.com
⑩　http://contagiodump.blogspot.com
⑮　白帽黑客的目的是对某些计算机进行渗透测试，识别其网络弱点并评估其安全性，而不是恶意地谋取私利。
⑯　http://www.securityfocus.com
⑰　https://www.talosintelligence.com/vulnerability\u_reports
⑱　MSSP 是一家服务提供商，为其客户提供用于持续监控和维护的工具，管理广泛的网络安全相关活动和操作，其中可能包括威胁情报、病毒和垃圾邮件拦截、漏洞和风险评估。

用于漏洞优先级划分的威胁情报数据源代表，分别是：1）漏洞数据库（EDB）[⊖]包含安全研究人员在各类博客和安全报告中提供的漏洞 PoC 信息；2）零日倡议（ZDI）[⊜]由商业公司 TippingPoint 策划，收集各类报告来源，并对各家软件供应商及其安全研究人员披露的数据进行重点关注；3）DW 网站的 120 多个站点信息集合，DW 网站由文献［20-21］中的系统发展形成，其运行维护当前由网络安全公司 CYR3CON[⊜]负责。这些数据不仅涉及众多相关来源的汇总信息，还包含网络安全专业人员常用的信息。

本章重点对 2015 至 2016 年间公开披露的漏洞展开介绍，并采用有监督的机器学习技术，以 Symantec 披露的攻击特征^⑳作为真值建立模型。

- 模型以 90% 的准确率（TPR^⑮）和低于 15% 的误报率（FPR^⑯）证明了其在现实环境中预测被利用漏洞的实用性。同时，将本章模型与当前基于在线数据进行漏洞预测的基准模型[8]进行比较，该模型在保证召回率的前提下，具有更高的准确率。此外，针对时间混合和仅使用单源的变化情况，本章对模型性能进行了验证，还讨论了在对抗各类数据操纵策略时模型的鲁棒性。

- 相比 NVD 披露的漏洞，依据 EDB、ZDI 和 DW 中的漏洞开展研究，漏洞利用的可能性会有所增加，结果分别为 NVD（2.4%）、EDB（9%）、ZDI（12%）和 DW（14%）。另外，本章还论证了漏洞在现实环境中被发现的时间与信息可用性之间的关系。

- 本章基于各种数据源衍生的其他特征（例如所使用的语言等）对漏洞利用展开了分析。显然，DW 中讨论漏洞的俄语网站更容易出现漏洞利用事件，其可能性是随机漏洞利用发生的 19 倍，高于其他任何语言的网站。此外，本章还根据数据源和软件供应商来综合分析漏洞利用的可能性。

本章内容安排如下：4.2 节和 4.3 节首先总结了本章所涉及问题带来的挑战。4.4 节对本章将提出的漏洞利用预测模型进行了概述，并阐述了模型建立所使用的数据源。

⊖ https://www.exploit-db.com
⊜ http://www.zerodayinitiative.com
⊜ https://www.cyr3con.ai
⑳ https://www.symantec.com
⑮ TPR 是一个度量标准，用于度量从所有已利用漏洞中正确预测的已利用漏洞的比例。
⑯ FPR 是一个度量标准，用于度量从所有未利用漏洞中错误预测为被利用漏洞的未利用漏洞的比例。

4.5 节讨论了漏洞分析相关的内容。4.6 节给出了漏洞利用可能性预测的实验结果，并在 4.7 节中证明了模型的鲁棒性。最后，4.8 节将分析模型的可行性以及误判成本。

4.2　相关工作

近年来，网络安全事件的预测逐渐受到越来越多的关注[6,16,22-24]，但与威胁发生后的检测工作相比，网络安全事件预测方面的研究甚少。

预测被披露的漏洞是否会被现实环境利用，对于组织判断漏洞修复的优先级至关重要。以前的研究试图利用 CVSS 等标准评分系统和机器学习技术来解决该问题。Zhang 等人[25]提出了一种预测软件包含未知漏洞的可能性的方法，该方法利用 NVD 数据，对软件发现下个漏洞的时间进行了预测。结果表明，由于该方法只利用 CVSS 和通用平台枚举（CPE）特征，不包含 NVD 描述，因此对 NVD 数据的预测能力并不佳。在文献［4］中提出，CVSS 2.0 不适用于预测一个漏洞是否会被利用。换言之，因为 CVSS 评分高而决定修复漏洞的做法等同于随机猜测哪个漏洞应该被修复。此外，结合 PoC 是否存在也有助于漏洞利用的预测。在本章提出的方法中，CVSS 分数将作为一项指标来帮助开展预测工作。

之前有相关研究通过将公开披露的漏洞信息作为特征来训练机器学习模型，以预测指定的漏洞是否将被利用，而本章所采用的方法则与其十分类似。Bozorgi 等人[16]提出过一个模型，该模型利用已经停用的开源漏洞数据库（OSVDB）和 NVD 两个在线数据源特征来预测某个特定漏洞的 PoC 是否会被开发。据报道，文献［16］的数据中有73% 的漏洞被利用，远高于文献预测值 1.3%[4,7-8]，这背后的主要原因是文献作者认为 PoC 可以反映漏洞是否将被利用，而大多数情况下并非如此。基于该假设，他们利用支持向量机分类器来预测漏洞是否将有可行的 PoC，此问题与本章所研究的问题并不相同。文献［6］采用一种相似的技术，以 NVD 作为数据源，EDB 作为真值，将 27% 的漏洞标记为已利用且具有漏洞 PoC，在平衡的数据集上实现了高准确率。本章的分析旨在预测实际攻击中将被利用的漏洞，而不是只预测具有 PoC 的漏洞利用。

Sabottle 等人在公开披露漏洞所做工作的基础上，着眼于预测 Twitter⊖上公开披露

⊖　https://twitter.com

漏洞的可利用性[8]。他们收集了涉及 CVE-ID 的 Twitter 数据⊖并将推文用于计算特征，进而训练出一个用于预测的线性支持向量机（SVM）。作为基本真实数据源，Symantec 威胁签名被标记为阳性样本。与前期预测研究相比，尽管文献［8］中漏洞被利用类比率为 1.3%，但采用的是重新采样和经过平衡的数据集。此外，训练数据的时间因子应该早于测试时间，在实验过程中并未保留推文的时间因子。这种时间混杂将导致未来事件影响对过去事件的预测，进而产生不符合实际的预测[14]。本章的研究将考虑类别比例不均衡和时间等因素。

文献中讨论了对抗干扰和破坏机器学习模型所产生的影响。Hao 等人[26]基于用户注册行为特征，对网络域滥用情况进行了预测。他们研究了攻击者可以使用的各种规避策略，并证明攻击者尝试规避的代价十分巨大。此外，由于模型依赖于不同的特征集，因此会限制误报率的降低。其他研究人员还讨论了模型应对对抗攻击的鲁棒性[8,22]，并进行了模拟实验。实验结果表明对抗攻击对模型的影响较小，与本章 4.7 节的介绍基本一致。

4.3　预备知识

为了进一步了解本章模型的工作原理，本节对部分机器学习方法和当前存在的挑战进行介绍。

4.3.1　有监督的学习方法

机器学习方法用于有监督的学习主要包括以下方面：

● **支持向量机（SVM）**。SVM 由 Cortes 和 Vapnik 引入，该方法尝试寻找一条分割边，使不同类之间的几何距离最大化[27]。对于漏洞而言，指的就是漏洞被利用和不被利用两个类别之间的几何距离最大化。这一分割边也称为超平面。当两个类之间无法找到一个分割平面时，SVM 损失函数包括正则化惩罚因子和样本误判松弛变量。通过改变上述参数，能够实现精度和召回率之间的权衡。

⊖　Twitter 帖子，称为 tweet，限制在 280 个字符以内。

●**朴素贝叶斯分类器（NB）**。朴素贝叶斯是一个概率分类器，采用了独立假设的贝叶斯定理。模型训练时将计算具有特定属性的指定类别样本的条件概率。同时，对各个类别的先验概率也进行了计算，例如，每个类别训练数据的得分。朴素贝叶斯假定属性在统计学上相互独立，因此，用与类别 c 相关的一组属性 a 来表示样本 S 的可能性为 $Pr(c \mid S) = P(c) \times \prod_{i=1}^{d} = Pr(a_i \mid c)$。

●**贝叶斯网络（BN）**。BN 是 NB 的一种广义形式，在 BN 中，并非所有特征都假设为独立的。变量依赖关系是根据一个从训练数据中获取的图中建模的。

●**决策树（DT）**。决策树是一种分层递归划分算法。要想构建决策树，需要寻找最佳分割属性，例如使节点分割处信息增益最大化的属性。同时，为了避免过拟合，终止标准一般设置为少于总样本的 5%。

●**逻辑回归（LOG-REG）**。优势比率能够反映属性和类之间的关联强度。因此，逻辑回归通过计算优势比率来对样本进行分类。

4.3.2　漏洞利用预测面临的挑战

就漏洞利用预测的方法[14]以及在实际条件与样本充足的条件下开展评估的平衡问题，本章提出以下三个挑战：

●**类别不平衡**。正如之前所述，报告提及的漏洞中只有约 2.4% 的漏洞被真实利用过，进而使得结果分布偏向预测问题中未被利用的那一类。在这种情况下，标准的机器学习方法更容易偏向多数类，进而导致少数类表现较差。在前期预测漏洞利用可能性的工作中，有人认为 PoC 的存在是漏洞被实际利用的一项暗示，在此假设条件下，预测的被利用漏洞的数量大大增加[6,14,16]。然而，在判定具备 PoC 的漏洞利用当中，只有很小一部分被用于实际攻击[7]。这一结果在本章中同样得到了证实，也就是之前提到的，只有约 4.5% 的 PoC 漏洞在现实环境中被利用。先前的其他工作在训练和测试数据集上都采用了类平衡技术，并记录了评价指标 TPR、FPR 和准确率⊖的结果[22-23]。通过数据重采样的方式来平衡数据集的不同类别，将会导致重采样数据分布下训练出的分类器与原始数据分布下训练出的分类器存在很大差异。当在受控的数据

⊖　请注意，这些指标对基础类别分布和类别再平衡比率敏感。

集（例如，具有相同平衡比率的测试集）上测试相同的分类器时，无法判断这种操作产生的影响是好是坏。因此，该模型在真实部署环境中的预测结果仍有待商榷。为了确定高度不平衡的数据集对机器学习模型的影响，以 SMOTE[28] 为代表的研究工作中采用了过采样技术。值得注意的是，由于需要观察实际部署（例如，流预测）模型的设置中可再现性能，测试的数据集并未受到人工干预。这样做之后，某些分类器可观测到有较小改进，如 4.6.2 节所述，但还有一部分分类器在过采样的数据集上训练时显示出了负面影响。

● **基于时间数据的评估模型**。机器学习模型是在一组数据集上训练出模型，然后通过假定为同一分布的另一组数据来测试模型，以达到评估机器学习模型的目的。数据分割可以选择随机或分层进行，只需要在训练和测试过程中保持相同的分类率。漏洞利用的预测是一个与时间相关的预测问题，因此，随机分割数据会与数据的时间因素产生冲突，将未来发生的事件用于现在，并对过去发生的事件进行预测。而先前的研究工作在设计实验时都忽略了这一方面[8]。本章研究时，大多数实验都避开了时间混杂这个问题。但由于部分被使用的真实数据未标明日期或时间信息，因此实验所采用的样本量很小，在此特别说明。

● **基本事实限制**。与文献［4，8］的研究相类似，Symantec 上报的攻击特征被当成为被利用漏洞的真值。但由于软件供应商被利用的漏洞分布与总体漏洞分布不同（例如，与其他 OS 供应商的产品相比，影响 Microsoft 产品的漏洞具有更广的覆盖范围），这一基本事实并不全面。尽管此数据来源的覆盖范围有限[8]，但它仍然是最可靠的被利用漏洞的数据源，因为它包含了自然条件中已知漏洞的攻击特征。其他来源主要讨论的是软件是否为未正确映射到 CVE-ID 的恶意软件（例如 VirusTotal）⊖，或者依赖在线博客和社交媒体网站来识别被利用过的漏洞（例如 SecurityFocus）⊖。本章在考虑误报问题的同时使用 Symantec 数据。为了避免在不具有代表性的真值上过拟合机器学习模型，本章不将软件供应商列入被检查的特征集。

⊖ https：//www.virustotal.com

⊖ https：//www.securityfocus.com。许多攻击特征由 Symantec 报告，但未由 SecurityFocus 报告。此外，SecurityFocus 报告中也存在被利用的漏洞，这些漏洞存在于软件中，其供应商已被 Symantex 很好地覆盖，但 Symantex 并未报告这些漏洞。

4.4　漏洞利用预测模型

使用机器学习模型来预测漏洞利用能够对急需修复的漏洞进行优先考虑，最大限度地降低网络攻击的风险，具有重要的安全意义。图 4.1 描绘了漏洞利用的预测模型，主要包括以下部分。

1. 数据收集

除 NVD 外，还包含其他三个数据源，分别是 EDB、ZDI 以及从 DW 市场和论坛收集的与恶意黑客相关的数据。本章在研究二元分类问题时，使用在现实环境下检测到的 Symantec 攻击特征来定义真值。有关数据源将在 4.4.1 节中予以说明。

2. 特征选取

从每个数据源中提取特征，主要包括 DW 中用于漏洞描述和讨论的词袋特征，EDB 中用于 PoC 漏洞存在与否的二进制特征，以及 ZDI 和 DW 中披露的漏洞数据。其他特征同样是从 NVD 中进行收集的，包括 CVSS 分值和向量。

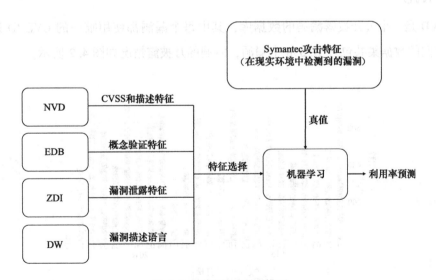

图 4.1　漏洞利用预测模型

3. 预测

对多种标准的有监督机器学习的方法进行评估，实现对所选取特征的二元分类，进而判断漏洞是否会被利用。

4.4.1 数据源

本章分析结合了来自 NVD、EDB、ZDI 和 DW 等多个开源数据库的漏洞和利用信息。DW 数据库是通过 CYR3CON 维护的 API 所获得的。实验涵盖了 2015 至 2016 年间发布的漏洞。表 4.1 显示了从 2015 年到 2016 年每个数据源中所识别出的，以及在实际攻击中被利用过的漏洞的数量。下面将对这些数据源进行简要介绍。

表 4.1   漏洞数量 (2015~2016)

数据库	漏洞	利用	利用率（%）
NVD	12 598	306	2.4
EDB	799	74	9.2
ZDI	824	95	11.5
DW	378	52	13.8

1. NVD

NVD 是一个公开披露漏洞的数据库，其中每个漏洞都使用唯一的 CVE-ID 进行标识。我们的数据集共包含 12 598 个漏洞，漏洞的月披露情况如图 4.2 所示。

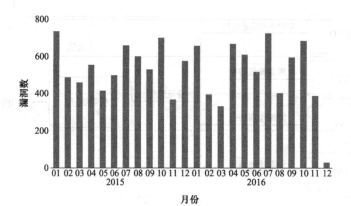

图 4.2   每月披露的漏洞数

2016 年 12 月仅披露了 30 个漏洞，因此在 2016 年年底显示为小竖线。我们收集了每个漏洞相关的描述、CVSS 得分、CVSS 向量以及发布日期等信息。其中，CVSS 得分通常被组织用于确定漏洞修复的优先级，而 CVSS 向量则列出了要计算 CVSS 得分所需的全部组件。4.4.2 节中将提供有关 CVSS 组件的更多详细信息。

2. EDB

EDB 是属于白帽子社区的一个 PoC 漏洞档案库，由 Offensive Security⊖负责运行维护。已知漏洞的 PoC 与目标漏洞的 CVE-ID 被一起记录。通过利用 2015 至 2016 年间 NVD 的唯一 CVE-ID 标识，EDB 能够查询到 PoC 漏洞是否可用，以及 PoC 的可用日期。通过查询 EDB，已发现 799 个已验证的 PoC 漏洞。

3. ZDI

ZDI 维护着一个由安全研究人员识别和报告的漏洞数据库。软件漏洞在披露之前首先由 ZDI 进行验证，之后将为有效漏洞的报告者提供奖金。而在 ZDI 公开披露漏洞之前，将通知目标产品的软件供应商并给予时间实施漏洞修复。在查询 ZDI 数据库对漏洞进行检查时发现，NVD 和 ZDI 存在 824 个通用 CVE-ID，其出版日期也已注明。

4. DW

由 CYR3CON 维护的数据收集基础设施最初出现在文献［20］中，该文献中构建了一个爬虫系统，能够从 DW 市场和论坛上收集与恶意黑客有关的数据。文献［20］的作者首先需要判断某个站点的内容是否与黑客相关且数据相对稳定，进而确定要进行数据收集的站点，并开发数据自动收集脚本。站点的用户规模能够通过观察得到，但不起决定性作用。尽管用户众多是网站运行时间和稳定性的反映，但用户少并不代表信息站点（类似封闭论坛）没有较高价值。

DW 用户在市场上宣传和销售他们的产品，因此，DW 市场提供了一条收集漏洞和漏洞利用信息的新途径。另外，DW 论坛则主要以讨论新发现漏洞和漏洞利用的工具包为特色。采用高精度和高召回率的机器学习方法，能够将与恶意黑客入侵相关的数据从噪声

⊖　https://www.offensive-security.com

数据中过滤出来并添加到数据库中。但并非数据库中所有的漏洞利用或漏洞项目都具有CVE标识。首先，查询数据库以提取所有具有CVE的项目。数据库中部分漏洞是以Microsoft 安全公告编号[⊖]（例如 MS16-006）标识的。每个公告编号都有相应的CVE-ID，从而使真值分配更为简便。这些项目既可以来源于市场上出售的产品，也可以是从论坛中提取的与恶意黑客攻击相关的帖子。在2015 至 2016 年间，人们在 120 多个 DW 网站上发现了378 个 CVE 标识，远超过之前的研究结果[4]。此外，还查询了所有 CVE 的发布日期和描述，包括产品标题和描述、供应商信息、完整的讨论内容、发帖作者以及讨论主题等。

5. 攻击特征（真值）

为了得到真值，对使用 Symantec 攻击特征[⊖]和入侵检测系统（IDS）攻击特征[⊖]的现实环境中的漏洞进行了辨别。攻击特征与被利用漏洞的 CVE-ID 相关联，这些 CVE与从 NVD、EDB、ZDI 和 DW 中提取的 CVE 一一映射。这一真值反映的是实际存在的现实环境利用而非 PoC 利用。NVD 中约 2.4% 的公开漏洞已被利用，与文献结论一致。此外，对于 EDB、ZDI 和 DW，被利用的漏洞数量显著增加，分别达到 9%、12% 和14%。这一结果表明，如果 EDB 中有可用的 PoC，或者在 ZDI、DW 中提到的 PoC，则漏洞在将来被利用的可能性更大。在本文的研究中，没有与漏洞利用攻击数量和频率相关的数据。因此，所有被利用的漏洞都被视为同等重要，这一假设在之前的工作中也被采用过[4,8]。此外，漏洞利用的日期定义为它首次在现实环境中被检测到的日期。Symantec IDS 攻击特征在首次检测到的时候不会记录日期，但它的防病毒攻击特征在报告时会包含漏洞利用的日期信息。在 2015 至 2016 年间，有 112 个攻击特征不包含日期，还有 194 个包含日期的攻击特征。

4.4.2 特征描述

本节将对上述讨论的所有特征进行总结，包括词袋特征、数据特征、分类特征和二进制特征等，详见表 4.2。

⊖ https://technet.microsoft.com/en-us/security/bulletins.aspx
⊖ https://www.symantec.com/security-center/a-z
⊖ https://www.symantec.com/security_response/attacksignatures

表 4.2　特征概述

特征	类型
NVD 和 DW 说明	TF-IDF 的词袋
CVSS	数值型和分类型
DW 语言	分类型
PoC 存在性	二元型
ZDI 上的漏洞	二元型
DW 上的漏洞	二元型

下面详细介绍上述特征。

1. NVD 和 DW 描述

NVD 描述提供了漏洞本身以及漏洞如何被黑客利用相关的信息。DW 描述则通常为丰富的讨论内容，由于每个项目的描述词语较短，因此其大部分信息应该来源于论坛而非市场，也可以基于该文本内容来学习描述模式。从 NVD 获取已发布漏洞的描述，在 DW 数据库中查询 2015 至 2016 年间的 CVE 信息，并将此描述附加到带有相应 CVE 信息的 NVD 描述中。值得注意的是，4.5 节中部分 DW 描述使用的不是英语，目前已利用 Google 翻译⊖转换为英语。更进一步地，基于训练集数据对文本特征进行矢量化处理，获得训练后的 TF-IDF 模型，并将其用于对测试集数据的矢量化处理。TF-IDF 将为描述中的所有单词创建一个词汇表，单词特征的重要性随其出现次数的增加而增加，但在描述时需要根据单词总数进行归一化，这一做法能够避免普通单词成为重要特征。基于对模型性能的考虑，TF-IDF 模型对单词数量存在一定限制——仅限于 1000 个最常用的单词。单词数量一旦增多，将会对模型性能造成影响，同时增加计算成本。

2. CVSS

NVD 提供了 CVSS 得分和能够从中计算得分的 CVSS 向量，以显示每个公开漏洞的重要程度。本文使用了 CVSS 2.0 版本而非 3.0 版本，原因在于后者仅在部分已研究过的漏洞中出现。CVSS 向量列出了计算得分的组成部分，包括访问复杂度、身份认证、

⊖ https://cloud.google.com/translate/docs

机密性、完整性和可用性。访问复杂度分为高、中、低三个级别，反映了攻击者获得
访问权限后，利用该漏洞的难易程度。身份认证反映的是攻击者在漏洞利用过程中是
否需要通过身份验证。它是一个二进制标识符，取值分为 Required 和 Not
Required。机密性、完整性和可用性表示了当漏洞被利用时，系统将遭受何种损失，
取值为 None、Partial 和 Complete。所有的 CVSS 向量特征都是分类别的，通过构
建所有可能类别的向量，能够将这些特征向量化。后续如果存在该类别，则插入 1，否
则插入 0。

3. 语言

DW 中的信息以不同的语言发布，其中最常用于描述漏洞的四种语言分别是英语、
汉语、俄语和瑞典语。由于非英语发布的数量有限，模型无法学习到足够多的语言表
达方式。因此，就像前面所提到的，本章在研究时使用了文本翻译。尽管这一做法可
能导致部分重要信息丢失，但通过把语言作为特征可以将产生的影响最小化。针对 DW
中信息的语言及利用率变化的分析，将在 4.5 节中详细介绍。

4. PoC 存在性

在 EDB 中，PoC 的存在增加了漏洞被利用的可能性。PoC 存在性可以被视为二进
制特征，以指示某个特定漏洞是否存在 PoC。

5. ZDI 中提到的漏洞

类似于 NVD，ZDI 也对软件漏洞进行了披露。一个漏洞如果在 ZDI 上被披露，其
被利用的可能性将会增加。因此，与 PoC 存在性相似，其二进制特征可用于表示漏洞
在被利用之前是否已在 ZDI 中被公开。

6. DW 中提到的漏洞

此二进制特征可用于说明某个漏洞是否在暗网或深网中被提及。

4.5   漏洞及利用分析

为了评估汇总不同数据源对及早发现受到威胁漏洞的重要性，首先要分析漏洞利

用的可能性，但前提是在每个数据源中该漏洞都被提及。然后，对报告了日期的漏洞利用事件（$n=194$）开展基于时间的分析，以掌握漏洞利用与该漏洞在网络上被提及的天数差异。因为无法假设漏洞利用的日期，所以基于时间的分析会忽略那些没有报告日期的漏洞利用事件。

为了找出易受攻击的软件和系统供应商，必须对真值进行分析并与其他来源进行比较。按照之前所述，Symantec 报告了某些产品漏洞的攻击签名[4,8]。为了显示从各种数据源获得的供应商覆盖范围的变化，人们对目标软件供应商在每个数据源上的分布情况进行了研究。此分析是基于 NVD 中 CPE 数据所提到的供应商展开的。值得注意的是，一个漏洞可能出现在多个软件版本当中，也包括基于不同平台开发的版本。因此，一个漏洞可能会映射到多个软件供应商。最后，在 DW 开展基于语言的分析，以揭示其中某些可能影响到漏洞利用的可能性的社会文化因素。

4.5.1 漏洞利用可能性

对于每个数据源，表 4.3 列出了该数据源中提到的漏洞的利用概率。该分析强调了开放数据源在补充 NVD 数据方面的价值。如 4.4.1 节所述，大约有 2.4% 的 NVD 漏洞在现实环境中被利用。因此，补充其他数据来源可能会增加漏洞利用可能性判别的准确率。

表 4.3 漏洞数量、被利用的漏洞数量、每个源中出现的被利用的漏洞比例以及每个源中出现的总漏洞比例。报告了 EDB、ZDI、DW（不同的 CVE）、ZDI 或 DW 中的 CVE 以及三个来源中任何一个的 CVE 中出现的漏洞和漏洞利用的结果

	EDB	ZDI	DW	ZDI/DW	EDB/ZDI/DW
漏洞数量	799	824	378	1180	1791
被利用的漏洞数量	74	95	52	140	164
被利用的漏洞数量的百分比	21%	31%	17%	46%	54%
总漏洞比例	6.3%	6.5%	3.0%	9.3%	14.2%

4.5.2 基于时间的分析

当发现某一漏洞在现实环境中被利用后，大多数软件系统将反复遭受由该漏洞发

起的攻击[29]。实际上，从漏洞披露到漏洞管理团队修补漏洞，其间可能要花费很长时间。本章仅分析报告过漏洞利用日期的漏洞总数（共194个漏洞）。

如图4.3所示，有超过93%的漏洞在检测到实际攻击之前便已被NIST披露。还有少数情况下，NIST尚未发布漏洞就已经探测到攻击行为，例如零日攻击等。这可能是以下原因导致的：1）漏洞信息在披露之前便已泄露；2）当NIST在NVD披露漏洞时，其他数据源已经对其进行了验证和发布，很快漏洞就被利用并发起实际攻击；3）攻击者知道他们所做的是成功的，并继续利用漏洞来探测目标直到被发现[2]。此外，ZDI和NVD在漏洞披露日期方面存在些许变化（中位数为0天）。需要重点注意的是，因为ZDI属于行业披露，所以此处显示的CVE编号比其他来源要早。

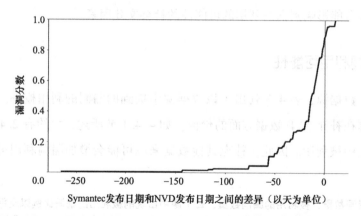

图 4.3　NVD 中首次发布的 CVE 和 Symantec 攻击签名日期
与 NVD 报告的利用 CVE 分数之间的日差（累积）

对于EDB来说，几乎所有PoC已存档且被利用过的漏洞，都是在PoC可用后的100天内被发现的。从PoC可用到实际攻击之间的时间如此之短，这意味着存在一个PoC漏洞利用的模板，使黑客可以轻松地对其进行配置并实施实际攻击。图4.4反映了PoC可用和漏洞利用之间的日期差异。

对于DW数据库而言，超过60%被利用的漏洞是在利用日期之前或之后100天内被首次提及，而其余漏洞被披露都是在漏洞利用日期之后的18个月内，如图4.5所示。

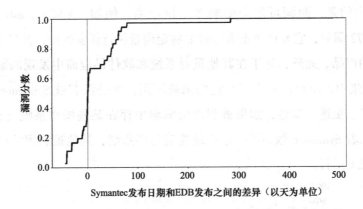

图 4.4　EDB 上的 PoC 可用日期与 Symantec 攻击签名日期之间的日差，
与已报告的 PoC EDB 的已利用 CVE 分数（累积）

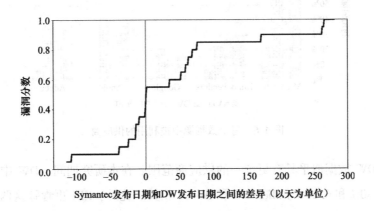

图 4.5　DW 中首次提及的 CVE 和 Symantec 攻击签名日期
与 DW 中报告的利用 CVE 分数之间的日差（累积）

4.5.3　基于供应商/平台的分析

如之前所述，Symantec 公司报告了攻击其用户使用的系统和软件配置的漏洞。在这些漏洞当中，根据 Symantec 公司的报告，分别有超过 84% 和 36% 的被利用的漏洞仅存在或运行于 Microsoft 和 Adobe 产品，而 NVD 中分别只有不到 16% 和 8% 的漏洞与 Microsoft 和 Adobe 有关。

图 4.6 显示了能够影响各个数据源排名前五的供应商的已利用漏洞所占的百分比。

需要重要关注的是，漏洞可能会影响多个供应商。例如，Adobe Flash Player[⊖] 中的
CVE-2016-4272 漏洞，它允许攻击者通过非特定向量执行任意代码，并且能够影响全部
五个供应商的产品。此外，对于在其他重要系统和软件供应商中发现的漏洞，如果在
Symantec 数据集中未出现，并不表示它们未被利用，而是没有被 Symantec 检测到，即
漏洞被误报了。更进一步地，如果被利用的漏洞中存在某些操作系统（例如 Linux），
并不一定意味着 Symantec 数据可以很好地覆盖这些系统，其他被利用的产品也能够在
这些操作系统上运行。

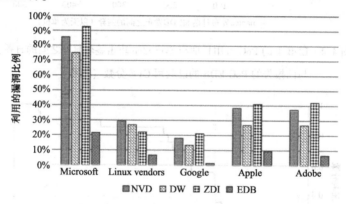

图 4.6   每个数据源中被利用的供应商

此外，DW 数据似乎具有更统一的供应商范围。在本研究期间，DW 中提到的漏洞
中分别只有 30% 和 6.2% 与 Microsoft 和 Adobe 相关。此外，ZDI 更青睐这两个供应商的
产品（微软为 57.8%，Adobe 为 35.2%）。这就证明了每个数据源都包含针对不同软件
供应商的漏洞。

4.5.4   基于语言的分析

有趣的是，在 DW 中引用 CVE 语言的漏洞已经发生了显著的变化。在 DW 中检测
到四种语言，它们具有不同的漏洞发布和项目分布。诚然，用英语和汉语所提到的漏
洞（数量分别为 242 和 112）远远多于用俄语和瑞典语提到的（数量分别为 13 和 11）。
然而，中文帖子中提到的漏洞利用率最低。例如，这些漏洞中仅有 12 个漏洞被利用，

⊖ https://www.adobe.com/products/flashplayer.html

约占 10%。而英语帖子发布的漏洞中，有 32 个漏洞被利用，约占 13%。尽管俄语或瑞典语帖子中提到的漏洞数量很少，但这些漏洞的利用率非常高。例如，俄语帖子提到的漏洞中大约有 46% 被利用（6），瑞典语帖子中提到的漏洞中约有 19% 被利用（2）。图 4.7 显示了每种语言提到的漏洞数量以及被利用的数量。

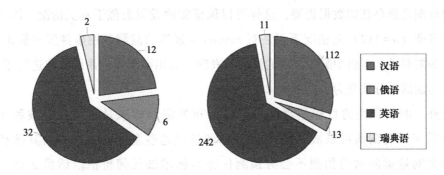

图 4.7　每种语言提到的被利用的漏洞数量（左）和每种语言提到的漏洞数量（右）

4.6　实验设置

为了评估我们的方法，我们使用前面介绍的模型进行了一系列实验。首先，我们将模型与文献［8］中提出的基准工作进行了比较，对于我们的模型，随机森林给出了最佳的 F1 度量[⊖]。随机森林是 Breiman 提出的一种集成方法[30]，它基于一种生成多个预测变量（在这种情况下是决策树）的思想，该预测变量可以组合使用，来对新公开的漏洞进行分类。随机森林的优点在于引入随机性来构建每个分类器，以及使用随机的、低维的子空间对分类器中每个节点数据进行分类。随机森林使用为每个树打包[30]和每个节点上随机特征选择[31]相结合的方法来进行数据分割，因此最终结果是决策树的集合，每个决策树对类标签都有各自独立的取舍（即是否利用给定的已公开漏洞）。所以，每个树独立地对新漏洞进行分类，并为其分配最合适的类别标签。多个决策树可能导致同一个数据样本具有多个类别标签，因此对漏洞进行了多数表决，将投票数最多的类别标签指定给该漏洞。

在文献［8］中，作者在时间维度上混合了样本，也就是将来利用的漏洞被用来预

⊖　准确率和召回率的调和平均数。

测过去利用的漏洞，这是文献［14］中讨论过的一种做法。此外，为了解决严重的类不平衡问题，我们仅将 Microsoft 或 Adobe 产品中出现的漏洞用于训练和测试（477 个漏洞，其中用到了 41）。我们将模型在相同条件下与文献［8］中的模型进行了比较。

在第二个实验中，选择的测试样本限制为公布漏洞之前的样本数据，而且仅使用在利用日期之前存在的数据提要，这样可以保证实验设置类似于真实情况。因为在没有利用日期（$n=112$）的情况下无法对 Symantec 报告的漏洞利用事件顺序做出假设，所以这些漏洞已从实验中删除。我们模型的表现与通用漏洞评分系统分数进行了比较，被利用的漏洞的分数变为了 1.2%。

此外，利用预测的目标是预测一个已公布的漏洞将来是否可能会被利用。在公布以前很少有漏洞可以被利用[2]。考虑到发现这些漏洞时，这些漏洞已经被利用，因此对这类漏洞的预测不会为预测任务目标增加任何价值。话虽如此，知道在自然条件下利用了哪些漏洞可以帮助组织制定网络防御策略，但这超出了本章的范围。

4.6.1　性能评估

我们的分类器是根据先前工作中使用的两类指标进行评估的。第一个类别用来证明在少数类别上的表现（在这里是 1.2%）。该类别下的指标是准确率和召回率。它们的计算如表 4.4 所示。准确率被定义为我们的模型所预测的所有漏洞中被利用的漏洞的比例，它强调了错误地标记未利用的漏洞的影响。召回率被定义为正确预测的被利用漏洞占被利用漏洞总数的比例，强调了随后在攻击中使用的未标记重要漏洞的影响。对于高度不平衡的数据，这些指标给了我们对分类器在少数类别上的表现的一种直觉。F1 度量标准以通用度量标准总结了准确率和召回率，它可能取决于对准确率和召回率的权衡，而后者又依赖于应用程序。如果优先考虑错误标记漏洞的数量保持在最低水平，就需要高准确率来保证。为保持未检测到的漏洞在之后被利用的数量处于最低水平，需要高召回率。分类器的**接收器工作特性**（ROC）曲线和**曲线下面积**（AUC）也被表述出来。ROC 通过在分类器输出的不同置信度阈值下绘制真实的真正率与假正率来可视化分类器的性能。在二分类问题中，总体的二分类召回率始终等于正类的召回率，而假正率是未利用的所有样本中被错误分类为已利用的未利用漏洞的数量。ROC

是一条曲线，因此，AUC 是 ROC 曲线下的面积，AUC 值越高，模型越好（即 AUC 为 1 的分类器是一个理想的分类器）。

表 4.4　评估指标。TP 为真正例，FP 为假正例，FN 为假负例，TN 为真负例

指标	公式
准确率	$\dfrac{TP}{TP+FP}$
TPR（二分类中的召回率）	$\dfrac{TP}{TP+FN}$
F1	$2\times\dfrac{准确率\times召回率}{准确率+召回率}$
假正率	$\dfrac{FP}{FP+TN}$

4.6.2　结果

我们使用了几种标准的监督机器学习方法，并比较了利用预测。所有方法的参数均以提供最佳性能的方式进行了设置，并使用了 scikit-learn⊖Python 包[32]。

1. 测试分类器

所有分类器都维护了时间信息，漏洞按在漏洞数据库上发布的日期进行排序。其中前 70% 保留用于训练以及支持训练后可用的其他功能，其余漏洞用于测试。

表 4.5 显示了分类器在准确率、召回率及 F1 度量方面的比较。

表 4.5　随机森林（RF）、贝叶斯网络（BU）、支持向量机（SVM）、逻辑回归（LOG-REG）、决策树（DT）和朴素贝叶斯（NB）的准确率、召回率及 F1 度量，以预测漏洞是否可能被利用

分类器	准确率	召回率	F1 度量
随机森林	**0.45**	0.35	**0.40**
贝叶斯网络	0.31	0.38	0.34
支持向量机	0.28	0.42	0.34
逻辑回归	0.28	0.4	0.33
决策树	0.25	0.24	0.25
朴素贝叶斯	0.17	**0.76**	0.27

⊖　http://scikit-learn.org

与支持向量机的 0.34、贝叶斯网络的 0.34、逻辑回归的 0.33、决策树的 0.25 和朴素贝叶斯的 0.27 相比，随机森林（RF）的 F1 值为 0.4，表现最佳。注意，虽然随机森林 F1 度量最佳，但其召回率却不是最佳——贝叶斯网络最佳。选择高准确率的随机森林，使模型比低准确率的模型更加可靠，从而导致有很多假正例。

2. 基准测试

我们将模型与最近进行的一项工作进行了比较，该工作使用了 Twitter 上的漏洞来预测漏洞被利用的可能性[8]。在这项研究中，作者使用支持向量机作为分类器，而我们使用随机森林的分类器效果最佳。尽管我们的方法有可能获得更好的性能，但以下两个原因使得与这项工作进行比较显得很重要：1）据我们所知，目前还没有使用深网/暗网数据在现实环境下预测攻击的工作；2）对所有主要的方法进行比较证明了使用社交媒体提要是目前最好的方法。

在文献［8］中，作者将分类器的训练和评估限于针对 Microsoft 和 Adobe 产品的漏洞，因为 Symantec 没有针对所有目标平台的攻击特征。他们用了 10 折分层的交叉验证，将数据划分为 10 个部分，同时保持每个部分的分类比率。训练 9 个部分，对剩余的 1 个进行测试，对这 10 个部分重复实验过程，这样每个样本都测试了 1 次。

为了进行比较，我们对相同的实验做了高度相似的假设，无论 Symantec 是否报告了日期，都会用到所有被利用的漏洞。在我们的例子中，共有 2056 个针对 Microsoft 和 Adobe 产品的漏洞，其中有 261 个被利用，与以前的工作（按比率）一致。实验进行了 10 折分层的交叉验证，模型的准确率-召回率曲线如图 4.8 所示。

准确率-召回率曲线显示了不同决策阈值的准确率和召回率之间的权衡。由于 F1 度量没有在文献［8］中报告，因此在保持召回值一致的同时，将报告的准确率-召回率曲线用于比较。表 4.6 显示了针对不同召回率的两种模型在准确率方面的比较。

当阈值为 0.5 时，F1 度量为 0.44，准确率为 0.53，召回率为 0.3。保持召回率不变，在文献［8］中显示准确率为 0.3，明显低于 0.4。为比较准确率，对不同的召回值执行相同的实验，与以前的方法相比，在每个点上都可以获得更高的准确率。

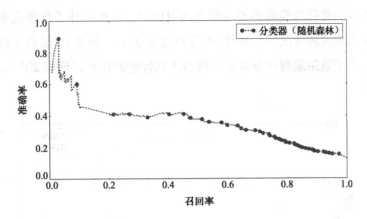

图 4.8　Microsoft-Adobe 漏洞建议特征的准确率-召回率曲线（随机森林）

表 4.6　文献 [8] 和提到的模型之间的准确率的比较，同时保持召回率不变

召回率	准确率①	准确率（我们的模型）
0.20	0.30	**0.41**
0.40	0.18	**0.40**
0.70	0.10	**0.29**

① 从文献 [8] 的图 6a 得到的数值。

3. 基准线比较

Bullough 等人认为预测利用的可能性这个问题对漏洞相关事件的次序比较敏感[14]。在时间上混合此类事件会导致将来事件被用于预测过去的事件，从而导致预测结果不准确。为了避免事件在时间上的混合，我们在时间上进行分割，如本节所述的那样。

为了进行基准线比较，我们使用通用漏洞评分系统 2.0 版本的基本评分对是否可能利用漏洞进行分类，这一过程基于相关联的严重性得分。在以前的研究[4,8]中，通用漏洞评分系统分数已被用作基准线。通用漏洞评分系统往往过于谨慎，它倾向于为很多漏洞分配高分，从而导致许多假正例。图 4.9 显示了通用漏洞评分系统分数的准确率-召回率曲线。

通过改变决策阈值（x 轴），可以基于该阈值确定每个漏洞的类别标签。通用漏洞评分系统可以以非常低的准确率实现很高的召回率，在实际补丁程序优先级排序任务中，是不希望出现这种情况的，最佳 F1 度量值是 0.15。图 4.10 显示了我们提出的随机森林模型与基于通用漏洞评分系统的模型之间性能的比较，该模型产生了最高的 F1 分值。

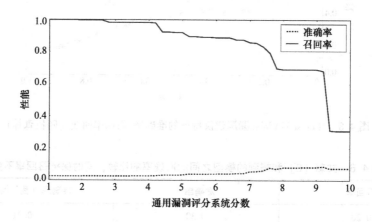

图 4.9　基于通用漏洞评分系统基本分数 2.0 版本阈值的分类准确率和召回率

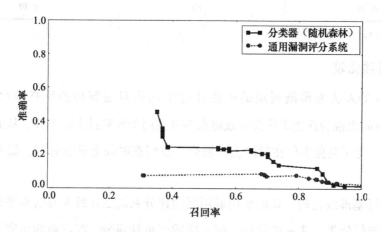

图 4.10　基于通用漏洞评分系统分数阈值的准确率-召回率曲线（随机森林）

　　我们的模型的 F1 度量值为 0.4，准确率为 0.45，召回率为 0.35，都优于基准线。此外，我们的分类器在低假正率（13%）时显示出很高的真正率（90%），同时有 94% 的 AUC，如图 4.11 所示。

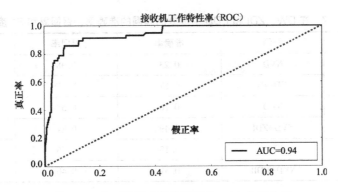

图 4.11　基于随机森林分类器的 ROC 曲线分类

4. 单个数据源的评估

我们的研究调查了引入相应的数据源如何影响数据源中提到的漏洞的预测。这对于理解添加特定数据源是否有利于该数据源提到的漏洞被利用非常重要。事实证明，先前实验中使用的基于时间的拆分几乎没有涉及在测试集中或这些数据源中的任何漏洞（ZDI，18；深网，4；EDB，2）。因此通过以下两种方法增加漏洞的数量：1）在不对漏洞排序的情况下执行 10 折交叉验证；2）增加一个基本事实，即考虑到没有利用日期的利用漏洞（这些漏洞已从较早的实验中移除，因为尚不清楚这些是在漏洞被利用之前还是之后利用的）。使用了这两种技术后，ZDI 就有 84 个被提到的可利用漏洞，EDB 有 57 个，DW 有 32 个。对于每个在数据源中提到的漏洞，都能得到准确率、召回率和 F1 的值，而且仅通过使用漏洞数据库特征来描述这些漏洞的预测。对于 DW 中提到的漏洞，仅考虑与漏洞数据库特征一起提供的 DW 特征。模型预测了 12 个被利用的漏洞，准确率为 0.67，召回率为 0.38。仅考虑漏洞数据库特征，模型预测了 12 个被利用的漏洞，准确率为 0.23，召回率为 0.38。因此，使用漏洞数据库特征，准确率从 0.23 明显提高到 0.67。表 4.7 显示了包含相应 F1 度量的准确率-召回率。DW 信息能够以较高的准确率正确识别 DW 中提到的正样本。

对于 ZDI 来说，有 84 个漏洞被提到了。与添加了具有 F1 度量为 0.32 的 ZDI 特征（准确率为 0.49，召回率为 0.24）相比，仅使用漏洞数据库特征可以得到 0.25 的 F1 度量（准确率为 0.16，召回率为 0.54），这大大提高了准确率。表 4.7 还显示了 ZDI 样本的准确率-召回率及相应的 F1 度量。

表4.7　在 DW、ZDI 和 EDB 中提到的漏洞的准确率、召回率和 F1 度量

数据源	样例	准确率	召回率	F1 度量
DW	NVD	0.23	0.38	0.27
	NVD+DW	0.67	0.375	0.48
ZDI	NVD	0.16	0.54	0.25
	NVD+ZDI	0.49	0.24	0.32
EDB	NVD	0.15	0.56	0.24
	NVD+EDB	0.31	0.40	0.35

我们在具有 PoC 漏洞的 EDB 上进行了类似的分析，EDB 上存在漏洞 57 个 PoC 漏洞，仅使用漏洞数据库特征时，模型的 F1 度量值为 0.24（准确率为 0.15，召回率为 0.56）；而添加 EDB 特征时，F1 度量值提高到 0.35（准确率为 0.31，召回率为 0.40），准确率有明显的提高，如表 4.7 所示。

5. 特征的重要性

为了更好地解释特征选择，我们将对预测性能的主要来源进行解释，那些对预测性能有最大贡献的特征被列了出来。样本的特征向量具有 28 个特征，这些特征是根据非文本数据（表4.2 中进行了汇总）及文本特征计算得到的——TF-IDF 从在漏洞数据库描述中和 DW 中频率最高的 1000 个单词的单词包中计算到。对于每个特征，都会计算其交互信息（MI）[33]，表示一个变量（此处是 x_i）代表另一个变量（此处是类别标签 $y \in \{$利用，未利用$\}$）的程度。非文本数据中贡献最大的特征是 $\{$language_Russian = true, has_DW = true, has_PoC = false$\}$。另外，在文本数据中贡献最大的特征是单词 $\{$demonstrate, launch, network, xen, zdi, binary, attempt$\}$。这些特征的互信息得分均高于 0.02。

6. 解决类别不平衡问题

类别不平衡问题已经引起了很多人的研究兴趣[34]。因为我们的数据集极度不平衡，所以使用了人工少数类过采样法（SMOTE）[28]，并根据分类性能来衡量提升程度。人工少数类过采样法通过创建具有与被利用漏洞相似的特征的合成样本来对少数类过采样，这个数据操作仅应用于训练集。使用人工少数类过采样法，我们的随机森林分类器无法实现任何性能上的改进。但是，人工少数类过采样法与贝叶斯网络分类方法相结合，带来了极大的改进，表 4.8 显示了不同的过采样率和性能上的变化。最佳的过采样率是通过实验确认的，即高的过采样率会导致模型从与真实分布明显不同的分布上学习。

表 4.8   通过对贝叶斯网络分类器应用人工少数类过采样法，对利用的样本使用不同的过采样来实现性能提升

采样率（%）	准确率	召回率	F1 度量
100	0.37	0.42	0.39
200	0.40	**0.44**	**0.42**
300	**0.41**	0.40	0.40
400	0.31	0.40	0.35

4.7   对抗数据处理

这里仅研究在 DW 数据中对抗数据控制的影响，并仅考虑经过 EDB 验证的 PoC 漏洞，攻击者需要侵入 EDB 以增加噪声或从 EDB 数据库中删除 PoC 漏洞。在当前分析中，假定攻击者无法采取这类行为。同样地，ZDI 仅发布经过研究人员验证过的漏洞，所以控制这些数据的机会很小。

另一方面，DW 市场和论坛的公共性质使攻击者能够破坏分类器使用的数据，他们可以通过在这些平台上添加漏洞讨论来实现这一目的，同时欺骗分类器以使其产生高假正例。先前的工作中我们讨论过攻击者如何通过控制训练数据来影响分类器[35-37]。

在我们的预测模型中，DW 使用了漏洞、提及该漏洞的市场/论坛的语言以及对漏洞的描述作为特征。攻击者可以轻易发布有关他不打算利用漏洞，或者不希望这些漏洞被利用的讨论。为了研究这类噪声对模型性能的影响，我们使用两种策略进行了实验。

1. 攻击者添加随机漏洞讨论

这个策略中，攻击者会在 DW 上发起随机漏洞讨论，并使用不同的通用漏洞披露号码将其重新发布。因此，通用漏洞披露中提及 DW 的次数增加了。对于我们的实验来说，考虑了两种情况，并分别添加了不同数量的噪声。第一种情况下，假设在训练数据和测试数据中都存在噪声，考虑多种不同百分比的噪声（占数据样本总数的5%、10%、20%）随机分配在训练数据和测试数据中。实验设置遵循章节4.6中讨论的条件。首先根据时间对漏洞进行排序，前70%的漏洞保留，用于训练，其余用于测试。图4.12a展示了ROC曲线，该曲线显示出假正率（FPR）和真正率（TPR）。对于引入的不同噪声量，我们的模型仍保持了高真正率和低假正率，而且ROC曲线下的面积至少为0.94，这一性能与不加噪声的实验类似。这表明该模型对噪声具有很高的鲁棒性，它可以很好地学习训练集中的噪声，并在测试集中对其进行区分。对于第二种情况，DW中发现的随机漏洞讨论仅在测试数据中添加了一个不同的通用漏洞披露号码，并重复了相同的实验。图4.12a显示了ROC图，在这种情况下，即使假正率略有增加，其性能仍与无噪声的实验相当（AUC≥0.87）。因此，如果在训练数据中未引入噪声，则噪声样本会对预测模型产生轻微影响。

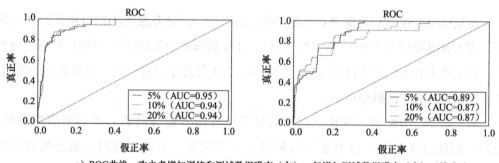

a）ROC曲线，攻击者增加训练和测试数据噪声（左），仅增加测试数据噪声（右）（策略1）

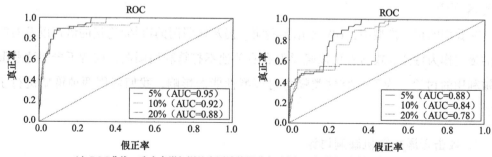

b）ROC曲线，攻击者增加训练和测试数据噪声（左），仅增加测试数据噪声（右）（策略2）

图4.12 ROC曲线展示随机森林模型对抗数据操作的鲁棒性（见彩插）

2. 攻击者添加类似于漏洞数据库描述的漏洞讨论

在上一个策略中，攻击者在不考虑漏洞实际能力的情况下随机添加漏洞讨论。例如，据漏洞数据库 NVD 报告，CVE-2016-3350⊖是 Microsoft Edge 中的一个漏洞，如果攻击者在 DW 上将该漏洞称为噪声，但以 Google Chrome 为目标，如之前的实验所示，那么预测模型可能很容易检测到它。但是，如果攻击者精心设计漏洞讨论，使其成为 NVD 描述的副本或与 NVD 描述一致，该怎么办？在这个策略下，攻击者在 DW 上发布带有通用漏洞披露号码的漏洞数据库描述。对于第一种情况，训练和测试中都认为该噪声是随机分布的，图 4.12b 显示了不同噪声水平的 ROC 曲线。随着噪声样本数量的增加，性能会下降，但是下降幅度并不明显（AUC⩾0.88）。

在第二种情况下，仅将噪声添加到测试数据中重复实验。实验表明，当 20% 的样本为噪声时，性能的最大下降导致 AUC 为 0.78（见图 4.12b）。这表明添加正确的漏洞讨论确实会影响预测模型，除非添加大量此类样本。同样地，也可以通过将此类噪声样本添加到训练数据中以供模型学习来抵消这种影响。

注意，攻击者需要添加大量的噪声样本来降低预测模型的性能。先前有关使用数据提要（例如 Twitter）进行漏洞利用预测的研究中提到过攻击者能注册大量 Twitter 账号，并利用这些账号在 Twitter 上发布大量提及漏洞的信息[8]。在 DW 市场和论坛中，创建账户需要验证，在某些情况下还需要满足一定技术条件。尽管虚假的账户可以在 DW 上出售，但要购买和维护成千上万个此类虚假账户，并将其一起发布就很困难。而且，如果某人发布了大量有关通用漏洞披露的讨论信息，则可以从他的用户名来识别他；如果他的许多帖子因为不相关而被否决，也可以将他从市场和论坛中删除。同样需要注意的是，这样的论坛也是一个精英论坛[19]，贡献越多的用户越受到重视（这也使得关于此类信息的讨论很难泛滥）。

4.8　讨论

模型的可行性和分类错误的成本。模型作为第一道防线，所实现的性能非常具有

⊖　https://nvd.nist.gov/vuln/detail/CVE-2015-3350

前途。回想一下，随机森林分类器为每个测试样本输出置信度分数，并且可以设置阈值以标识决策边界。注意，所有报告的结果均基于硬阈值，因此，所有置信值大于阈值 thr 的样本都被预测为"被利用"。在真实世界的威胁评估中，仅依靠硬阈值预测可能不是一个好方法；相反，应根据组织内的其他变量来改变 thr，以便可以为不同的供应商（即 thr_{ven1}，thr_{ven2}）或者不同的信息系统（即 thr_{sys1}，thr_{sys2}）设置不同的阈值。例如，如果一个组织在一个 Apache 服务器上托管一个重要网站，并且此站点的可用性有最高优先级，则 Apache 服务器的任何漏洞都应受到高度关注，并且在不考虑其他措施的情况下提出补救措施。其他漏洞（每天会披露数十个漏洞）可能存在于组织内的许多其他系统中。

因为对这么多的安全建议（例如某些补丁程序可能不可用，某些系统可能需要脱机才能应用补丁）做出响应是非常昂贵的，所以评估漏洞被利用的可能性有助于量化风险和规划缓解措施。风险总被认为是可能性（利用）和影响的一个函数。分类被利用的负样本的成本等于修复它们所需的成本，这主要涉及补丁或其他补救措施，如控制访问或关闭网络端口。同样地，错误分类带来的成本取决于其带来的影响。例如，如果两家公司运行同一个数据库管理系统，其中一家公司托管一个包含有关所有业务的数据和数据库，另一家公司托管一个数据库，其数据对公司的价值不大，则数据泄露所带来的损失将大不相同。

样例分析。对假负例和假正例的分析，为我们加深了一种对为什么我们的模型表现良好，在什么情况下我们的模型表现良好，什么时候模型效率不高的理解。10 个获得最低置信度分数的利用漏洞（测试集中大约有 18% 的利用样本）似乎有共同的特征。例如，这些漏洞中有 9 个出现在 Adobe 产品中，即 Flash Player 中出现了 5 个，Acrobat Reader 中出现了 4 个。Flash Player 的漏洞在 NVD 中似乎有非常相似的描述，Acrobat Reader 也一样。在同一天（2016 年 4 月 27 日），它们被分配了通用漏洞披露 ID 号（CVE-ID），这 9 个漏洞中有 7 个在同一天（2016 年 7 月 12 日）发布，并分配了 10.0 的通用漏洞评分系统的基本分数（1 个除外，它分配了 7.0）。还有一个漏洞在 Windows Azure 活动目录中（通用漏洞评分系统分数为 4.3）。在所有这 10 个漏洞中，有 1 个在被检测到（真实环境下）之前，经过验证的 PoC 存档于 EDB，另外一个漏洞有 ZDI 提及，但 DW 中没有提到任何漏洞。这些漏洞被错误分类的原因是这些样本在训练集中的表示有限。此外，这一观察表明了避免对时间混合数据进行实验的重要性，这一点在 4.3.2 节中讨论过。

我们还研究了假正例样本，并获得了高置信度分数——模型预测其未被利用的样本。对于我们的随机森林分类器，所有检查过的假正例都出现在 Microsoft 产品中，尽管供应商并没有将它们作为特征来使用。我们的模型能够从其他文本特征中推断出供应商。假设这种程度的过拟合是不可避免的、微不足道的，而且主要是由基本事实造成的，则该模型是可以高度推广的。这里有来自其他供应商的漏洞例子，其置信度分数接近于我们使用的 thr；然而，我们不能据此假定这些漏洞被利用。

4.9　总结

本章提出了一种方法，可以汇总来自各种在线来源的漏洞利用的早期迹象，并预测漏洞被利用的可能性，这是与补丁优先级直接相关的问题。通过进行一系列实验，我们演示了使用来自数据源的网络威胁源。我们的机器学习模型优于现有模型，该模型结合了来自 Twitter 等社交媒体网站的信息以进行漏洞利用预测。更准确地说，我们的结果表明，与以前的严格评分系统相比，在保持较高的真正率的同时，可以在预测漏洞利用方面实现较低的假正率。

致谢　一些作者得到了海军研究办公室（ONR）（合同 N00014 - 15 - 1 - 2742、海王星计划）和 ASU 全球安全倡议（GSI）的支持。Paulo Shakarian 和 Jana Shakarian 由国家情报总监办公室（ODNI）和情报高级研究项目活动（IARPA）通过空军研究实验室（AFRL）（合同号 FA8750 - 16C - 0112）提供支持。尽管有版权注释，美国政府仍有权出于政府目的复制和分发英文版重印本。免责声明：本文包含的观点和结论是作者的观点和结论，不应被解释（为无论是明示还是暗示）必然代表 ODNI、IARPA、AFRL 或美国政府的官方政策或认可。

参考文献

[1] Pfleeger CP, Pfleeger SL, Margulies J (2015) Security in computing, 5th edn. Prentice Hall, Upper Saddle River, NJ, USA

[2] Bilge L, Dumitras T (2012) Before we knew it: an empirical study of zero-day attacks in the

real world. In: Yu T, Danezis G, Gligor V (eds) Proceedings of the 2012 ACM Conference on Computer and Communications Security. ACM, New York, pp 833–844. https://doi.org/10. 1145/2382196.2382284

[3] Frei S, Schatzmann D, Plattner B, Trammell B (2010) Modeling the security ecosystem–The dynamics of (in)security. In: Moore T, Pym D, Ioannidis C (eds) Economics of information security and privacy. Springer, Boston, pp 79–106. https://doi.org/10.1007/978-1-4419-6967-5_6

[4] Allodi L, Massacci F (2014) Comparing vulnerability severity and exploits using case-control studies. ACM Trans Inform Syst Secur 17(1), Article No. 1. https://doi.org/10.1145/2630069

[5] Durumeric Z, Kasten J, Adrian D, Halderman JA, Bailey M, Li F, Weaver N, Amann J, Beekman J, Payer M, Weaver N, Adrian D, Paxson V, Bailey M, Halderman JA (2014) The matter of Heartbleed. In: Williamson C, Akella A, Taft N (eds) Proceedings of the 2014 Conference on Internet Measurement Conference. ACM, New York, pp 475–488. https://doi.org/10.1145/2663716.2663755

[6] Edkrantz M, Said A (2015) Predicting cyber vulnerability exploits with machine learning. In: Thirteenth Scandinavian Conference on Artificial Intelligence, pp 48–57. https://doi.org/10. 3233/978-1-61499-589-0-48

[7] Nayak K, Marino D, Efstathopoulos P, Dumitraş T (2014) Some vulnerabilities are different than others. In: Stavrou A, Bos H, Portokalidis G (eds) Research in attacks, intrusions and defenses. Springer, Cham, pp 426–446. https://doi.org/10.1007/978-3-319-11379-1_21

[8] Sabottke C, Suciu O, Dumitras T (2015) Vulnerability disclosure in the age of social media: exploiting Twitter for predicting real-world exploits. In: Proceedings of the 24th USENIX Security Symposium. USENIX Association, Berkeley, CA, USA, pp 1041–1056. https://www. usenix.org/sites/default/files/sec15_full_proceedings.pdf

[9] Allodi L, Massacci F (2012) A preliminary analysis of vulnerability scores for attacks in wild: the EKITS and SYM datasets. In: Yu T, Christodorescu M (eds) Proceedings of the 2012 ACM Workshop on Building Analysis Datasets and Gathering Experience Returns for Security. ACM, New York, pp 17–24. https://doi.org/10.1145/2382416.2382427

[10] Mittal S, Das PK, Mulwad V, Joshi A, Finin T (2016) CyberTwitter: using Twitter to generate alerts for cybersecurity threats and vulnerabilities. In: Subrahmanian VS, Rokne J, Kimar R, Caverlee J, Tong H (eds) Proceedings of the 2016 IEEE/ACM International Conference on Advances in Social Networks Analysis and Mining. IEEE Press, Piscataway, NJ, USA, pp 860–867

[11] Marin E, Diab A, Shakarian P (2016) Product offerings in malicious hacker markets. In: Zhou L, Kaati L, Mao W, Wang GA (eds) Proceedings of the 2016 IEEE Conference on Intelligence and Security Informatics. The Printing House, Stoughton, WI, USA, pp 187–189. https://doi. org/10.1109/ISI.2016.7745465

[12] Samtani S, Chinn K, Larson C, Chen H (2016) AZSecure hacker assets portal: cyber threat intelligence and malware analysis. In: Zhou L, Kaati L, Mao W, Wang GA (eds) Proceedings of the 2016 IEEE Conference on Intelligence and Security Informatics. The Printing House, Stoughton, WI, USA, pp 19–24. https://doi.org/10.1109/ISI.2016.7745437

[13] Allodi L (2017) Economic factors of vulnerability trade and exploitation. In: Thuraisingham B, Evans D, Malkin T, Xu D (eds) Proceedings of the 2017 ACM SIGSAC Conference on Computer and Communications Security. ACM, New York, pp 1483–1499. https://doi.org/10. 1145/3133956.3133960

[14] Bullough BL, Yanchenko AK, Smith CL, Zipkin JR (2017) Predicting exploitation of disclosed software vulnerabilities using open-source data. In: Verma R, Thuraisingham B (eds) Proceedings of the 3rd ACM on International Workshop on Security and Privacy Analytics. ACM, New York, pp 45–53. https://doi.org/10.1145/3041008.3041009

[15] Allodi L, Shim W, Massacci F (2013) Quantitative assessment of risk reduction with cybercrime black market monitoring. In: 2013 IEEE Security and Privacy Workshops. IEEE Computer Society, Los Alamitos, CA, USA, pp 165–172. https://doi.org/10.1109/SPW.2013.16

[16] Bozorgi M, Saul LK, Savage S, Voelker GM (2010) Beyond heuristics: learning to classify vulnerabilities and predict exploits. In: Rao B, Krishnapuram B, Tomkins A, Yang Q (eds) Proceedings of the 16th ACM SIGKDD International Conference on Knowledge Discovery and Data Mining. ACM, New York, pp 105–114. https://doi.org/10.1145/1835804.1835821

[17] Motoyama M, McCoy D, Levchenko K, Savage S, Voelker GM (2011) An analysis of underground forums. In: Thiran P, Willinger W (eds) Proceedings of the 2011 ACM SIGCOMM Conference on Internet Measurement. ACM, New York, pp 71–80. https://doi.org/10.1145/2068816.2068824

[18] Holt TJ, Lampke E (2010) Exploring stolen data markets online: products and market forces. Crim Justice Stud 23(1):33–50. https://doi.org/10.1080/14786011003634415

[19] Shakarian J, Gunn AT, Shakarian P (2016) Exploring malicious hacker forums. In: Jajodia S, Subrahmanian V, Swarup V, Wang C (eds) Cyber deception. Springer, Cham, pp 259–282. https://doi.org/10.1007/978-3-319-32699-3_11

[20] Nunes E, Diab A, Gunn A, Marin E, Mishra V, Paliath V, Robertson J, Shakarian J, Thart A, Shakarian P (2016) Darknet and deepnet mining for proactive cybersecurity threat intelligence. In: Chen H, Hariri S, Thuraisingham B, Zeng D (eds) Proceedings of the 2016 IEEE Conference on Intelligence and Security Informatics, pp 7–12. https://doi.org/10.1109/ISI.2016.7745435

[21] Robertson J, Diab A, Marin E, Nunes E, Paliath V, Shakarian J, Shakarian P (2017) Darkweb cyber threat intelligence mining. Cambridge University Press, New York. https://doi.org/10.1017/9781316888513

[22] Liu Y, Sarabi A, Zhang J, Naghizadeh P, Karir M, Bailey M, Liu M (2015) Cloudy with a chance of breach: forecasting cyber security incidents. In: Proceedings of the 24th USENIX Security Symposium. USENIX Association, Berkeley, CA, USA, pp 1009–1024. https://www.usenix.org/sites/default/files/sec15_full_proceedings.pdf

[23] Soska N, Christin K (2014) Automatically detecting vulnerable websites before they turn malicious. In: Proceedings of the 23rd USENIX Security Symposium. USENIX Association, Berkeley, CA, USA, pp 625–640. https://www.usenix.org/sites/default/files/sec14_full_proceedings.pdf

[24] Almukaynizi M, Nunes E, Dharaiya K, Senguttuvan M, Shakarian J, Shakarian P (2017) Proactive identification of exploits in the wild through vulnerability mentions online. In: Sobiesk E, Bennett D, Maxwell P (eds) Proceedings of the 2017 International Conference on Cyber Conflict. Curran Associates, Red Hook, NY, USA, pp 82–88. https://doi.org/10.1109/CYCONUS.2017.8167501

[25] Zhang S, Caragea D, Ou X (2011) An empirical study on using the national vulnerability database to predict software vulnerabilities. In: Hameurlain A, Liddle SW, Schewe KD, Zhou X (eds) Database and expert systems applications. Springer, Heidelberg, pp 217–231. https://doi.org/10.1007/978-3-642-23088-2_15

[26] Hao S, Kantchelian A, Miller B, Paxson V, Feamster N (2016) PREDATOR: proactive recognition and elimination of domain abuse at time-of-registration. In: Weippl E, Katzenbeisser S, Kruegel C, Myers A, Halevi S (eds) Proceedings of the 2016 ACM SIGSAC Conference on Computer and Communications Security. ACM, New York, pp 1568-1579. https://doi.org/10.1145/2976749.2978317

[27] Cortes C, Vapnik V (1995) Support-vector networks. Mach Learn 20(3):273–297. https://doi.org/10.1023/A:1022627411411

[28] Chawla NV, Bowyer KW, Hall LO, Kegelmeyer WP (2002) SMOTE: synthetic minority oversampling technique. J Artif Int Res 16(1):321–357. https://doi.org/10.1613/jair.953

[29] Allodi L, Massacci F, Williams JM (2017) The work-averse cyber attacker model: theory and evidence from two million attack signatures. https://doi.org/10.2139/ssrn.2862299

[30] Breiman L (2001) Random forests. Mach Learn 45(1):5–32. https://doi.org/10.1023/A:1010933404324

[31] Breiman L (1996) Bagging predictors. Mach Learn 24(2):123–140. https://doi.org/10.1007/BF00058655

[32] Pedregosa F, Varoquaux G, Gramfort A, Michel V, Thirion B, Grisel O, Blondel M, Pretten-
     hofer P, Weiss R, Dubourg V, Vanderplas J, Passos A, Cournapeau D, Brucher M, Perrot M,
     Duchesnay É (2011) Scikit-learn: machine learning in Python. J Mach Learn Res 12:2825–2830

[33] Guo D, Shamai S, Verdu S (2005) Mutual information and minimum mean-square error in
     Gaussian channels. IEEE Trans Inform Theory 51(4):1261–1282. https://doi.org/10.1109/TIT.
     2005.844072

[34] Galar M, Fernandez A, Barrenechea E, Bustince H, Herrera F (2012) A review on ensembles
     for the class imbalance problem: bagging-, boosting-, and hybrid-based approach. IEEE Trans
     Syst Man Cybern C 42(4):463–484. https://doi.org/10.1109/TSMCC.2011.2161285

[35] Barreno M, Bartlett PL, Chi FJ, Joseph AD, Nelson B, Rubinstein BIP, Saini U, Tygar JD
     (2008) Open problems in the security of learning. In: Balfanz D, Staddon J (eds) Proceedings
     of the 1st ACM Workshop on AISec. ACM, New York, pp 19–26. https://doi.org/10.1145/
     1456377.1456382

[36] Barreno M, Nelson B, Joseph AD, Tygar J (2010) The security of machine learning. Mach
     Learn 81(2):121–148. https://doi.org/10.1007/s10994-010-5188-5

[37] Biggio B, Nelson B, Laskov P (2011) Support vector machines under adversarial label noise.
     In: Hsu C-N, Lee WS (eds) Proceedings of the 3rd Asian Conference on Machine Learning,
     pp 97–112. http://www.jmlr.org/proceedings/papers/v20/biggio11/biggio11.pdf

第 5 章

人工智能方法在网络攻击检测中的应用

Alexander Branitskiy, **Igor Kotenko**

摘要 本章介绍了人工智能方法及其在检测网络攻击中的应用,其中特别要注意基于神经网络、模糊及进化计算的模型表示,主要实体是二元分类器,旨在将每个输入对象与两组类中的一个进行匹配,并考虑了组合二元分类器的各种方案,这允许构建在不同子样本上训练的模型。同时提出了几种优化技术,包括并行化(用于提高训练速度)和聚合成分(增加分类器的精度),还考虑了主成分分析,目的是降低攻击特征向量的维度,还开发并采用了滑动窗口方法来减少假正例(误报)。最后,在实验过程中使用多折交叉验证来获得模型效率的提升。

5.1 引言

网络攻击检测是一项艰巨的任务,现在文献中给出了很多方法来实现网络攻击检测,其中一些基于诸如人工智能等迅速发展的领域,包括神经网络、模糊逻辑和遗传算法。

攻击检测系统的构建在确保网络节点安全方面起着关键作用,所以使用包括人工智能方法在内的高级工具并将其应用于网络攻击检测就显得非常重要了。

从输入数据的角度解释，网络攻击检测方法分为异常检测方法和误用检测方法[1]。

对于异常检测方法，系统应包含被分析对象（用户、过程、网络数据包次序）的正常行为数据——正常行为模式。如果观察到参数与正常行为模式的参数之间存在差异，则系统会检测到网络异常，可以在手动模式和自动模式下添加和修改此类模式，并且正常行为模式的某些参数可能会根据一天中的时间而有所不同。异常检测系统的缺点是存在误报，这可能是正常行为模式的可用集不完整导致的。相反，误用检测方法仅识别那些特定非法行为，它们以攻击模板的形式准确表示。攻击模式指的是一组规则，例如模式匹配或签名搜索，它们明确描述了特定的攻击，将此类规则应用于已识别对象的字段，即可给出明确的关于其就属于此类攻击的答案。设计误用检测系统时面临的主要问题是如何提供一种基于指定签名规则的快速搜索机制。本章讨论的方法基于人工智能，并将正常和异常行为的参数用作二元分类器的训练数据。

本章组织如下：5.2 节中，我们考虑了一些涉及使用混合方法进行网络攻击检测的论文；5.3 节介绍了二元分类器的模型及其训练算法；5.4 节中介绍了用于计算网络参数的滑动窗口方法、二元分类器权重的遗传优化算法以及使用二元分类器进行网络攻击检测的算法；5.5 节中，我们考虑了几种组合方案[2-4]，这些方案允许基于二元分类器构造多分类器模型；5.6 节中给出了实验结果。

5.2 相关工作

在本节中，我们将介绍一些专门研究上述问题的论文。

在文献［5-6］中考虑了三种分类器：决策树、支持向量机（SVM）以及它们的组合，即混合分类器。其中混合分类器由两个阶段组成。首先，将测试数据传递到决策树，决策树以叶节点的形式生成节点信息，然后由支持向量机处理带有节点信息的测试数据，输出的结果是分类结果。在使用该方法时，从决策树获得的其他信息将有助于增强支持向量机的有效性，如果这三个分类器给出不同的结果，则最终结果将基于权重投票。

在文献［7］中，考虑了三个神经网络和支持向量机的集合，混合分类器的输出值是这些分类器的输出值的加权和，权重根据**均方差**（MSE）计算。

在文献［8］中，建议使用神经网络的输出值作为权重投票和多数表决步骤的输入值，使用包含 6890 个实例的测试样本，分类准确率达到了 99% 以上。

在文献［9］中，描述了网络攻击检测的两级方案，为此，将几种自适应神经-模糊分类器组合在一起，这些分类器中的每一个仅用于检测一种攻击。最终分类由模糊模块执行，该模块实现具有两个隶属度函数的 Mamdani 模糊推理系统。通过确定网络记录的异常程度来进行模块分配，该记录的类别是具有最大输出值的第一级模糊模块的类别。

为了完成攻击检测任务，在文献［10］中提出使用 K 径向基神经网络，这些网络中的每一个都在原始训练集 D 的不相交子集 $D_1,\cdots,D_K$ 上进行训练。这些子集是使用模糊聚类方法生成的，根据这种方法，每个元素 $\vec{z}\in D$ 都属于具有一定隶属度 $u_i^{\vec{z}}$ 的区域 D_i。每个子集 D_i（$i=1,\cdots,K$）由在所有其他子集中相对于该子集具有最大隶属度的元素组成。这种初步分解提高了基础分类器的泛化能力，并减少了训练时间，因为仅采用了特定对象进行配置，所以这些对象在形成的训练子集中心处是最密集的分组。为了将这些分类器的输出结果 $\vec{y_i},\cdots,\vec{y_K}$ 组合到一起，需要使用多层神经网络，将向量 $\vec{z}$ 作为输入参数。它的输入向量表示为一组元素，这些元素是通过对向量 $u_i^{\vec{z}}\cdot\vec{y_i}$（$i=1,\cdots,K$）的每个分量应用阈值函数获得的。文献［11］中使用了类似的方法，其中前馈神经网络用作基本分类器，聚合模块的输入直接由向量的值 $u_1^{\vec{z}}\cdot\vec{y_1},\cdots,u_K^{\vec{z}}\cdot\vec{y_K}$ 组成。

在文献［12］中，通过神经-模糊模型和支持向量机，文献作者对网络连接记录进行了分析，确定了所提出方法的四个主要阶段。第一阶段，通过 K 均值聚类方法生成训练数据。第二阶段，训练神经-模糊分类器。第三阶段，支持向量机生成输入向量。最后一个阶段，使用后面一种分类器进行攻击检测。

在文献［13］中，构建了一个具有单个**隐藏层**[⊖]的神经网络，用来检测三种类型的 DDoS 攻击，这是使用 TCP、UDP 和 ICMP 进行的。每个神经网络的最后一层都由一个节点组成，输出值被解释为是否存在适当类型的 DDoS 攻击。提议的方法在 Snort 中作为模块执行，并在实际的网络环境中进行了测试。

为了检测 DoS 攻击，在文献［14］中提出了一种方法，该方法结合了用于计算特

⊖　隐藏层是隐藏在输入层和输出层之间的一层，其输出是另一层的输入，具有多个隐藏层的神经网络称为深度神经网络，其中机器学习称为深度学习。

征向量的归一化熵方法和用于分析特征向量的支持向量机方法。为了检测异常，从网络流量中提取了6个参数，数字表示数据包所选字段在60秒窗口内在不同值的出现强度。这种方法使用归一化熵方法计算网络参数，并将它们用作基于支持向量机的训练和测试数据的输入。

在文献［15］中，为了检测DoS攻击并扫描主机，作者考虑了一种基于矢量压缩过程和两个模糊变换的连续应用的方法。首先，将主成分分析应用于网络连接的8维特征向量的输入，将其维数减少到5，同时保持相应总方差在90%以上。下一步是神经-模糊网络的训练或测试，其输出值将通过模糊聚类的方法进行处理。

我们的方法基于这些论文，但是建议应用二元分类器来构造用于识别不同类型攻击的多类模型。这种方法更加灵活，允许构建多种结合方案而无须严格绑定到聚集组合。

5.3 二元分类器

以下各节讨论了二元分类器的流行模型。

5.3.1 神经网络

本节概述了神经网络和一些训练算法。从结构和功能上讲，人工神经网络与人类大脑类似，其计算节点与神经元相对应，连接与突触相对应。在计算结构的元素之间建立相应联系，会减少模拟一个神经元到另一个神经元时的神经脉冲干扰。神经元之间存在的关系和强度能够通过指定非零权重系数来设置，这种权重系数的值成比例地表示了输入信号的重要程度，输入信号越强，分配给相应连接的权重就越大。在配置了至少两层与上面描述的类似的结构之后，就可以对训练实例进行足够准确的近似[16-19]。

生物神经元由一个核、一个体（细胞体）和多个附属物组成[20]。第一种类型的附属物称为轴突，以单个副本表示在每个神经元中，并充当该神经元产生神经脉冲的原始传递者。第二种类型的附属物称为树突，接收来自相邻细胞轴突的信号。位于轴突和树突交界处的神经纤维区域称为突触，它可以根据不同情况激发或抑制传输信号，当把这些映射到类似的人工神经元时，信号相应地转变为神经元之间相对关系权重的放大或衰减。

神经网络的输入层是一个虚拟层，在处理输入信号之前先对其进行预分配。该层$^{\ominus}$的每个节点的输入向量是突触权重向量和输入向量 $\vec{z}=(z_1,\cdots,z_n)^{\mathrm{T}}$ 的点积。由 N_1 个节点组成了第一个隐藏层，它上面第 i' 个神经元的输入信号结构如下：$z_i^{(1)}=\sum_{j=1}^{n}w_{ij}^{(1)}\cdot z_j+\theta_i^{(1)}$，其中 $i'=1,\cdots,N_1$，$\{w_{ij}^{(1)}\}_{j=1}^{n}$ 是权重，指定了在第一个隐藏层的第 i' 个神经元上输入信号 $\vec{z}$ 的转换，$\theta_i^{(1)}$ 是第 i' 个神经元的偏移，位于第一个隐藏层，该神经元的输出值 $y_i^{(1)}=\varphi\ (z_i^{(1)})$。类似地，位于由 N_2 个节点组成的第二个隐藏层的每个第 i'' 个神经元有输入和输出信号 $z_i^{(2)}=\sum_{j=1}^{N_1}w_{ij}^{(2)}\cdot y_j^{(1)}+\theta_i^{(2)}$ 和 $y_i^{(2)}=\varphi\ (z_i^{(2)})$，其中 $i''=1,\cdots,N_2$，$\{w_{ij}^{(2)}\}_{j=1}^{N_1}$是权重，指定了在第 i'' 个神经元的输入上信号 $y^{(\vec{1})}=(y_1^{(1)},\cdots,y_{N_1}^{(1)})^{\mathrm{T}}$ 的转换，它位于第二个隐藏层，$\theta_i^{(2)}$ 是第 i'' 个神经元的偏移，φ 是激活函数。结果信号 $y_1^{(3)}$ 的结构为 $y_1^{(3)}=\sum_{j=1}^{N_2}w_{1j}^{(3)}\cdot y_j^{(2)}+\theta_1^{(3)}$，其中$\{w_{1j}^{(3)}\}_{j=1}^{N_2}$是最后一层神经元输入的权重，$\theta_1^{(3)}$ 是输出神经元的偏移（见图5.1）。

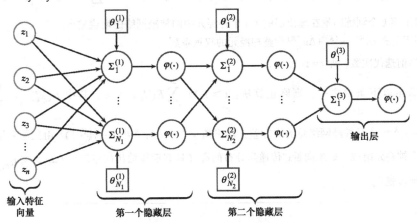

图 5.1　三层神经网络

一般来说，下面的公式能够用来表示二元神经网络模型的函数：

$$Y(\vec{z}) = \varphi\left(\sum_{i=1}^{N_2} w_{1i}^{(3)} \cdot \varphi\left(\sum_{j=1}^{N_1} w_{ij}^{(2)} \cdot \varphi\left(\sum_{k=1}^{n} w_{jk}^{(1)} \cdot z_k + \theta_j^{(1)}\right) + \theta_i^{(2)}\right) + \theta_1^{(3)}\right)$$

多层神经网络中最常见的学习算法是反向传播算法[⊖]（见算法 3）。

算法 3：训练多层神经网络

---

1. 设置神经网络结构，即选择激活函数类型以及位于其中的隐藏层和神经元的数量。
2. 指定训练次数的最大值 T 和总均方误差 ε 的最小值。
3. 将当前迭代的计数器设置为 0，即 $t=0$，以任意值初始化权重系数 $w_{ij}^{(K)}$，其中 K 表示层数，i 对应于第 K 层中神经元的位置，j 表示当前神经元和第 $K-1$ 层中第 j 个神经元的输出信号之间的连接。
4. 对每个向量 $\vec{x_k}$（$k=1,\cdots,M$），执行步骤 4a~4c。

   a. 执行信号前馈传播——根据公式计算第 K 层中每个第 i 个神经元输入信号，$x_i^{(K)} = \sum_{j=1}^{N_{K-1}+1} w_{ij}^{(K)} \cdot y_j^{(K-1)}$，其中 N_{K-1} 是第 $K-1$ 层的神经元数量。当 $j=N_{K-1}+1$ 时，$w_{ij}^{(K)} = \theta_i^{(K)}$，$y_j^{(K-1)}=1$；当 $K>1$ 时，$y_j^{(K-1)} = \varphi(x_j^{(K-1)})$；当 $K=1$ 时，$y_j^{(K-1)} = x_{K_j}$（原信号）。

   b. 执行误差的反向传播：根据公式 $\Delta w_{ij}^{(K)} = \alpha \cdot \delta_i^{(K)} \cdot y_j^{(K-1)}$ 计算神经元权重系统的累加，从最后一层开始，到第一层结束，其中 α 是权重的校正比例系数，且 $0<\alpha\leqslant 1$。如果第 K 层是输出，则 $\delta_i^{(K)} = \varphi'(x_i^{(K)}) \cdot (u_{k_i} - y_i^{(K)})$，否则 $\delta_i^{(K)} = \varphi'(x_i^{(K)}) \cdot \sum_{j=1}^{N_{K+1}+1} \delta_j^{(K+1)} \cdot w_{ji}^{(K+1)}$，其中 u_{k_i} 表示第 k 个训练向量在输出层的第 i 个神经元中的神经网络的期望输出。

   c. 利用公式 $w_{ij}^{(K)} = w_{ij}^{(K)} + \Delta w_{ij}^{(K)}$ 调整神经元的权重系数。

5. 增加当前迭代次数，即 $t=t+1$。
6. 如果满足以下条件之一，则终止算法：$t \geqslant T$ 或 $\sum_{k=1}^{M} E(\vec{x_k}) \leqslant \varepsilon$，其中 $E(\vec{x_k}) = \frac{1}{2} \cdot \sum_{i=1}^{N_{K_{all}}} (u_{k_i} - y_i^{(K_{all})})^2$ 是神经网络总的均方差，输出值 $y^{(\vec{K}_{all})} = (y_1^{(K_{all})}, \cdots, y_{N_{K_{all}}}^{(K_{all})})^T$ 由三层和输出层上的一个神经元组成，如果向量 $\vec{x_k}$ 传递到分布的层（具有期望输出向量 $\vec{u_k} = (u_{k_1}, \cdots, u_{k_{N_{K_{all}}}})^T$，否则跳到步骤 4）。

上述算法属于一般的梯度下降算法，使用该算法执行最小值搜索时，其方向与要优化的函数（例如均方差）的梯度相反。这些算法的一个劣势就是容易落入局部最优点，这意味着尽管存在比已经发现的值更小的极值，但这些算法几乎不能修改权重参

⊖ 反向传播是权重计算中计算梯度的一种方法。

数。这些问题通过反向传播算法的各种改进得到了部分解决[20]。首先执行信号的前馈传播，然后为每个权重计算一个调整过的值。其中一些修改使用了权重的可变校正比例系数，该系数取决于维持或更改导数符号[21]，同时考虑用于改变每个权重的动量因子[22]，或者考虑其二阶导数[23-24]。

径向基函数网络的结构与多层神经网络不同，这种网络的第一个隐藏层设计用于将输入向量 $\vec{z}$ 投射到新的特征空间$\ominus$（Φ $(\vec{z}-\vec{w}_1^{(1)})$，$\cdots$，$\Phi$ $(\vec{z}-\vec{w}_{N_1}^{(1)})$ $)^{\mathrm{T}}$。在这种空间中，原始的 n 维向量被转换为 N_1 维向量。新向量的每个分量反映了输入向量 $\vec{z} = (z_1,\cdots,z_n)^{\mathrm{T}}$ 和权重向量 $\vec{w}_i^{(1)} = (w_{i_1}^{(1)},\cdots,w_{i_n}^{(1)})^{\mathrm{T}}$ 的接近程度，被分配给第一个隐藏层的第 i 个神经元，其中 $i = 1,\cdots,N_1$。这里 $\Phi(\vec{z}-\vec{w}_i^{(1)}) = \exp\left\{-\dfrac{||\vec{z}-\vec{w}_i^{(1)}||^2}{s}\right\} = \exp\left\{-\dfrac{\sum_{j=1}^{n}(z_j-w_{i_j}^{(1)})^2}{s}\right\}$ 是径向基函数，一个特点是在训练过程中，该层的权重不会改变，而是使用以下方法之一将它们设置为静态：1）随机初始化；2）通过随机选择训练向量进行初始化；3）使用聚类方法进行初始化。在实验中我们使用了第三种方法，即 K 均值方法，其中簇的数量等于隐藏层的尺寸 N_1。本方法的目标是构造点 $\{\vec{v_i}\}_{i=1}^{K}$（这个点称为中心），并以这种方式排列：使它们到位于点 $\{\vec{v_i}\}_{i=1}^{K}$ 附近的点的总距离最小。

径向基函数网络的模型表示如下：

$$Y(\vec{z}) = \varphi\Big(\sum_{i=1}^{N_1} w_{1i}^{(2)} \cdot \Phi(\vec{z}-\vec{w}_i^{(1)}) + \theta_1^{(2)}\Big)$$

训练径向基函数网络的算法参见算法 4。

算法 4：训练径向基函数网络

1. 设置神经网络结构，即选择隐藏层 N_1 的尺寸和输出层激活函数类型 φ。

2. 指定最大训练次数 T 和总均方差 ε 的最小值。

3. 用 K 均值方法计算聚类中心 $\{\vec{v}_i\}_{i=1}^{N_1}$，利用这些中心的组合初始化第一个隐藏层神经元权重系数 $w_{i_j}^{(1)}$，即 $w_{i_j}^{(1)} \coloneqq v_{i_j}$（$i = 1,\cdots,N_1$，$j = 1,\cdots,n$）。

$\ominus$　在机器学习中，特征空间是与特征向量相关联的向量空间，比如代表对象的数字特征的 n 维向量。

4. 将当前迭代计数器设置为 0（$t=0$），以任意值初始化第二个输出层的神经元权重系数 $w_{ij}^{(2)}$（$i=1,\cdots,N_2$，$j=1,\cdots,N_1$）。

5. 对每个向量 $\vec{x_k}$（$k=1,\cdots,M$）执行步骤 5a~5b。

    a. 执行信号前馈传播——根据公式为第二层的第 i 个神经元计算输出信号 $y_i^{(2)}=\varphi\ (x_i^{(2)})$，其中 $x_i^{(2)}$

    $=\sum\limits_{j=1}^{N_1+1}w_{ij}^{(2)}\cdot y_j^{(1)}$；当 $j=N_1+1$ 时，$w_{ij}^{(2)}=\theta_i^{(2)}$，$y_j^{(1)}=1$；当 $j=1,\cdots,N_1$ 时，$y_j^{(1)}=\Phi\ (\vec{x_k}-\vec{w_j^{(1)}})$。

    b. 利用 Widrow-Hoff 规则更新神经网络输出层的权重系数 $w_{ij}^{(2)}=w_{ij}^{(2)}+\Delta w_{ij}^{(2)}$[20]，其中 $\Delta w_{ij}^{(2)}=\alpha\cdot\varphi'x_i^{(2)}\cdot(u_{k_i}-y_i^{(2)})\cdot y_i^{(1)}$，$u_{k_i}$ 是来自训练样本的第 k 个实例的输出层中第 i 个神经元期望的输出。

6. 增加当前迭代次数，即 $t=t+1$。

7. 如果满足以下条件之一，则终止算法：$t\geq T$ 或 $\sum\limits_{k=1}^{M}E(\vec{x_k})\leq\varepsilon$。其中 $E(\vec{x_k})=\dfrac{1}{2}\cdot\sum\limits_{i=1}^{N_{\text{all}}}(u_{k_i}-y_i^{(K_{\text{all}})})^2$，是神经网络总的均方差，如果向量 $\vec{x_k}$ 传递到分布的层（具有期望输出向量 $\vec{u_k}=(u_{k_1},\cdots,u_{kN_{K_{\text{all}}}})^T$，则输出值 $y^{(\vec{K}_{\text{all}})}=(y_1^{(K_{\text{all}})},\cdots,y_{N_{K_{\text{all}}}}^{(K_{\text{all}})})^T$，并且由两个层和位于输出层的一个神经元组成（$K_{\text{all}}=2$，$N_{K_{\text{all}}}=1$）；否则跳到步骤 5）。

Jordan 循环神经网络模型是上述多层神经网络模型的扩展[25]，该模型将输入-输出反馈引入上下文层，如下所示：

$$Y(\vec{z})=\varphi\Big(\sum_{i=1}^{N_1}w_{1i}^{(2)}\cdot\varphi\big(\sum_{j=1}^{n}w_{ij}^{(1)}\cdot z_j+w_{i0}^{(1)}\cdot z_0+\theta_i^{(1)}\big)+\theta_1^{(2)}\Big)$$

输出信号 z_0 由之前的一个向量进行分析得到，在处理由该信号的值得到的新向量之前已经存储了几个周期，这样做可以记住一些异常或正常神经网络连接的图像交替的历史。原则上，此类网络的其余功能类似于多层神经网络的训练（见算法 5）。

算法 5：训练循环神经网络

1. 初始化，即 $z_0=0$。
2. 执行多层神经网络训练算法的步骤 1~6，并在每次迭代后将输出存储在变量 z_0 中。

5.3.2　模糊神经网络

本节中，我们将讨论模糊神经网络及其训练算法。

模糊神经网络[26]是一种用于构建智能内核以检测网络异常的方法。这个方法反映了人类在不确定性和歧义性条件下做出决策的能力。

通常，此类系统由 5 个模块组成[27]。第一个模块是规则数据库，包括一组形式为"if A then B"的模糊含义（规则），其中 A 称为前提（先例），B 称为结果（后继），这类规则与传统规则的主要区别在于，为 A 和 B 中包含的每个语句分配（归因于）一个介于 0 和 1 之间的特定数字，用以表示前提和结果的置信度。第二个模块是一个数据库，其中包含一组隶属函数，这些函数将输入的语言类变量设置为从清晰值到模糊语言项的过渡。对于每个这样的项，构造一个单独的隶属函数，其输出值表征了匹配输入变量与相应的模糊集（项）的度量。最常用的隶属函数是连续的分段微分函数（三角形和梯形）或光滑函数（钟形函数族），范围为 $[0，1]$ 或者 $(0，1]$。第三个模块是模糊化模块，其作用是将指定的隶属函数应用于输入参数。每个结合体 A_i 是前提 $A=A_1 \wedge \cdots \wedge A_n$ 的一部分，每个 A_i 和结果 B 表示为模糊叙述 z_i 是 γ_i，y 是 Γ，其中 z_i 和 y 是语言变量，γ_i 和 Γ 是语言项（$i=1,\cdots,n$），模糊化过程结果是这些模糊语句的计算值。第四个模块是模糊推理块，包含已经集成到其内核的一组模糊含义，并提供了一种机制，能够使用前提 A 中结合体的输入集来计算结果 B（例如，规则惯用语或否定后件推理）。为了计算左侧的完整真实度，我们使用了 T 范数，最常见的例子就是求最小值和乘积运算。在模糊推理块的输出上，形成了针对语言变量 y 的一个或多个模糊项以及相应的值隶属函数。第五个模块是去模糊化块，通过其模糊值恢复语言变量 y 的量化值，即使用以下方法之一将模糊推理块操作获得的数据转换为量化值：区域中心、重心、总和中心或隶属函数的最大值。

上述模糊推理系统下，所有规则"if A then B"中的结果 B 都有 Γ 类型的模糊叙述 y，它不依赖于作为前提 A 的一部分的语言变量，Takagi 和 Sugeno 提出的方法旨在消除这种缺点，并且基于在每个规则的右侧引入对其左侧元素的某种功能依赖，即 $y=f(z_1,\cdots,z_n)$[26]。在现实世界中，通常必须处理这种类型的模型，尤其是当人或设备无法准确估计输入参数的值，但同时通过已知的公式可以显式地计算控制效果时。

模糊神经网络也称为自适应神经-模糊推理系统（ANFIS）[27]，是 Takagi-Sugeno 模型的扩展，具有对参数的自适应调整（训练）的元素。这些网络由 5 层结构构成，输入信号在其中发生转换，并从第一层到最后一层依次传播，每个模糊规则都表示为属于以下形式的一组规则的元素：

$$\{\text{if}(z_1\text{is }\gamma_1^{(j_1)}\wedge\cdots\wedge z_n\text{is }\gamma_n^{(j_n)})\text{then}$$

$$y=f^{(j)}(z_1,\cdots,z_n)=p_0^{(j)}+p_1^{(j)}\cdot z_1+\cdots+p_n^{(j)}\cdot z_n\}_{j=1}^{Q}$$

这里 Q 表示模糊规则集的基数，变量 $z_1,\cdots,z_n$ 正好有 r 个模糊项；$j_1,\cdots,j_n$ 表示模糊项的数量，对应模糊规则中编号 j（$1\leqslant j_1\leqslant r,\cdots,1\leqslant j_n\leqslant r$）的语言变量 $z_1,\cdots,z_n$。与经典的模糊推理系统一样，该规则左侧是模糊叙述的结合体，并根据值 $\mu_{\gamma_i^{(j_i)}}(z_i)$ 来表示输入清晰值 z_i 与特定语言项 $\gamma_i^{(j_i)}$ 的匹配程度，其中最常用的隶属函数 $\mu_{\gamma_i^{(j_i)}}(z_i)$ 是钟形函数 $\mu_{\gamma_i^{(j_i)}}(z_i)=(1+|(z_i=c_{ij})/a_{ij}|^{2\cdot b_{ij}})^{-1}$，或者高斯函数 $\mu_{\gamma_i^{(j_i)}}(z_i)=\exp\{-(z_i-c_{ij})/a_{ij}^2\}$，其中 $i=1,\cdots,n$，$j=1,\cdots,Q$。

图5.2 显示了模糊神经网络。

模糊神经网络中第一层节点元素用于实现输入语言变量 $z_{i'}$ 的模糊化，该层的输出向量是该语言变量对第 j' 个模糊集（项）的隶属函数的 $\mu_{\gamma_{i'}^{(j')}}$ 的值，模糊集（项）$\gamma_{i'}^{(j')}$：

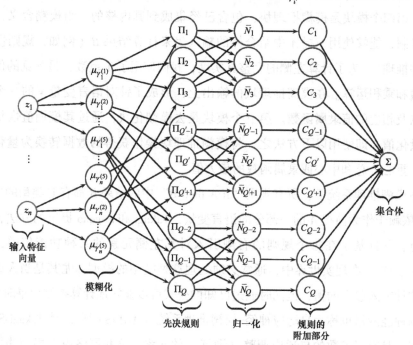

图5.2 模糊神经网络

$Y_{j'i'}^{(1)} = \mu_{\gamma_{i'}^{(j')}}(z_{i'})$，其中 $i' = 1, \cdots, n$，$j' = 1, \cdots, r$。第二层用 T 范数（乘积）进行模糊规则前提及其关联的创建，该层的第 k 个输出值可以视为分配给第 k 个规则的权重 $Y_k^{(2)} = Y_{k_1}^{(1)} \times \cdots \times Y_{k_n}^{(1)} = \mu_{\gamma_1^{(k_1)}}(z_1) \times \cdots \times \mu_{\gamma_n^{(k_n)}}(z_n)$，其中 $k = 1, \cdots, Q$。必须强调，在没有任何冲突规则的情况下，$Q \leqslant r^n$。在第三层的元素中，计算规则权重与所有规则权重总和的比值；该层输出是归一化的 $[0, 1]$ 的值：$Y_k^{(3)} = \dfrac{Y_k^{(2)}}{\sum\limits_{i=1}^{Q} Y_i^{(2)}}$。考虑到第三层上收到的相对完成度，每个规则的结果在第四层上进行计算，本层的第 k 个输出值表示网络中整个输出的第 k 个规则的附加部分，即 $Y_k^{(4)} = Y_k^{(3)} \cdot f^{(k)}(z_1, \cdots, z_n) = Y_k^{(3)} \cdot (p_0^{(k)} + p_1^{(k)} \cdot z_1 + \cdots p_n^{(k)} \cdot z_n)$。在第五层输出层有一个神经元，负责对从第四层节点接收的输入信号进行

求和：$Y^{(5)} = \sum\limits_{i=1}^{Q} Y_i^{(4)} = \sum\limits_{i=1}^{Q} Y_i^{(3)} \cdot f^{(i)}(z_1, \cdots, z_n) = \dfrac{\sum\limits_{i=1}^{Q} Y_i^{(2)} \cdot f^{(i)}(z_1, \cdots, z_n)}{\sum\limits_{i=1}^{Q} Y_i^{(2)}}$。

因此，自适应神经-模糊推理系统模型表示为

$$Y(\vec{z}) = \frac{\sum\limits_{i=1}^{Q} \left(\mu_{\gamma_1^{(i_1)}}(z_1) \times \cdots \times \mu_{\gamma_n^{(i_n)}}(z_n) \right) \cdot \left(p_0^{(i)} + p_1^{(i)} \cdot z_1 + \cdots + p_n^{(i)} \cdot z_n \right)}{\sum\limits_{i=1}^{Q} \mu_{\gamma_1^{(i_1)}}(z_1) \times \cdots \times \mu_{\gamma_n^{(i_n)}}(z_n)}$$

在训练方面，模糊神经网络的作者在文献 [27] 中提出了一种混合规则。根据这个规则，可配置的参数被分为两个部分：其中一部分参数使用梯度下降算法进行训练，其余部分使用最小二乘法。算法 6 就是这样的算法。

算法 6：训练模糊神经网络

---

1. 设置模糊神经网络结构，即语言项的数量 r 和隶属函数的类型 $\mu_{\gamma^{(j)}}$；
2. 指定最大训练周期 T 和总均方差的最小值 ε；
3. 将当前迭代的计数器设置为 0，即 $t = 0$，以任意值初始化参数 a_{ij}，b_{ij}，c_{ij}，$p_0^{(j)}$，$p_1^{(j)}$，$\cdots$，$p_n^{(j)}$（$i = 1, \cdots, n$，$j = 1, \cdots, Q$）。
4. 使用最小二乘法计算系数 $p_0^{(j)}$，$p_1^{(j)}$，$\cdots$，$p_n^{(j)}$。通过将训练样本的元素 $\{\vec{x}_i = \{x_{ij}\}_{j=1}^{n}\}_{i=1}^{M}$ 替换成模型公式，可以得到以下方程组：

$$\underbrace{\begin{pmatrix} e_{11} & e_{11}x_{11} & \cdots & e_{11}x_{1n} & \cdots & e_{1Q} & e_{1Q}x_{11} & \cdots & e_{1Q}x_{1n} \\ e_{21} & e_{21}x_{21} & \cdots & e_{21}x_{2n} & \cdots & e_{2Q} & e_{2Q}x_{21} & \cdots & e_{2Q}x_{2n} \\ \vdots & \vdots & \vdots & \vdots & \vdots & \vdots & \vdots & \vdots & \vdots \\ e_{M1} & e_{M1}x_{M1} & \cdots & e_{M1}e_{Mn} & \cdots & e_{MQ} & e_{MQ}x_{M1} & \cdots & e_{MQ}x_{Mn} \end{pmatrix}}_{H} \cdot \underbrace{\begin{pmatrix} p_0^{(1)} \\ p_1^{(1)} \\ \vdots \\ p_n^{(1)} \\ \vdots \\ p_0^{(Q)} \\ p_1^{(Q)} \\ \vdots \\ p_n^{(Q)} \end{pmatrix}}_{\vec{p}} = \underbrace{\begin{pmatrix} u_1 \\ \vdots \\ u_M \end{pmatrix}}_{\vec{u}}$$

其中 $e_{ij} = \dfrac{\mu_{\gamma_1^{(j_1)}}(x_{i1}) \times \cdots \times \mu_{\gamma_n^{(j_n)}}(x_{in})}{\sum\limits_{k=1}^{Q} \mu_{\gamma_1^{(k_1)}}(x_{i1}) \times \cdots \times \mu_{\gamma_n^{(kn)}}(x_{in})}$。通常 $M \gg (n+1) \cdot Q$，因此，该方程组并不总是

有解，在这种情况下，建议搜索满足以下条件的向量 $\vec{p}$[28]：

$$\xi(\vec{p}) = ||\boldsymbol{H} \cdot \vec{p} - \vec{u}||^2 = (\boldsymbol{H} \cdot \vec{p} - \vec{u})^{\mathrm{T}} \cdot (\boldsymbol{H} \cdot \vec{p} - \vec{u}) \rightarrow$$

$$\min \xi(\vec{p}) = (\boldsymbol{H} \cdot \vec{p} - \vec{u})^{\mathrm{T}} \cdot (\boldsymbol{H} \cdot \vec{p} - \vec{u})$$

$$= (\boldsymbol{H} \cdot \vec{p})^{\mathrm{T}} \cdot (\boldsymbol{H} \cdot \vec{p}) - (\boldsymbol{H} \cdot \vec{p})^{\mathrm{T}} \cdot \vec{u} - \vec{u}^{\mathrm{T}} \cdot (\boldsymbol{H} \cdot \vec{p}) +$$

$$+ \vec{u}^{\mathrm{T}} \cdot \vec{U} = \vec{p}^{\mathrm{T}} \cdot \boldsymbol{H}^{\mathrm{T}} \cdot \boldsymbol{H} \cdot \vec{p} - 2 \cdot \vec{u}^{\mathrm{T}} \cdot \boldsymbol{H} \cdot \vec{p} + ||\vec{u}||^2$$

$$\frac{d\xi(\vec{p})}{d\vec{p}} = 2 \cdot \boldsymbol{H}^{\mathrm{T}} \cdot \boldsymbol{H} \cdot \vec{p} - 2 \cdot \vec{u}^{\mathrm{T}} \cdot \boldsymbol{H} = 2 \cdot \boldsymbol{H}^{\mathrm{T}} \cdot \boldsymbol{H} \cdot \vec{p} - 2 \cdot \boldsymbol{H}^{\mathrm{T}} \cdot \vec{u}$$

$$= \vec{0} \boldsymbol{H}^{\mathrm{T}} \cdot \boldsymbol{H} \cdot \vec{p} = \boldsymbol{H}^{\mathrm{T}} \cdot \vec{u} \Rightarrow \vec{p} = (\boldsymbol{H}^{\mathrm{T}} \cdot \boldsymbol{H})^{-1} \cdot \boldsymbol{H}^{\mathrm{T}} \cdot \vec{u}$$

5. 使用批处理的反向传播算法计算系数 a_{ij}，b_{ij}，c_{ij}，如下所示：

$$a_{ij} := a_{ij} - \frac{\alpha_a}{M} \cdot \frac{\partial \sum_{k=1}^{M} E(\vec{x}_k)}{\partial a_{ij}}, b_{ij} := b_{ij} - \frac{\alpha_b}{M} \cdot \frac{\partial \sum_{k=1}^{M} E(\vec{x}_k)}{\partial b_{ij}},$$

$$c_{ij} := c_{ij} - \frac{\alpha_c}{M} \cdot \frac{\partial \sum_{k=1}^{M} E(\vec{x}_k)}{\partial c_{ij}}, 0 < \alpha_a \leqslant 1, 0 < \alpha_b \leqslant 1, 0 < \alpha_c \leqslant 1$$

6. 增加当前迭代数，即 $t := t+1$。

7. 如果满足以下条件之一，则终止算法：$t \geqslant T$ 或 $\sum\limits_{k=1}^{M} E(\vec{x}_k) \leqslant \varepsilon$，其中 $E(\vec{x}_k) = \frac{1}{2} \cdot (u_{k_i} - y_k^{(K_{all})})^2$ 是模糊神经网络总的均方差，当向量 $\vec{x}_k$ 传递到分布层（具有期望输出值 u_k）时，则包括

5 个层和输出层的 1 个神经元（$K_{all} = 5$，$N_{K_{all}} = 1$）以及输出值 $y^{(\vec{K}_{all})}$，否则跳到步骤 4。

　　与次序模式相比，以前的算法中，仅在将整个训练样本输送给循环期间累积的自适应神经-模糊推理系统输入之后，才执行权重的调整。

5.3.3　支持向量机

　　支持向量机（SVM）[29]是执行分类[30]、回归[31]和预测[32]任务时最广泛使用的方法之一。支持向量机具有简单的几何类比，这与类中元素可以被子空间线性分割的假设相关。其主要思想是，构造一个线性超平面，该平面确保对需要进行分类的点进行必要的区分，可能存在不止一个这样的超平面（如果有的话），因此有必要提供一种优化标准，使在所有可能的超平面中选择最合适的超平面成为可能。一个非常自然和合理的标准是最接近此超平面且属于不同类别的点之间的间距是最大的。

　　图 5.3 展示了两个类 C_α 和 C_β 的两种元素，这些元素可以由几个不同的超平面分开，这些超平面可以由方程 $\vec{w}^T \cdot \vec{z} - b = 0$ 表示，它们之间的区别在于法向量 $\vec{w}$（指定超平面的斜率）和偏移参数 b（指定超平面的上升或下降），将方程的左侧表示为 $y(\vec{z})$，即 $y(\vec{z}) = \vec{w}^T \cdot \vec{z} - b$。当把具体的值 z' 替换到这个方程时，可能会有三种不同的

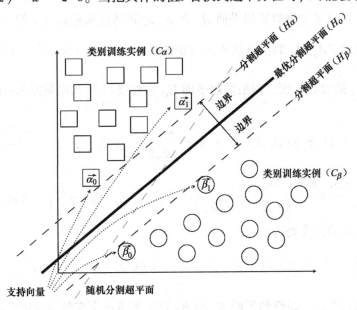

图 5.3　支持向量机中的超平面

变种。第一个变种为 $y(\vec{z'})>0$，对应于向量 $\vec{z'}$ 在超平面上方的情况。如图 5.3 所示，对于超平面 H，我们注意到 $y(\vec{z'})=\vec{w}^T\cdot\vec{z'}-b>0$，等效于 $\vec{z'}\in C_\alpha$。第二个变种中，不等式 $y(\vec{z'})<0$ 意味着向量 $\vec{z'}$ 在超平面 H 下方，因此 $\vec{z'}\in C_\beta$。最后，第三个变种为 $y(\vec{z'})=0$，对应于向量 $\vec{z'}$ 是方程边界的情况，这意味着它属于分割超平面。

图 5.3 显示了几种分割平面。其中的两种 H_α 和 H_β 指的是边界分割超平面，由等式 $\vec{w_\alpha}^T\cdot\vec{z}-b_\alpha=0$ 和 $\vec{w_\beta}^T\cdot\vec{z}-b_\beta=0$ 表示，与最优超平面 H_O 平行，与 H_O 间的距离等于 d，并且在所有其他超平面中最接近类 C_α 和 C_β。在图片中标记的最靠近的几个元素 $\vec{\alpha_0}$，$\vec{\alpha_1}$，$\vec{\beta_0}$，$\vec{\beta_1}$ 称为支持向量，这些向量影响训练过程中配置的参数 $\vec{w}$ 和 b。

可以使用等式 $\vec{w_O}^T\cdot\vec{z}-b_O=0$ 表示这种超平面 H_O，其中 $\vec{w_O}^T=(w_{O1},\cdots,w_{On})^T$，因为与平面平行（$\varepsilon>0$），所以 $\vec{w_\alpha}=\vec{w_O}$，$b_\alpha=b_O+\varepsilon$，$\vec{w_\beta}=\vec{w_O}$，$b_\beta=b_O-\varepsilon$。在不失一般性的前提下，可以假定 $\varepsilon=1$（否则可以通过将方程的两部分除以 ε 来实现）。经过简单的变换后，两个分割的超平面 H_α 和 H_β 的形式变为 $\vec{w_O}^T\cdot\vec{z}-b_O=1$ 和 $\vec{w_O}^T\cdot\vec{z}-b_O=-1$，同时类 C_α 和 C_β 表示为 $C_\alpha=\{\vec{z}\mid\vec{w_O}^T\cdot\vec{z}-b_O\geqslant1\}$ 和 $C_\beta=\{\vec{z}\mid\vec{w_O}^T\cdot\vec{z}-b_O\leqslant-1\}$。

边距值 d 可以通过将边界超平面 H_α 和 H_β 之间的距离除以 2（等于 $d_\alpha+d_\beta$）来计算。图 5.3 显示了 $d_\alpha+d_\beta$ 的值是从不同类别的任意对支持向量（$\vec{\alpha_1}$，$\vec{\beta_1}$）的差值到超平面的法线 $\vec{w_O}$ 的投影长度，即最优超平面 H_O 的法线 $\dfrac{\vec{w_O}}{\|\vec{w_O}\|}$ 和向量差 $\vec{\alpha_1}-\vec{\beta_1}$ 的点积。因此我们获得了以下表达式：$2\cdot d=\dfrac{\vec{w_O}^T}{\|\vec{w_O}\|}\cdot(\vec{\alpha_1}-\vec{\beta_1})=\dfrac{\vec{w_O}^T\cdot(\vec{\alpha_1}-\vec{\beta_1})}{\|\vec{w_O}\|}=$

$\dfrac{\vec{w_O}^T\cdot\vec{\alpha_1}-\vec{w_O}^T\cdot\vec{\beta_1}}{\|\vec{w_O}\|}=\dfrac{b_O+1-(b_O-1)}{\|\vec{w_O}\|}=\dfrac{2}{\|\vec{w_O}\|}$，得到 $d=d_\alpha=d_\beta=\dfrac{1}{\|\vec{w_O}\|}$。所以，支持向量机模型能够用下面的公式表达：

$$Y(\vec{z})=\text{sign}(\vec{w_O}^T\cdot\vec{z}-b_O)=\text{sign}(\sum_{i=1}^{n}w_{Oi}\cdot z_i-b_O)$$

现在，我们考虑在线性超平面 H_α 和 H_β 存在的情况下支持向量机训练算法，其能够正确分割所有训练实例（见算法 7）。

算法 7: 训练支持向量机

1. 以 $\{(\vec{x_i}, u_i)\}_{i=1}^{M}$ 的形式准备训练数据，其中

$$u_i = [\vec{x_i} \in C_\alpha] - [\vec{x_i} \in C_\beta] = \begin{cases} 1 & \vec{x_i} \in C_\alpha \\ -1 & \vec{x_i} \in C_\beta. \end{cases}$$

2. 通过优化问题 $\dfrac{-1}{2} \cdot \sum\limits_{i=1}^{M} \sum\limits_{j=1}^{M} \lambda_i \cdot \lambda_j \cdot u_i \cdot u_j \cdot \vec{x_i}^T \cdot \vec{x_j} + \sum\limits_{i=1}^{M} \lambda_i \to \max\limits_{\lambda_1, \cdots, \lambda_M}$ 计算拉格朗日乘数 $\lambda_i^{(0)}$，限制条件为 $\sum\limits_{i=1}^{M} \lambda_i \cdot u_i = 0$，$\lambda_i \geqslant 0 (i = 1, \cdots, M)$。

为了正确地分类训练对象 $\{\vec{x_i}\}_{i=1}^{M}$，必须充分满足表达式 $\vec{w}^T \cdot \vec{x_i} - b$ 和 u_i 的值同时为正或者负，因此可以认为 $(\vec{w}^T \cdot \vec{x_i} - b) \cdot u_i$ 的符号大于 0 $(i = 1, \cdots, M)$。考虑到训练实例线性可分的可能性假设，我们注意到左侧两个乘数的参数不小于 1，因此 $(\vec{w}^T \cdot \vec{x_i} - b) \cdot u_i \geqslant 1$。由于最优分割超平面和要分类的元素之间的距离与该超平面的法向量的范数成反比，因此最大值等于优化标准 $\Phi(\vec{w}) = \dfrac{1}{2} \cdot \|\vec{w}\|^2 = \dfrac{1}{2} \cdot \vec{w}^T \cdot \vec{w} \cdot \min\limits_{\vec{w}}$。根据 Kuhn-Tucker 定理[33]，可以使用拉格朗日乘数法确定二次函数 $\Phi(\vec{w})$ 的最小值，如下所示：$L(\vec{w}, b, \lambda_1, \cdots, \lambda_M) = \dfrac{1}{2} \cdot \vec{w}^T \cdot \vec{w} - \sum\limits_{i=1}^{M} \lambda_i \cdot ((\vec{w}^T \cdot \vec{x_i} - b) \cdot u_i - 1) \cdot \min\limits_{\vec{w}, b} \max\limits_{\lambda_1, \cdots, \lambda_M}$。鞍点 $(\vec{w_O}, b_O, \lambda_1^{(O)}, \cdots, \lambda_M^{(O)})$，即满足条件 $\max\limits_{\lambda_1, \cdots, \lambda_M} L(\vec{w_O}, b_O, \lambda_1, \cdots, \lambda_M) = L(\vec{w_O}, b_O, \lambda_1^{(O)}, \cdots, \lambda_M^{(O)}) = \min\limits_{\vec{w}, b} L(\vec{w}, b, \lambda_1^{(O)}, \cdots, \lambda_M^{(O)})$，的点，存在的必要条件是拉格朗日函数 $L(\vec{w}, b, \lambda_1, \cdots, \lambda_M)$ 关于变量 $\vec{w}$，b 的偏导数为 0:

$$\begin{cases} \dfrac{\partial L(\vec{w}, b, \lambda_1, \cdots, \lambda_M)}{\partial \vec{w}} = \vec{0} \\ \dfrac{\partial L(\vec{w}, b, \lambda_1, \cdots, \lambda_M)}{\partial b} = 0 \end{cases} \Rightarrow \begin{cases} \vec{w} - \sum\limits_{i=1}^{M} \lambda_i \cdot u_i \cdot \vec{x_i} = \vec{0} \\ \sum\limits_{i=1}^{M} \lambda_i \cdot u_i = 0 \end{cases}$$

拉格朗日函数采用以下形式:

$$L(\vec{w}, b, \lambda_1, \cdots, \lambda_M) = \dfrac{1}{2} \cdot \vec{w}^T \cdot \vec{w} - \sum\limits_{i=1}^{M} \lambda_i \cdot u_i \cdot \vec{w}^T \cdot \vec{x_i} + b \cdot \sum\limits_{i=1}^{M} \lambda_i \cdot u_i +$$

$$\sum\limits_{i=1}^{M} \lambda_i = \dfrac{1}{2} \cdot \sum\limits_{i=1}^{M} \sum\limits_{j=1}^{M} \lambda_i \cdot \lambda_j \cdot u_i \cdot u_j \cdot \vec{x_i}^T \cdot \vec{x_j} - \sum\limits_{i=1}^{M} \sum\limits_{j=1}^{M} \lambda_i \cdot \lambda_j \cdot u_i \cdot u_j \cdot \vec{x_i}^T \cdot \vec{x_j}$$

$$+ \sum\limits_{i=1}^{M} \lambda_i = -\dfrac{1}{2} \cdot \sum\limits_{i=1}^{M} \sum\limits_{j=1}^{M} \lambda_i \cdot \lambda_j \cdot u_i \cdot u_j \cdot \vec{x_i}^T \cdot \vec{x_j} + \sum\limits_{i=1}^{M} \lambda_i$$

需要的值 $\lambda_i^{(0)}$ $(i=1,\cdots,M)$ 通过求拉格朗日函数最大值 L $(\lambda_1,\cdots,\lambda_M)$ $\equiv L$ $(\vec{w},\ b,\ \lambda_1,\cdots,\lambda_M)$ 计算,限制条件为 $\sum\limits_{i=1}^{M} \lambda_i \cdot u_i = 0$, $\lambda_i \geqslant 0(i=1,\cdots,M)$。对于此,可以应用序列最小优化算法[34]。

3. 计算最优分割超平面方程的法向量和系数。向量 $\vec{w_0}$ 表示为 $\vec{w_0} = \sum\limits_{i=1}^{M} \lambda_i^{(0)} \cdot u_i \cdot \vec{x_i}$。在鞍点 $(\vec{w_0},$ $b_0)$ 上,根据互补松弛条件,下面的等式成立:$\lambda_i^{(0)} \cdot ((\vec{w_0}^T \cdot \vec{x_i} - b_0) \cdot u_i - 1) = 0$,其中 $i=1,$ $\cdots,M$。存在非零的 $\lambda_{i_j}^{(0)}$ $(i_j \in \{i_1,\cdots,i_{\tilde{M}}\} \subseteq \{1,\cdots,M\})$ 的向量 $\vec{x_i}$ 称为支持向量,它满足一个边界分割超平面 (H_α 或 H_β) 的方程。基于此,我们可以计算系数 $b_0 = \vec{w_0}^T \cdot \vec{x_{i_j}} - u_{i_j}$,其中 $\vec{x_{i_j}}$ 是任意支持向量。因此法向量 $\vec{w_0}$ 表示为支持向量 $\vec{x_{i_j}}(j=1,\cdots,\tilde{M})$ 的线性组合。

4. 支持向量机模型如下:

$$Y(\vec{z}) = \text{sign}(\sum_{j=1}^{\tilde{M}} w_{i_j} \cdot \vec{x_{i_j}}^T \cdot \vec{z} - b_0)$$

其中 $w_{i_j} = \lambda_{i_j}^{(0)} \cdot u_{i_j}$,并且把求和运算应用到训练样本的索引子集 $\{i_1,\cdots,i_{\tilde{M}}\}$ 上,它对应于支持向量。

如果不能线性分离不同类别的对象,则可以使用下面两种方法,这两种方法都旨在降低训练集元素上的经验风险(误差)。第一种方法是应用特殊转换,即利用核 φ 将空间转换到新的 $\hat{n}$ 维空间[35],它通过映射 $\vec{\varphi}$ $(\vec{z}) = (\varphi_1 (\vec{z}),\cdots,\varphi\hat{n} (\vec{z}))^T$ 得到一个新的空间,在这个空间中,有一个超平面满足之前的特定准则。第二种方法是基于引入的一个惩罚函数,能够基于错误分类对象的总数或分割超平面的总距离来忽略一些错误的分类对象。第一种情况就是去搜索这种分割超平面,它提供特征函数 $\sum\limits_{i=1}^{M}$ $[Y (\vec{x_i}) \neq u_i]$ 的最小值。在第二种情况中,目标函数是 $\sum\limits_{i=1}^{M}$ $[Y (\vec{x_i}) \neq u_i]$ $\cdot$ dist $(\vec{x_i}, H_0)$,其中 dist $(.,.)$ 是在给定度量标准的情况下指定的(向量,超平面)参数对之间的距离函数。

5.4   训练二元分类器以检测网络攻击

下面将讨论如何计算网络参数和优化二元分类器的权重,并介绍一种检测网络攻击的算法。

5.4.1　计算和预处理网络参数

我们提出的使用二元分类器检测网络攻击的方法包括三个步骤。第一步是计算网络参数并对其进行预处理，第二步是遗传优化，第三步是使用二元分类器检测网络攻击。

我们已经开发了一种网络分析器，它使我们能够构造 106 个参数来描述主机之间的网络连接。这些参数包括连接持续时间、网络服务、发送特殊数据包的强度，具体 IP 地址对之间的活动连接数（DoS 攻击的标准之一），建立实际会话后更改 TCP[⊖]窗口比例的二元特征，TCP 连接的当前状态，扫描数据包在层级 TCP、UDP[⊖]、ICMP[⊜]、IP[㉃]的不同属性，等等。

为了计算网络攻击的统计参数，我们使用自适应滑动窗口方法，该方法基本都是分割给定的时间间隔 $\Delta_0^{(L)} = [0, L]$，长度为 L，在此期间连续观察大量参数，这些参数被分成几个较小的间隔 $\Delta_0^{(L')}$，$\Delta_\delta^{(L')}$，$\cdots$，$\Delta_{\delta \cdot (k-1)}^{(L')}$，具备相同的长度 $0 < L' \leq L$，每个开头都有一个相对于上一个间隔开头的偏移量 $0 < \delta \leq L'$（见图 5.4）。如果 $\cup_{i=0}^{k-1} \Delta_{\delta \cdot i}^{L'} \subseteq \Delta_0^{(L)}$ 并且 $\cup_{i=0}^{k} \Delta_{\delta \cdot i}^{L'} \cdot \Delta_0^{(L)}$，则 $k = 1 + \lfloor \dfrac{L-L'}{\delta} \rfloor$。在时间间隔 $\Delta_0^{(L')}$，$\cdots$，$\Delta_{\delta \cdot (k-1)}^{(L')}$ 内，计算出参数值 $\omega_0, \cdots, \omega_{k-1}$ 的快照，并通过公式 $\overline{\omega} = \dfrac{1}{k} \cdot \sum_{i=0}^{k-1} \omega_i$ 计算长度为 L' 的时间窗口内它们的平均值（强度）$\overline{\omega}$。在实验中，我们使用了一个间隔，该间隔的参数 L 的值为 5 秒，平滑间隔 L' 的值为 1 秒，偏移 δ 设置为半秒。据推测，这种方法消除了偶发的网络突发事件，并降低了假正率。

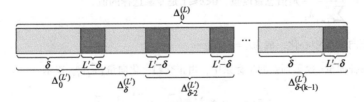

图 5.4　滑动窗口方法

⊖　传输控制协议
⊖　用户数据报协议
⊜　互联网控制消息协议
㉃　互联网协议

对于预处理，我们使用了主成分分析（PCA）[36]，它被描述为算法 8 中的一系列步骤。

算法 8：主成分分析

---

1. 计算随机向量的数学期望，在我们的例子中，它由一组训练元素表示：

$$\{\vec{x}_i = \{x_{ij}\}_{j=1}^n\}_{i=1}^M : \vec{x} = (\bar{x}_1, \cdots, \bar{x}_n)^T = E[\{\vec{x}_i\}_{i=1}^M] = \frac{1}{M} \cdot \sum_{i=1}^M \vec{x}_i = \left(\frac{1}{M} \cdot \sum_{i=1}^M \vec{x}_{i_1}, \cdots, \frac{1}{M} \cdot \sum_{i=1}^M x_{in} \right)^T$$

2. 生成无偏理论协方差矩阵 $\sum = (\sigma_{ij})_{j=1,\cdots,n}^{i=1,\cdots,n}$ 的元素：

$$\sigma_{ij} \frac{1}{M-1} \cdot \sum_{k=1}^M (x_{ki} - \bar{x}_i) \cdot (x_{kj} - \bar{x}_j)$$

3. 计算矩阵 $\sum$ 的特征值 $\{\lambda_i\}_{i=1}^n$ 和特征向量 $\{\vec{v}_i\}_{i=1}^n$ 作为方程的根（为此，我们使用相对于矩阵 $\sum$ 的 Jacobi 旋转）：

$$\begin{cases} \det(\sum - \lambda \cdot \boldsymbol{I}) = 0 \\ (\sum - \lambda \cdot \boldsymbol{I}) \cdot \vec{v} = \vec{0} \end{cases}$$

4. 按降序对特征值 $\{\lambda_i\}_{i=1}^n$ 和对应的特征向量 $\{\vec{v}_i\}_{i=1}^n$ 进行排序：

$$\lambda_1 \geqslant \lambda_2 \geqslant \cdots \lambda_n \geqslant 0$$

5. 选择所需主成分的个数，如下所示：

$$\hat{n} = \min\{j | \zeta(j) \geqslant \varepsilon\}_{j=1}^n$$

其中 $\zeta(j) = \dfrac{\sum_{i=1}^j \lambda_i}{\sum_{i=1}^n \lambda_i}$ 是信息量度量，$0 < \varepsilon \leqslant 1$ 是专家选择的值。

6. 将输入特征向量 $\vec{z}$ 中心化，成为 $\vec{z}_c = \vec{z} - \bar{\vec{x}}$。

7. 将中心化特征向量 $\vec{z}_c$ 投影到新的坐标系中，由正交归一化向量 $\{\vec{v}_i\}_{i=1}^{\hat{n}}$ 表示：

$$\vec{y} = (y_1, \cdots, y_{\hat{n}})^T = (\vec{v}_1, \cdots, \vec{v}_{\hat{n}})^T \cdot \vec{z}_c$$

其中，$y_i = \vec{v}_i^T \cdot \vec{z}_c$ 称为向量 $\vec{z}$ 的第 i 个主成分。

图 5.5 展示了信息量度量 ζ 对主成分数量的依赖性。

在我们的实验中，将输入向量的维数压缩到 33，对应于 $\varepsilon = 0.99$。

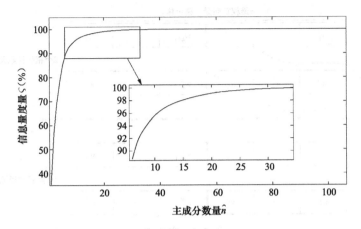

图 5.5　主成分分析中的信息量度量

5.4.2　二元分类器权重的遗传优化

为了加快训练过程，我们使用遗传算子，例如交叉 G_1、变异 G_2 和置换 G_3。训练几个周期后，调整自适应分类器的内部权重。为此，我们创建原始分类器的两个副本，其中一些权重向量已被修改。分类器中权重的遗传优化规则如算法 9 所示。

算法 9：二元分类器权重的遗传优化

---

1. 创建二元分类器 B 的两个副本 B' 和 B''。
2. 随机选择 3 个遗传算子中的 1 个，例如 $G \in \{G_1, G_2, G_3\}$。
3. 随机选择同一层的 2 个神经元 $(\tau' 和 \tau'')$。
4. 应用遗传算子 G（步骤 4a、4b 或者 4c 之一）到权重向量 $\vec{w'} = (w'_1, \cdots, w'_k, w'_{k+1}, \cdots, w'_n)^T$ 和 $\vec{w''} = (w''_1, \cdots, w''_k, w''_{k+1}, \cdots, w''_n)^T$，再到神经元 τ' 和 τ''。

   a. 如果算子 G 是交叉算子，则将向量 $\vec{w'}$ 和 $\vec{w''}$ 分成可由参数 k（$1 \leqslant k < n$ 是一个随机选择的数）调整的两部分，并按以下方式交换这两部分：$\vec{w'} = (w''_1, \cdots, w''_k, w'_{k+1}, \cdots, w'_n)^T$ 和 $\vec{w''} = (w'_1, \cdots, w'_k, w''_{k+1}, \cdots, w''_n)^T$（见图 5.6）。

   b. 如果算子 G 是变异算子，则在基因 $w'_{k'}$ 中随机选择一对不匹配的位 b'_p 和 b'_q 进行交换；对基因 $w''_{k'}$ 重复同样的操作（见图 5.7）。

   c. 如果算子 G 是置换算子，则在基因 $w'_{k'}$ 的随机选择位 b'_p 进行取反；对基因 $w''_{k'}$ 重复同样的操作（见图 5.8）。

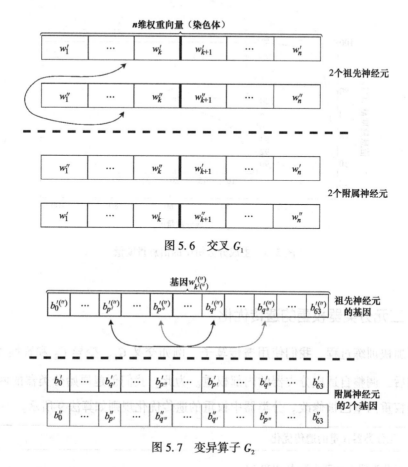

图 5.6　交叉 G_1

图 5.7　变异算子 G_2

5. 更改分类器 B' 和 B''。

6. 计算分类器 B、B' 和 B'' 的适应度函数 F_B、$F_{B'}$ 和 $F_{B''}$。

7. 如果 $F_B < F_{\bar{B}}$，则将分类器 B 替换为 B^*，其中 $B^* \in \mathrm{Arg} \max_{\bar{B} \in \{B', B''\}} F_{\bar{B}}$。

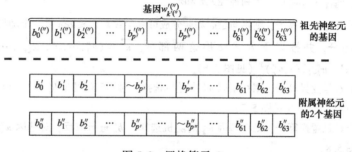

图 5.8　置换算子 G_3

这里我们将每个神经元的权重向量表示为单个染色体，该染色体由多个基因组成。该染色体内的基因数量等于相应的神经元位置之前的层的大小（由该染色体编码）。从步骤 4a 可以看出，在应用交叉算子时，基因的位的信息在后代内部仍然存在：指定染色体分离的边界在相邻基因之间通过而不破坏其完整性。同时，变异和置换算子（步骤 4b 和 4c）仅应用于所选基因的对应于 64 位实数的尾数部分，这种限制是为了避免基因含量的爆炸式增长。在单独的线程中对每个分类器执行步骤 6：在对子分类器进行遗传校正之后，有必要计算其适用性水平。首先，我们对子分类器及其祖先分类器并行训练几个周期，在这 3 个分类器中，选择适应度函数值最大的那个。这里我们使用均方差的逆函数 E^{-1} 代替适应度函数。随后，新形成的分类器 B 作为父分类器，生成其他分类器 B' 和 B''，它们会再次与 B 进行竞争。

5.4.3 网络攻击检测算法

使用二元分类器 $\tilde{Y}$ 对网络攻击进行分类的算法如算法 10 所示。

算法 10：网络攻击检测算法

---

1. 选择一个二元分类器（检测器）$\tilde{Y}$ 并指定其参数。
2. 为训练检测器 $\tilde{Y}$，选择类别集 $\tilde{C}_{\tilde{i}\tilde{j}} = \tilde{C}_{\tilde{i}} \vee \tilde{C}_{\tilde{j}} \subseteq C$。
3. 准备训练数据 $\Upsilon_{\chi_{\tilde{C}_{\tilde{i}\tilde{j}}}^{(LS)}} = \left\{ (\vec{x_k},\ \bar{c}_k) \right\}_{k=1}^{\tilde{M}}$，其中

$$\tilde{M} = \#\chi_{\tilde{C}_{\tilde{i}\tilde{j}}}^{(LS)} \text{ 是检测器 } \tilde{Y} \text{ 训练集的基数，}$$

$$\bar{c}_k = \begin{cases} \tilde{i} & u_k \in \{-1, 0\} \\ \tilde{j} & u_k = 1 \end{cases} \text{ 是类别标签，}$$

$$u_k = \begin{cases} \bar{y}_{\tilde{i}} = \begin{bmatrix} -1 \\ 0 \end{bmatrix} & \exists \tilde{C} \in \tilde{C}_{\tilde{i}} \vec{x}_k \in \tilde{C} \\ \bar{y}_{\tilde{j}} = 1 & \exists \tilde{C} \in \tilde{C}_{\tilde{j}} \vec{x}_k \in \tilde{C} \end{cases} \text{ 是所需的输出。}$$

参数值 $\bar{y}_{\tilde{i}}$ 等于 -1 或者 0，这取决于分类器 $\tilde{Y}$ 的类型及其输出层上的激活/隶属函数。

4. 使用数据 $\Upsilon_{\chi_{\tilde{C}_{\tilde{i}\tilde{j}}}^{(LS)}}$ 训练二元分类器 $\tilde{Y}$。
5. 对表示为特征向量的输入对象 $\vec{z}$ 进行分类：如果 $\tilde{Y}(\vec{z}) < \bar{h}_{\tilde{i}\tilde{j}}$，则对象 $\vec{z}$ 属于类别 $\tilde{C}_{\tilde{i}}$ 之一；如果 $\tilde{Y}(\vec{z}) > \bar{h}_{\tilde{i}\tilde{j}}$，则对象 $\vec{z}$ 属于类别 $\tilde{C}_{\tilde{j}}$ 之一。这里 $\bar{h}_{\tilde{i}\tilde{j}} = \dfrac{\bar{y}_{\tilde{i}} + \bar{y}_{\tilde{j}}}{2}$ 可以解释成检测器 $\tilde{Y}$ 的激活阈值。更准确地说，通过把 C_0 表示成正确连接的类，如果我们有 $\tilde{C}_{\tilde{i}} = \{C_0\} \wedge \tilde{Y}(\vec{z}) < \bar{h}_{\tilde{i}\tilde{j}}$，则检测器 $\tilde{Y}$ 识别对象 $\vec{z}$ 为正常。

5.5　组合多种二元分类器方案

本节讨论如何使用低层级方案和聚合成分来组合多种检测器。

5.5.1　组合检测器的低层级方案

在本小节中，我们考虑结合二元分类器的几种方法，这些方法旨在将对象与 $(m+1)$ 类标签关联起来。

在一对多方法中，每个检测器 $F_{jk}^{(i)}$: $\mathbb{R}^n \to \{0, 1\}$ $(k = 1, \cdots, m)$ 在数据 $\{(\vec{x}_l, [\bar{c}_l = k])\}_{l=1}^M$ 下训练，检测器组 $F_j^{(i)}$ 的功能用排他性原则表述：

$$F_j^{(i)}(\vec{z}) = \begin{cases} \{0\} & \forall k \in \{1, \cdots, m\} \ F_{jk}^{(i)}(\vec{z}) = 0 \\ \{k \mid F_{jk}^{(i)}(\vec{z}) = 1\}_{k=1}^m & \text{其他} \end{cases}$$

在一对一方法中，每 $\binom{m+1}{2} = \dfrac{(m+1) \cdot m}{2}$ 个检测器 $F_{jk_0k_1}^{(i)}$ 在对象集合中进行训练，该集合仅属于 k_0 和 k_1 两个类，即使用集合 $\{(\vec{x}_l, 0 \mid \bar{c}_l = k_0)\}_{l=1}^M \cup \{(\vec{x}_l, 1 \mid \bar{c}_l = k_1)\}_{l=1}^M$，其中 $0 \leqslant k_0 < k_1 \leqslant m$，检测器组可以使用大者胜的投票方式设置，如下所示：

$$F_j^{(i)} = \{\arg \max_{\bar{c} \in \{0, \cdots, m\}} \sum_{k=\bar{c}+1}^m [F_{j\bar{c}k}^{(i)}(\vec{z}) = 0] + \sum_{k=0}^{\bar{c}-1} [F_{jk\bar{c}}^{(i)}(\vec{z}) = 1]\}$$

在先前的组合检测器方法中，变化之一是分类二叉树，此结构递归地定义为如下形式：

$$\text{CBT}_\mu = \begin{cases} \langle F_{jL_\mu R_\mu}^{(i)}, \text{CBT}_{L_\mu}, \text{CBT}_{R_\mu} \rangle & \#\mu \geqslant 2 \\ \mu & \#\mu = 1 \end{cases}$$

这里 $\mu = \{0, \cdots, m\}$，是原类别标签集合，$L_\mu \subsetneq \mu$，是 μ $(\#L_\mu < \#\mu)$ 随机生成或者用户定义的子集，$R_\mu = \mu \setminus L_\mu$，$\text{CBT}_{L_\mu}$ 是左侧的二元分类器子树，CBT_{R_μ} 是右侧的二元分类器子树，$F_{jL_\mu R_\mu}^{(i)}$ 是基于元素 $\{(\vec{x}_l, 0 \mid \bar{c}_l = L_\mu)\}_{l=1}^M \cup \{(\vec{x}_l, 1) \mid \bar{c}_l \in R_\mu\}_{l=1}^M$ 训练的节点检测器，即如果输入对象 $\vec{x}_l$ 有标签 $\bar{c}_l \in L_\mu$，则检测器输出为 0，如果输入对象 X_l 有标签 $\bar{c}_l \in R_\mu$，则输出为 1。因此通过递归函数 $\phi_j^{(i)}$，分段给出相互嵌套的检测器组，该函

数指定了集合 μ 的按次序的组成部分，如下所示：

$$F_j^{(i)} = \phi_j^{(i)}(\mu, \vec{z}),$$

$$\phi_j^{(i)}(\mu, \vec{z}) = \begin{cases} \mu, & \#\mu = 1 \\ \phi_i^{(i)}(L_\mu, \vec{z}) & \#\mu \geq 2 \wedge F_{jL_\mu R_\mu}^{(i)}(\vec{z}) = 0 \\ \phi_j^{(i)}(R_\mu, \vec{z}) & \#\mu \geq 2 \wedge F_{jL_\mu R_\mu}^{(i)}(\vec{z}) = 1 \end{cases}$$

使用函数 $\phi_j^{(i)}$ 可以对输入对象的类别标签执行明确搜索，这是可能的，因为如果在分类树向下延伸的每个步骤中都有对类别标签集合的不相交区分，那么到达终端检测器后就仅剩下一个可能的类别标签。因此在组 $F_j^{(i)}$ 中不可能有通过分类树进行分类而出现冲突的情况，尽管它们可能发生在上述其他两种方法中。

另一种方法是有向无环图，将 $\binom{m+1}{2} = \frac{(m+1) \cdot m}{2}$ 个检测器组合成一个带链接的动态结构，其形式如下：

$$\mathrm{DAG}_\mu = \begin{cases} \langle F_{j\mu k_0 k_1}^{(i)}, DAG_{\mu \setminus \{k_0\}}, DAG_{\mu \setminus \{k_1\}} \rangle & \#\mu \geq 2, k_0 \in \mu, k_1 \in \mu \\ \mu & \#\mu = 1 \end{cases}$$

如一对一的方法，每个节点检测器 $F_{j\mu k_0 k_1}^{(i)}$ 基于元素 $\{(\vec{x}_l, 0 \mid \bar{c}_l = k_0)\}_{l=1}^M \cup \{(\vec{x}_l, 1 \mid \bar{c}_l = k_1)\}_{l=1}^M$ $(k_0 < k_1)$ 训练。可以使用递归函数 $\xi_j^{(i)}$ 绕过图形，该函数指定了集合 μ 逐元素分离：

$$F_j^{(i)} = \xi_j^{(i)}(\mu, \vec{z})$$

$$\xi_j^{(i)}(\mu, \vec{z}) = \begin{cases} \mu, & \#\mu = 1 \\ \xi_j^{(i)}(\mu \setminus \{k_1\}, \vec{z}), & \#\mu \geq 2 \wedge F_{j\mu k_0 k_1}^{(i)}(\vec{z}) = 0 \\ \xi_j^{(i)}(\mu \setminus \{k_0\}, \vec{z}), & \#\mu \geq 2 \wedge F_{j\mu k_0 k_1}^{(i)}(\vec{z}) = 1 \end{cases}$$

如果检测器 $F_{j\mu k_0 k_1}^{(i)}$ 投票给对象 $\vec{z}$ 的 k_0 类，即 $F_{j\mu k_0 k_1}^{(i)}(\vec{z}) = 0$，则将标签 k_1 从集合 μ 中移除，因为它显然是假的，否则移除 k_0。重复该过程，直到集合 μ 退化为单一元素集合。

表 5.1 显示了在多分类模型中组合检测器方案的特点，该模型旨在将输入对象与一个或多个（$m+1$）类别标签联系起来。

表 5.1 组合检测器方案的特点

组合检测器方案	训练的检测器数量	对象分类中检测器的最小数量	对象分类中检测器的最大数量
一对多	m	m	m
一对一	$\dfrac{(m+1)\cdot m}{2}$	$\dfrac{(m+1)\cdot m}{2}$	$\dfrac{(m+1)\cdot m}{2}$
分类二叉树	m	1	m
有向无环图	$\dfrac{(m+1)\cdot m}{2}$	m	m

只有一个分类树，即分类二叉树，具有能用于对象分类的可变数量的检测器。检测器 $F^{(i)}_{jL_\mu R_\mu}$ 激活后达到最小值，该最小值位于树的根部，并且经过训练后仅识别在所有剩余对象中的一个对象，即当 $\#L_\mu=1$（$\#R_\mu=1$）时，$F^{(i)}_{jL_\mu R_\mu}(\vec{z})=0$（$F^{(i)}_{jL_\mu R_\mu}(\vec{z})=1$）。当树由顺序列表表示并且最远的检测器被激活时，达到最大值。在平衡树的情况下，这个指标等于 $\lfloor \log_2(m+1)\rfloor$ 或者 $\lceil \log_2(m+1)\rceil$。

5.5.2　聚合成分

下面我们介绍四种聚合成分。$\{F^{(j)}\}_{j=1}^P$ 表示基本的分类器。

1）多数表决如下所示：

$$G(\vec{z})=\left\{k \mid \sum_{j=1}^{P}\left[k\in F^{(j)}(\vec{z})\right]>\frac{1}{2}\cdot\sum_{i=0}^{m}\sum_{j=0}^{P}\left[i\in F^{(j)}(\vec{z})\right]\right\}_{k=0}^{m}$$

函数 G 应用于参数 $\vec{z}$ 的结果是，获得半数以上选票的类别将形成一组标签。

2）前一个函数的扩展是加权投票，表示如下：

$$G(\vec{z})=\{k \mid \sum_{j=1}^{P}\omega_j\cdot[k\in F^{(j)}(\vec{z})]=\max_{i\in\{0,\cdots,m\}}\sum_{j=0}^{P}\omega_j\cdot[i\in F^{(j)}(\vec{z})]\}_{k=0}^{m}$$

系数 ω_j 要满足 $\sum_{j=1}^{P}\omega_j=1$，这些系数能够通过计算得到，例如：

$$\omega_j=\frac{\#\{\vec{x}_k \mid \bar{c}_k\in F^{(j)}(\vec{x}_k)\}_{k=1}^{M}}{\sum_{i=1}^{P}\#\{\vec{x}_k \mid \bar{c}_k\in F^{(i)}(\vec{x}_k)\}_{k=1}^{M}}$$

在这个公式中，每个系数 ω_j（$j=0,\cdots,P$）表示为分类器 $F^{(j)}$ 正确识别（也可能有冲突）的训练向量与分类器 $F^{(1)}, \cdots, F^{(P)}$ 正确识别的所有其他训练向量的比例。当把值 $\omega_j = \frac{1}{P}$ 代入加权投票的公式时，我们得到一个特定的相似方法——简单投票（最大者胜投票）。

3）堆栈表示为具有基本分类器 $F^{(1)}, \cdots, F^{(P)}$ 的一些函数 F 的组合，还有相同的函数 ID，由以下公式⊖指定：

$$G(\vec{z}) = F(F^{(1)}(\vec{z}), \cdots, F^{(p)}(\vec{z}), \vec{z})$$

这个公式中，函数 F 聚合了输入向量 $\vec{z}$ 和输出函数 $F^{(1)}, \cdots, F^{(P)}$ 的结果。

4）Fix 和 Hodges 方法基于为每个分类器生成一个能力区域的思想[37]，在这个区域内，上级分类器 G 完全信任其相应的基本分类器。分类器 G 对解决方案（得到分类标签）的选择取决于基本分类器识别 $\widetilde{M} \leqslant M$ 训练实例的准确程度，这些训练实例位于向量 $\vec{z}$ 的附近。函数 G 的指定如下：

$$G(\vec{z}) = \bigcup_{l=1}^{P} \left(F^{(l)}(\vec{z}) \bigg| \underbrace{\sum_{j=1}^{\widetilde{M}} \left[F^{(l)}(\vec{x}_{i_j}) = \{\vec{c}_{i_j}\} \right]}_{D_{\widetilde{M}}(l)} = \max_{k \in \{1, \cdots, P\}} D_{\widetilde{M}}(k) \right),$$

$$\{i_1, \cdots, i_{\widetilde{M}}\} = \arg \min_{\substack{\widetilde{I} \subseteq \{1, \cdots, M\} \\ (\#\widetilde{I} = \widetilde{M})}} \sum_{i \in \widetilde{I}} \rho(\vec{x}_i, \vec{z}).$$

在这个公式中，这些类别的标签被组合到一起，由基本分类器投票选出正确识别的训练对象的最大数量，同时要满足从训练对象到向量 $\vec{z}$ 的距离最小，其中距离根据度量 ρ 计算。为此，计算训练样本 $\{(\vec{x}_i, \vec{c}_i)\}_{i=1}^{M}$ 的索引子集 $i_1, \cdots, i_{\widetilde{M}}$，具有该子集编号的向量满足指定的要求。修改后的函数表示如下：

$$G(\vec{z}) = \bigcup_{l=1}^{P} \left(F^{(l)}(\vec{z}) \bigg| \underbrace{\sum_{j=1}^{\widetilde{M}} \frac{\left[F^{(l)}(\vec{x}_{i_j}) = \{\vec{c}_{i_j}\} \right]}{\rho(\vec{x}_{i_j}, \vec{z})}}_{D_{\widetilde{M}}^{*}(l)} = \max_{k \in \{1, \cdots, P\}} D_{\widetilde{M}}^{*}(k) \right),$$

$$G(\vec{z}) = \bigcup_{l=1}^{P} \left(F^{(l)}(\vec{z}) \bigg| \underbrace{\sum_{\substack{j \in \{1, \cdots, M\} \\ \rho(\vec{x}_j, \vec{z}) \leqslant r}} \left[F^{(l)}(\vec{x}_j) = \{\vec{c}_j\} \right]}_{D_r^{**}(l)} = \max_{k \in \{1, \cdots, P\}} D_r^{**}(k) \right)$$

⊖ 为简单起见，此处省略了与在各种子样本上训练分类器 F 和 $F^{(1)}, \cdots, F^{(P)}$ 有关的某些特征。

在第一个公式中，执行了分类器的权重激励，它与正确分类的训练对象和测试对象 $\vec{z}$ 接近度成正比。在第二个公式中，仅对位于距测试对象 $\vec{z}$ 指定半径 $\hat{r}$ 附近的实例进行求和。

5.5.3　组合检测器的常用方法

本节介绍了一种组合检测器的新颖方法，该方法允许构建多级方案，图 5.9 给出了一个组合检测器的示例（在下节介绍的实验中用到了这一方法）。

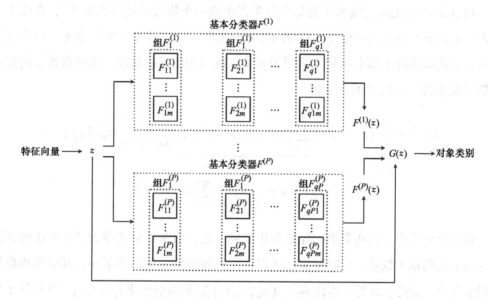

图 5.9　通过一对多方案组合检测器

这些检测器被指定为 $F_{ij}^{(k)}$，并使用了 5.5.1 节中较早考虑的一种低层级方案组合成一个组 $F_i^{(k)}$。我们使用来自初始训练集的各种子样本对不同组的检测器进行了训练，如图 5.9 所示，每一组中的检测器数量等于 m，对应于一对多方案，并且第 k 个基本分类器的组数表示为 q_k。使用下述混合规则，将组 $\{F_i^{(k)}\}_{i=1}^{q_k}$ 组合成一个基本分类器 $F^{(k)}$，该规则表示为多数投票和获得最多投票者胜的混合：

$$F^{(k)}(\vec{z}) = \left\{ \bar{c} \,\middle|\, \underbrace{\sum_{j=1}^{q_k} \left[\, \bar{c} \in F_j^{(k)}(\vec{z}) \,\right]}_{\Xi_k(\bar{c})} > \frac{1}{2} \cdot q_k \,\wedge\, \Xi_k(\bar{c}) = \max_{\vec{c}' \in \{0,\cdots,m\}} \Xi(\vec{c}') \right\}_{\bar{c}=0}^{m}$$

应当指出，由于有文献［4］中所述的技术，因此不严格限制聚合成分而构建多级方案是可能的。在这种方案中，上层级分类器结合了基本分类器，其与用于组合检测器的低层级方案（即二元分类器）无关。此外，实现了分类器级联学习的解释器和算法可以构建用于存储和显示的分类器（即分类器树）的通用结构，并调整节点分类器。

5.6 实验

本节将叙述两个实验及与它们一起使用的数据集。

5.6.1 数据集

本节介绍了实验数据集和基于 5 折交叉验证的计算性能指标的方法。

对于实验，我们使用了 DARPA 1998 数据集$^\ominus$，这个数据集被广泛应用于研究网络攻击检测的方法，但是因其人造属性而受到严厉批评[38]。特别是论文［39］中概述了可以仅使用 IP 报头字段（例如 TTL）在正常流量和异常流量之间进行分类。我们已经提取了 100 多个参数，但是其中没有上述字段，因为它们的值不能反映是否存在异常（例如在 TCP 会话中，数据包可能会在现实网络中的不同路由上传输），这项研究中考虑的参数大部分是统计参数，方便起见，实验中用到了 DARPA 1998 数据集：包含类标签的 CSV 文件和 pcap 文件是可用的。此外，过时的攻击类型被排除在外（例如，邮件服务中的缓冲区溢出，或拒绝服务攻击（attack teardrop）实现对数据包进行碎片整理时 TCP/IP 堆栈内部的旧漏洞），我们已经处理了一些异常，这些异常有统计偏差参数的特性。这样，共选择了 7 个类别：6 个异常类别，即 neptune、smurf（DoS）、ipsweep、nmap、portsweep、satan（Probe）和一个普通类别。

在做数据集时，我们使用了二元网络踪迹"Training Data Set 1998"，它是在实验的第一周的星期三，第二周的星期一、星期二，第三周的星期一、星期三、星期五，第四周的星期二、星期三收集的。

首先，我们介绍一些性能指标：GPR 是真正率，FPR 是假正率，GCR 是正确分类率，ICR 是错误分类率。所有这些指标都将用训练时未使用的唯一元素进行计算。

$\ominus$ https://www.ll.mit.edu/ideval/data/1998data.html

借助于 5 折交叉验证[40]，我们能够评估开发模型的效率。数据集 $\overline{\mathcal{X}}_C^{(TS)}$ 包含 $\overline{M}^* = 53\,733$ 个唯一记录，分为 5 个不相交的子集 $\overline{\mathcal{X}}_C^{(TS)1} \cdots \overline{\mathcal{X}}_C^{(TS)5}$，其中 $\#\overline{\mathcal{X}}_C^{(TS)1} \approx \cdots \approx \#\overline{\mathcal{X}}_C^{(TS)5}$。此外，在每个集合 $\overline{\mathcal{X}}_C^{(TS)k}$ 中，都有所有 7 个类的元素，这样对应于每个特定的第 l 类的子样本在每个集合 $\overline{\mathcal{X}}_C^{(TS)k}$：$\#\overline{\mathcal{X}}_{\{C_l\}}^{(TS)1} \approx \cdots \approx \#\overline{\mathcal{X}}_{\{C_l\}}^{(TS)5}$ ($k = 1, \cdots, 5$，$l = 0, \cdots, 6$) 中都拥有大致相等的数量。训练和测试样本比例是 3 : 2。基本分类器训练过程已执行 $3 \times \binom{5}{3} = 30$ 次，用到集合 $\{\overline{\mathcal{X}}_C^{(TS)a_p} \cup \overline{\mathcal{X}}_C^{(TS)b_p} \cup \overline{\mathcal{X}}_C^{(TS)c_p}\}_{p=1}^3$，其中 a，b，$c \in \mathbb{N} \wedge 1 \leqslant a < b < c \leqslant 5$。依赖于这些集合，测试集合构造成 $\{\overline{\mathcal{X}}_C^{(TS)d_p} \cup \overline{\mathcal{X}}_C^{(TS)e_p}\}_{p=1}^3$，其中 d，$e \in \mathbb{N} \setminus \{a, b, c\} \wedge 1 \leqslant d < e \leqslant 5$，并在每个集合上设置指标值，包括第 i 个基本分类器 $\text{GPR}_{i(de)_p}^{(BC)}$，$\text{FPR}_{i(de)_p}^{(BC)}$，$\text{GCR}_{i(de)_p}^{(BC)}$，$\text{ICR}_{i(de)_p}^{(BC)}$ ($i = 1, \cdots, 5$)，第 j 个聚合成分 $\text{GPR}_{j(de)_p}^{(AC)}$，$\text{FPR}_{j(de)_p}^{(AC)}$，$\text{GCR}_{j(de)_p}^{(AC)}$，$\text{ICR}_{j(de)_p}^{(AC)}$ ($j = 1, \cdots 4$)。集合 $\overline{\mathcal{X}}_C^{(TS)}$ 的这种划分执行了 3 次 ($p = 1, 2, 3$)，并且每次随机生成其 10 个子集的内容。与第 i 个基本分类器和第 j 个聚合成分相对应的指标 GPR 的最小值、最大值和平均值可以定义如下：

$$\frac{1}{10} \cdot \min_{p=1,2,3} \sum_{1 \leqslant d < e \leqslant 5} \text{GPR}_{i(de)_p}^{(\text{BC})}, \frac{1}{10} \cdot \min_{p=1,2,3} \sum_{1 \leqslant d < e \leqslant 5} \text{GPR}_{i(de)_p}^{(\text{BC})}, \frac{1}{30} \cdot \sum_{p=1}^3 \sum_{1 \leqslant d < e \leqslant 5} \text{GPR}_{i(de)_p}^{(\text{BC})};$$

$$\frac{1}{10} \cdot \min_{p=1,2,3} \sum_{1 \leqslant d < e \leqslant 5} \text{GPR}_{j(de)_p}^{(\text{AC})}, \frac{1}{10} \cdot \min_{p=1,2,3} \sum_{1 \leqslant d < e \leqslant 5} \text{GPR}_{j(de)_p}^{(\text{AC})}, \frac{1}{30} \cdot \sum_{p=1}^3 \sum_{1 \leqslant d < e \leqslant 5} \text{GPR}_{j(de)_p}^{(\text{AC})},$$

其他指标可以类似地进行计算。

5.6.2 实验 1

图 5.10 显示了使用 5 折交叉验证为 5 个基本分类器和 4 个聚合成分的性能指标。这些指标对应于一对多的方法。

因为应用了 Fix 和 Hodges 方法，与多层神经网络相比，GCR 指标平均提高了 0.707%，这表明了在基本分类器中的最佳结果。与神经–模糊网络相比，GPR 指标略有增加（0.021%）。

GPR-FPR 和 GCR-ICR 指标代表了正确检测和误报之间，以及正确分类与错误分类之间的权衡，如图 5.10 所示。我们用垂直线表示这些差异变化的幅度，注意，GPR-FPR 参数的最大平均值属于 Fix 和 Hodges 方法的聚合成分，该参数的值比支持向量机下大 0.142%。同时，Fix 和 Hodges 方法的 GCR-ICR 指标最大，比多层神经网络的类似指标高出 1.276%。

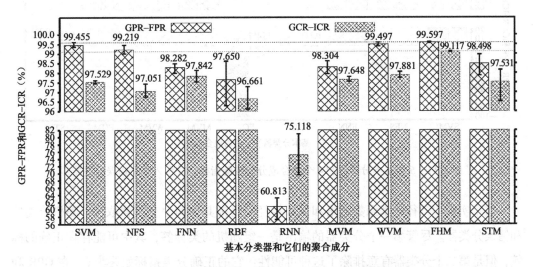

图 5.10　5 个基本分类器和 4 个聚合成分的性能指标

在任何模型中，一般来说，增加一个指标（真正率或正确分类率）的尝试都会对其他指标（假正率或错误分类率）产生负面影响，但是如上文所述，用聚合成分可以利用强模型的优势，并消除弱模型的缺点。更准确地说，从图 5.10 可以看出，预期性能最差的循环神经网络不会对分类器集合产生任何正面影响。在下一个实验中，将对此影响进行更详细的考虑。

5.6.3　实验 2

本节中，我们介绍实验结果以及评估聚合成分的计算容错性能。

图 5.11 显示了使用 5 折交叉验证，并引入 2 个错误（"不良"）分类器得出的性能指标。

如前所述，这些指标对应于一对多方法，这里叙述的实验旨在检查与聚合成分有关的计算容错性能。

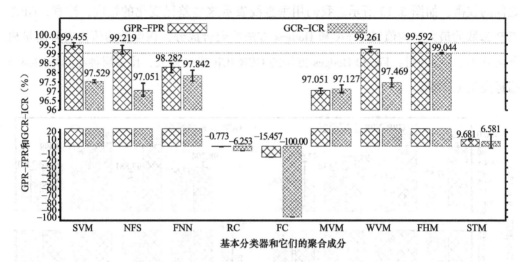

图 5.11   5 个基本分类器和 4 个聚合成分的性能指标，并引入 2 个错误分类器

这个实验中，径向基函数网络和循环神经网络被其他两个分类器取代：随机分类器和错误分类器。尽管第一个分类器的输出是一组随机的类标签，其中可能存在正确的标签，但是第二个分类器有意排除了这种可能性：它的正确分类指标始终为 0。在 GPR 和 GCR 项处处于领先地位的仍是 Fix and Hodges 方法，这些指标的值分别比基本分类器（神经-模糊网络和多层神经网络）计算的最大值分别高出 0.017% 和 0.67%。因此，与先前的实验相比，这些值有微小的下降（下降了 0.021% - 0.017% = 0.004% 和 0.707% - 0.67% = 0.037%）。同样地，我们计算了由于引入"不良"分类器而导致的在 GPR-FPR 和 GCR-ICR 上的损失，分别是 0.142% - 0.137% = 0.005% 和 1.276% - 1.203% = 0.073%。基于此提出的 Fix 和 Hodges 方法在计算上具有容错性。在堆栈的例子中，我们使用了多层神经网络作为聚合成分，正如人们所期望的那样，在引入新的分类器时，堆栈是最敏感的聚合成分，GPR 和 GCR 的平均值分别降低了 48.542% 和 45.475%。这是由于新的分类器（随机分类器和错误分类器）使用了为径向基函数网络和循环神经网络配置的权重值。

5.7   总结

本章介绍了应用于网络攻击检测的二元分类器模型。为了优化此类分类器的训练过程，引入了一种基于交叉、变异和置换算子的并行遗传算法。为了计算网络参数，我们叙述了滑动窗口方法，该方法试图消除偶发的网络突发事件。

为了构建多类别模型，我们考虑了几种低层级方案和聚合成分来组合二元分类器，实验证明了该方法在网络记录应用中正确分类和真正率方面的有效性。

致谢 这项研究得到了俄罗斯科学基金会的支持，批准号为 18-11-00302。

参考文献

[1] Branitskiy A, Kotenko I (2016) Analysis and classification of methods for network attack detection. In: SPIIRAS Proceedings, vol 45(2), pp 207–244. https://doi.org/10.15622/sp.45.13 (in Russian)

[2] Branitskiy A, Kotenko I (2015) Network attack detection based on combination of neural, immune and neuro-fuzzy classifiers. In: Plessl C, Baz DE, Cong G, Cardoso JMP, Veiga L, Rauber T (eds) Proceedings of the 18th IEEE International Conference on Computational Science and Engineering, IEEE Computer Society, Los Alamitos, CA, USA, pp 152–159. https://doi.org/10.1109/CSE.2015.26

[3] Branitskiy A, Kotenko I (2017) Hybridization of computational intelligence methods for attack detection in computer networks. J Comput Sci 23:145–156. https://doi.org/10.1016/j.jocs.2016.07.010

[4] Branitskiy A, Kotenko I (2017) Network anomaly detection based on an ensemble of adaptive binary classifiers. Computer Network Security. In: Rak J, Bay J, Kotenko I, Popyack L, Skormin V, Szczypiorski K (eds) Computer network security, pp 143–157. Springer, Cham. https://doi.org/10.1007/978-3-319-65127-9_12

[5] Abraham A, Thomas J (2006) Distributed intrusion detection systems: a computational intelligence approach. In: Abbass HA, Essam D (eds) Applications of information systems to homeland security and defense. Idea Group, Hershey, PA, USA, pp 107–137. https://doi.org/10.4018/978-1-59140-640-2.ch005

[6] Peddabachigari S, Abraham A, Grosan C, Thomas J (2007) Modeling intrusion detection system using hybrid intelligent systems. J Netw Comput Appl 30(1):114–132. https://doi.org/10.1016/j.jnca.2005.06.003

[7] Mukkamala S, Sung AH, Abraham A (2003) Intrusion detection using ensemble of soft computing paradigms. In: Abraham A, Franke K, Köppen M (eds) Intelligent systems design and applications. Springer, Heidelberg, pp 239–248. https://doi.org/10.1007/978-3-540-44999-7_23

[8] Mukkamala S, Sung AH, Abraham A (2005) Intrusion detection using an ensemble of intelligent paradigms. J Netw Comput Appl 28(2):167–182. https://doi.org/10.1016/j.jnca.2004.01.003

[9] Toosi AN, Kahani M (2007) A new approach to intrusion detection based on an evolutionary soft computing model using neuro-fuzzy classifiers. Comput Commun 30(10):2201–2212. https://doi.org/10.1016/j.comcom.2007.05.002

[10] Amini M, Rezaeenour J, Hadavandi E (2014) Effective intrusion detection with a neural network ensemble using fuzzy clustering and stacking combination method. J Comput Sec 1(4):293–305

[11] Wang G, Hao J, Ma J, Huang L (2010) A new approach to intrusion detection using artificial neural networks and fuzzy clustering. Expert Syst Appl 37(9):6225–6232. https://doi.org/10.1016/j.eswa.2010.02.102

[12] Chandrasekhar AM, Raghuveer K (2013) Intrusion detection technique by using k-means, fuzzy neural network and SVM classifiers. In: Proceedings of the 2013 International Conference

on Computer Communication and Informatics. Curran Associates, Red Hook, NY, USA. https://doi.org/10.1109/ICCCI.2013.6466310

[13] Saied A, Overill RE, Radzik T (2016) Detection of known and unknown DDoS attacks using artificial neural networks. Neurocomputing 172:385–393. https://doi.org/10.1016/j.neucom. 2015.04.101

[14] Agarwal B, Mittal N (2012) Hybrid approach for detection of anomaly network traffic using data mining techniques. Proc Tech 6:996–1003. https://doi.org/10.1016/j.protcy.2012.10.121

[15] He H-T, Luo X-N, Liu B-L (2005) Detecting anomalous network traffic with combined fuzzy-based approaches. In: Huang D-S, Zhang X-P, Huang G-B (eds) Advances in intelligent computing. Springer, Heidelberg, pp. 433–442. https://doi.org/10.1007/11538356_45

[16] Kolmogorov AN (1957) On the representation of continuous functions of several variables as superpositions of continuous functions of one variable and addition. In: Tikhomirov VM (ed) Selected works of A. N. Kolmogorov, pp. 383–387. https://doi.org/10.1007/978-94-011-3030-1_56

[17] Cybenko G (1989) Approximation by superpositions of a sigmoidal function. Math Control Signal 2(4):303–314. https://doi.org/10.1007/BF02551274

[18] Hornik K, Stinchcombe M, White H (1989) Multilayer feedforward networks are universal approximators. Neural Netw 2(5):359–366. https://doi.org/10.1016/0893-6080(89)90020-8

[19] Funahashi K-I (1989) On the approximate realization of continuous mappings by neural networks. Neural Netw 2(3):183–192. https://doi.org/10.1016/0893-6080(89)90003-8

[20] Haykin SS (2011) Neural networks and learning machines, 3rd edn. Pearson, Upper Saddle River, NJ, USA

[21] Riedmiller M, Braun H (1993) A direct adaptive method for faster backpropagation learning: the RPROP algorithm. In: Proceedings of IEEE International Conference on Neural Networks, vol 1. IEEE, New York, pp 586–591. https://doi.org/10.1109/ICNN.1993.298623

[22] Fahlman SE (1988) Faster-learning variations on back-propagation: an empirical study. In: Proceedings of the 1988 connectionist models summer school. Morgan Kaufmann, San Francisco, pp 38–51

[23] Levenberg K (1944) A method for the solution of certain non-linear problems in least squares. Q Appl Math 2(2):164–168. https://doi.org/10.1090/qam/10666

[24] Marquardt DW (1963) An algorithm for least-squares estimation of nonlinear parameters. J Soc Ind Appl Math 11(2):431–441. https://doi.org/10.1137/0111030

[25] Jordan ML (1986) Attractor dynamics and parallelism in a connectionist sequential machine. In: Proceedings of the eighth annual conference of the cognitive science society. Lawrence Erlbaum Associates, Hillsdale, NJ, USA, pp 531–546

[26] Takagi T, Sugeno M (1985) Fuzzy identification of systems and its applications to modeling and control. IEEE T Syst Man Cyb SMC-15(1):116–132. https://doi.org/10.1109/TSMC.1985.6313399

[27] Jang J-SR (1993) ANFIS: adaptive-network-based fuzzy inference system. IEEE T Syst Man Cyb 23(3):665–685. https://doi.org/10.1109/21.256541

[28] Strang G (2016) Introduction to linear algebra, 5th edn. Cambridge Press, Wellesley, MA, USA

[29] Vapnik V (1995) The nature of statistical learning theory. Springer-Verlag, New York. https://doi.org/10.1007/978-1-4757-2440-0

[30] Hsu CW, Lin CJ (2002) A comparison of methods for multiclass support vector machines. IEEE T Neural Networ 13(2):415–425. https://doi.org/10.1109/72.991427

[31] Drucker H, Burges CJC, Kaufman L, Smola A, Vapnik V (1997) Support vector regression machines. Advances in neural information processing systems 9. MIT Press, Cambridge, MA, USA, pp 155–161

[32] Müller KR, Smola AJ, Rätsch G, Schölkopf B, Kohlmorgen J, Vapnik V (1997) Predicting time series with support vector machines. In: Gerstner W, Germond A, Hasler M, Nicoud J-D (eds) Artificial neural networks – ICANN'97, pp 999–1004. https://doi.org/10.1007/BFb0020283

[33] Kuhn HW, Tucker AW (1951) Nonlinear programming. In: Neyman J (ed) Proceedings of 2nd Berkeley Symposium on Mathematical Statistics and Probabilistics. University of California Press, Berkeley, CA, USA, pp 481–492

[34] Platt J (1998) Sequential minimal optimization: a fast algorithm for training support vector machines (1998). https://www.microsoft.com/en-us/research/publication/sequential-minimal-optimization-a-fast-algorithm-for-training-support-vector-machines

[35] Shawe-Taylor J, Cristianini N (2004) Kernel methods for pattern analysis. Cambridge University Press, New York

[36] Jolliffe IT (2011) Principal component analysis. In: Lovric M (ed) International encyclopedia of statistical science. Springer, Heidelberg. https://doi.org/10.1007/978-3-642-04898-2_455

[37] Fix E, Hodges J (1951) Discriminatory analysis. Nonparametric discrimination: consistency properties. Technical Report 4, USAF School of Aviation Medicine, Randolph Field, TX, USA

[38] McHugh J (2000) Testing intrusion detection systems: a critique of the 1998 and 1999 DARPA intrusion detection system evaluations as performed by Lincoln laboratory. ACM T Inform Syst Se 3(4):262–294. https://doi.org/10.1145/382912.382923

[39] Mahoney MV, Chan PK (2003) An analysis of the 1999 DARPA/Lincoln Laboratory evaluation data for network anomaly detection. In: Vigna G, Kruegel C, Jonsson E (eds) Recent advances in intrusion detection. Springer, Heidelberg, pp 220–237. https://doi.org/10.1007/978-3-540-45248-5_13

[40] Refaeilzadeh P, Tang L, Liu H (2009) Cross-validation. In: Liu L, Özsu MT (eds) Encyclopedia of database systems. Springer, Boston, MA, USA. https://doi.org/10.1007/978-0-387-39940-9_565

第6章

用于网络入侵检测的机器学习算法

Jie Li，**Yanpeng Qu**，**Fei Chao**，**Hubert P．H．Shum**，
Edmond S．L．Ho，**Longzhi Yang**

　　摘要　网络入侵是一种日益严重的威胁，它可能以多种方式破坏网络基础设施和网络空间中的数字/知识资产，具有潜在的严重影响。对抗网络入侵最常用的方法是通过机器学习和数据挖掘技术开发攻击检测系统。这些系统可以识别和断开恶意网络流量，从而帮助保护网络。本章系统地回顾了使用模糊逻辑和人工神经网络的两组常见的入侵检测系统，并利用广泛使用的 KDD 99 基准数据集对它们进行了评估。根据研究结果，总结了利用人工智能技术应对网络攻击的主要挑战和机遇，并提出了今后的工作建议。

6.1　引言

　　网络空间安全可以通过一系列网络空间安全技术来实现，这些技术能保护网络空间并确保网络、应用程序和数据的完整性、机密性和可用性。网络空间安全技术还具有防御任何类型的攻击并从中恢复的潜力。随着越来越多的物联网（IoT）设备连接到网络，网络空间安全已经成为一个受到高度关注的问题，影响着政府、企业、其他组织和个人。网络空间安全的范围很广，可以分为五个方面：关键基础设施、网络安全、云安全、应用程序安全和物联网安全。网络安全是网络空间安全领域的一个重要挑战，

因为网络为关键设备访问其他设备以及实现网络空间中所有资产之间的连通提供了方法。严重的网络攻击可能会导致系统损坏、网络瘫痪以及数据丢失或泄露。网络入侵检测系统（NIDS）试图仅基于网络流量来识别未授权的、非法和异常行为，从而支持网络管理员在网络预防措施中的决策。

传统的网络入侵检测系统主要是基于可用的知识库开发的，这些知识库由对应于已知网络行为（即正常流量和异常流量）的特定模式或字符串组成[1]。这些模式用于检查受监控的网络流量，以识别可能的威胁。通常，这类系统的知识库是基于专家知识定义的，并且必须更新模式以确保覆盖新的威胁[2]。因此，传统的网络入侵检测系统的检测性能在很大程度上取决于知识库的质量。从理论上讲，网络入侵检测系统的主要目的是将被监控的流量分为"合法"或"恶意"两类。因此，机器学习方法适合解决这种问题，并且在近几年，它们已经被广泛应用于管理网络入侵检测问题。

机器学习（ML）是人工智能领域的一个分支，它是指使计算机系统具有"学习"能力的一种技术。通常，机器学习算法，例如神经网络，通过从数据样本中学习来分类或发现潜藏在数据中的模式，并使计算机系统能够根据发现的模式对新的或看不见的数据实例进行预测[3]。根据学习方式的不同，机器学习可以进一步分为两大类：监督学习和非监督学习。监督学习基于带标签的数据样本来发现其中的模式，即通过输入输出对来学习输入到输出的映射[4]。分类问题就是一个典型的监督学习问题，通常用于解决 NIDS 问题，例如在文献［5-8］中报告的问题。无监督学习的目标是找到一个能够描述未标记数据样本中隐藏结构的映射。当提供未被标记的数据样本时，它是一种用于识别结构的强大工具[4]。由于在无监督学习中放宽了对训练数据标签的要求，各种无监督学习方法也已广泛应用于 NIDS 问题，例如基于聚类的 NIDS[9] 和基于自组织图的 NIDS[10]。

本章主要关注网络入侵检测系统，尤其是机器学习和数据挖掘技术如何用于开发网络入侵检测系统。首先从硬件部署和软件实现的角度系统地回顾了入侵检测技术，包括两种最常用的 NIDS 开发方法和三种最常用的检测方法。接下来研究了在实现入侵检测系统时应用到的机器学习和数据挖掘技术。本章重点关注两种有代表性的机器学习方法，包括模糊推理系统和人工神经网络，因为它们是最适合入侵检测系统的机器学习和数据挖掘技术。一般来说，模糊推理系统不属于机器学习算法，但是规则库的生成机制遵循数据挖掘原理，因此，具有自动规则库生成功能的模糊推理系统也可以被视为机器学习。最后使用应用广泛的 KDD 99 基准数据集对基于这些机器学习方法开发的入侵检测系统进行了评估。

本章的其余部分组织如下。6.2 节介绍了网络入侵检测系统的硬件部署方法和检测方法。6.3 节回顾了现有的基于机器学习的网络入侵检测系统，涉及的机器学习方法主要是模糊推理系统和人工神经网络。本节还讨论了这两种技术的局限性和可能的解决方案。6.4 节使用众所周知的基准数据集 KDD 99 评估所研究的系统。6.5 节总结本章内容并为未来的工作设定了方向。

6.2 网络入侵检测系统

网络入侵检测系统（NIDS）是基于软件或者硬件的工具，主要用于监控网络流量，即分析网络流量中是否存在可能的攻击或可疑活动的迹象。通常，人们使用一个或多个网络流量传感器来监控一个或多个网段上的网络活动。该系统在受监控的网络环境中不断地执行分析并监视该环境下通过的流量的特定模式。如果检测到的流量模式与知识库中定义的签名或策略匹配（例如，基于模糊规则库或训练的神经网络），则会生成安全警报。

6.2.1 部署方法

为了捕获和监控网络环境中的流量，可以采用多种方法部署 NIDS，其中最常用的是被动部署和在线部署，如图 6.1a 和图 6.1b 所示。

在被动部署方法中，NIDS 设备连接到网络交换机，该网络交换机部署在主防火墙和内部网络之间。交换机通常配置有端口镜像技术，例如惠普支持的镜像端口和思科支持的交换端口分析器（SPAN）。这些端口镜像技术能够将所有网络流量（包括传入和传出流量）复制到 NIDS 的特定接口，以便进行流量监控和分析。这种方法通常需要高端网络交换机来启用端口镜像技术。被动部署有一种特殊情况，即无源网络 TAP（Terminal Access Point）[11]。具体来说，网络 TAP 使用包含在原始以太网电缆中的电缆对将原始网络流量的副本发送到 NIDS，如图 6.1c 所示。

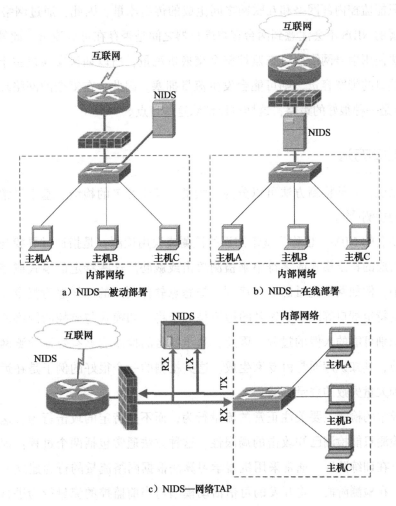

图 6.1　入侵检测系统的部署方法

　　在线部署方法部署 NIDS 设备的方式与部署防火墙的方式相同，从而允许所有流量直接通过 NIDS。因此，这种部署方法不需要特别高端的网络设备，对于那些端口镜像技术不可用的环境，例如带有低端网络设备的小型分支机构，这是一种理想的解决方案。

　　需要注意的是，在考虑网络拓扑以获得最佳性能的同时，应仔细选择部署方法。例如，在图 6.1a 所示的示例中，端口镜像方法不仅能够监控内部网络和互联网之间的传出流量，而且还能够监控主机 A、B 和 C 之间的内部流量。然而，网络 TAP 和在线部署方法只能监控内部网络和互联网之间生成的传出流量。因此，通过网络 TAP 或在线方法部署的 NIDS 不会注意到两台客户端机器之间是否存在可疑流量。此外，因为端口镜像方法使用信号网络接口来监控整个交换机流量，所以如果交换机主干流量超出了被监控端口的带宽容量，则可能会发生流量拥塞。因此，在复杂的网络环境中部署多个 NIDS 是一种很好的策略，这样可以消除这些盲点。

6.2.2　检测方法

一般来说，入侵检测方法可以分为三大类：基于签名的检测、基于异常的检测和基于规范的检测[12]。

基于签名的 NIDS，也称为基于知识的检测或误用检测，是指通过寻找与已知攻击或威胁相对应的特定模式或字符串来检测攻击或威胁。这些特定的模式或字符串保存在知识库中，例如网络流量的字节序列、被恶意软件利用的已知恶意指令序列、主机试图访问的特定端口等。基于签名的检测是一个将已知模式与监控的网络流量进行比较，从而识别可能的入侵的过程。因此，基于签名的检测能够有效地检测网络环境中的已知威胁，其知识库通常由专家生成。这类检测的一个很好的例子是在远程登录会话中检测到大量失败的登录尝试。

基于异常的检测主要关注正常的流量行为，而不是特定的攻击行为，这克服了基于签名的检测只能检测已知攻击的局限性。这种方法通常包括两个过程：训练过程和检测过程。在训练阶段，通常采用机器学习算法根据网络流量的行为建立一个可信的活动模型。在检测阶段，将开发的可信活动模型与当前监控的流量行为进行比较，若出现任何偏差，都表明存在潜在威胁。基于异常的检测方法通常用于检测未知攻击[13-18]。然而，基于异常的检测的有效性很大程度上受到机器学习算法使用的特征的影响。不幸的是，选择合适的特征集是一个巨大的挑战。此外，观察到的系统行为会不断变化，这导致基于异常的检测产生较弱的轮廓精度。

基于规范的检测与基于异常的检测方法相似，因为它也将与正常行为存在偏差的行为检测为攻击。然而，基于规范的方法是基于手工开发的规范来描述合法的行为，而不是依赖于机器学习算法。尽管这种方法的特点避免了基于异常的检测方法的高误报率，但是开发详细的规范可能非常耗时。因为基于规范的方法将入侵攻击检测为与合法行为存在偏差的行为，所以通常被用于未知攻击检测[19-20]。此外，可以联合采用多种检测方法来提供更广泛和准确的检测[21]。

6.3　网络入侵检测中的机器学习

机器学习和数据挖掘技术通过建立显式或隐式模型来工作，该模型能够对所分析的模式进行分类。一般来说，机器学习技术能够处理三个常见的问题：分类、回归和聚类。网络入侵检测可以看作一个典型的分类问题。因此，系统建模通常需要一个带标签的训练数据集。许多机器学习方法已经被用来解决网络入侵检测问题，它们都包含三个大致的阶段（如图 6.2 所示）：

- **预处理**：对从网络环境中收集的数据实例进行结构化处理，使其之后可以作为输入直接传入机器学习算法。特征提取和特征选择过程也应用在这个阶段。
- **训练**：采用机器学习算法来表征各种类型数据的模式，并建立相应的系统模型。
- **检测**：一旦建立了系统模型，监控的流量数据将用作系统输入，从而与生成的系统模型进行比较。如果待检测数据的模式与现有的威胁相匹配，则会触发警报。

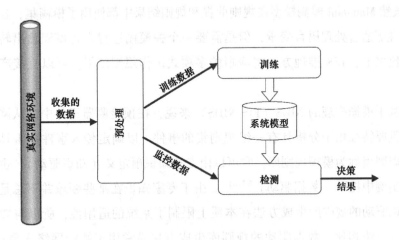

图 6.2　基于机器学习的 NIDS 体系结构

有监督和非监督机器学习方法都已经被用于解决网络入侵检测问题。例如，基于监督学习的分类器已经成功地用于检测未经授权的访问，例如 k 近邻（k-NN）[6]、支持向量机（SVM）[22]、决策树[23]、朴素贝叶斯网络[7]、随机森林[5]以及人工神经网络[24]。此外,包括 k-means 聚类[25]和自组织映射(SOM)[10]在内的无监督学习算法也已经被应用于处理网络入侵检测问题,并取得了良好的效果。基于各种原因,例如训练数据集的不平衡和计算要求的高成本,目前很难设计出优于现有机器学习方法的单一机器学习方法。因此,近年来混合机器学习方法吸引了很多关注,例如分类器聚类[16,26]和分层分类器[27]。此外,一些数据挖掘方法也被成功地用于解决入侵检测问题。例如,数据挖掘方法用于生成模糊规则库,然后将模糊推理方法用于威胁检测[14]。本节利用两种方法,即模糊推理系统和人工神经网络对现有的 NIDS 进行了研究。

6.3.1 模糊推理系统

模糊推理系统(FIS)因具有很强的处理不确定性的能力,已经被广泛用于检测潜在的网络威胁。一般来说,模糊推理系统建立在模糊逻辑的基础上,以映射系统的输入和输出。典型的模糊推理系统由两个主要部分组成:规则库(或知识库)和推理引擎。目前已经建立了许多推理引擎,其中使用最广泛的是 Mamdani 推理[28]和 TSK 推理[29]。虽然 Mamdani 模糊模型在规则前提和规则结果中都使用了模糊集,这使得该模型更直观且更适合处理语言变量,但是需要一个去模糊过程来将模糊输出转换为清晰输出。相比之下,TSK 推理方法将清晰的多项式用作规则结果,可以直接产生清晰的输出。

对于基于模糊推理的 NIDS(FIS-NIDS)来说,在预检测器组件中,从网络数据包中提取的重要特征用于分析具有一组规则集的事件,以确定传入事件是否具有入侵模式。这组规则集称为模糊规则库,它可以由专家知识预定义(知识驱动),也可以从标记的数据实例中提取(数据驱动)[30-31]。由于专家知识在某些领域并不总是可用,这就使得知识驱动的规则库生成方法在本质上限制了系统的适用性,所以与知识驱动的规则库生成方法相比,数据驱动的规则库生成方法最常用于智能网络入侵检测系统。目前已经提出了几种数据驱动的方法来生成供 FIS-NIDS 使用的规则库,这些规则库通常来自完整且密集的数据集[32-33]。生成的规则库通常使用通用优化技术进行优化,例如遗传算法(GA),以获得最佳的系统性能。由于所使用的数据集是密集且完整的,因此生成的规则库通常也是密集和完整的,每个规则库都覆盖整个输入域,这样得到的模糊模型通常具备很好的推理性能。然而，如果只有不完整、不平衡和稀疏的数据集可用，这些系统就会受到影响。此外，这些受影响的系统通常是基于签名的网络入侵检测系统，它只能检测规则库中已涵盖了入侵模式的已知网络威胁。

为了解决之前的局限性问题，模糊插值已被用来开发网络入侵检测系统[18,34]。简而言之，模糊插值增强了传统模糊推理系统对稀疏模糊规则库的处理能力，从而不会覆盖某些输入或观测值[35]。使用模糊插值技术，即使传入事件的流量模式与存储库中的任何模式都不匹配，也可以通过考虑在当前规则库中表示为规则的相似模式来获得近似结果。文献［36-47］中提出了许多模糊插值方法，其中许多已经被用于解决实际问题[48-51]。

开发数据驱动的基于模糊插值的 NIDS 可以分为四个步骤：1）训练数据集的生成和预处理；2）规则库初始化；3）规则库优化；4）通过模糊插值进行入侵检测[14,52]，如图 6.3 所示。这些关键步骤将在下面的章节中详细说明。

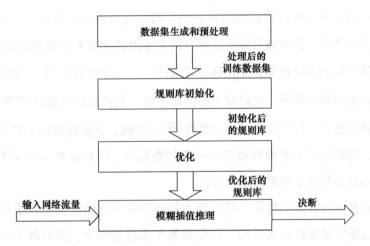

图 6.3　基于模糊推理的 NIDS（FIS-NIDS）的框架

1. 数据集的生成和预处理

训练数据集既可以从现实世界的网络环境中收集，也可以通过现有的数据集进行开发。无论选择哪种方法，都必须能识别出为系统建模而选择的重要特征。一般来说，在网络数据分组传输期间，网络分析工具可以监控许多特征，但是其中一些特征是冗余的或有噪声的。因此，网络攻击检测通常需要经过深思熟虑的手动特征选择过程[53]。这种常见的做法也适用于这里，专家确定的四个重要特征也被选为本节提议的FIS-NIDS 的 NIDS 签名，如表 6.1 所示。

表 6.1　NIDS 使用的特征

特征	描述
Source byte	源 IP 主机发送的数据字节数
Destination byte	目标 IP 主机发送的数据字节数
Count	过去 2 秒内与当前链接连接到同一主机的链接数
Dst_Host_Diff_Rate	在过去 100 个具有相同目标 IP 的连接中，端口不同的连接的百分比

　　由于特征选择通常会导致原始数据集中的信息丢失，因此通过特征选择方法来确定数据集中应该保留的最佳特征数量一直是一个有争议的问题。在特征选择领域的几项工作表明，更多的属性通常会导致更好的近似[54-57]。如果所有数据都是完美的、一致的、无噪声的，并且所有特征都是独立的，则可能出现这种情况。一般来说，在应用机器学习方法之前，必须通过特征选择方法来考虑特征相关性和冗余性[58-59]。所选择的特征应该与问题高度相关，并且是非冗余的，这样才会有效[60]。事实上，相关文献中大量已发表的结果表明，选择较少的特征可以大大提高建模精度[61-66]。此外，数据集保留的属性越多，计算复杂度也会越高[60]。因此，在某些情况下有必要考虑尽可能多的特征，特别是对于无噪声和完全一致的数据集，但是在其他情况下，满足某些预定义标准的最小特征子集更具吸引力。

　　一旦为机器学习确定了特征，就需要为特定环境下的给定网络收集数据集以进行模型训练。这通常是分阶段实现的，首先要基于无攻击网络，然后基于需要识别的不同类型的攻击。换句话说，首先从无威胁的网络环境中收集关于正常网络流量的数据，然后，人为地发起一系列攻击来模拟第一类攻击，以确保这种类型的攻击被数据集充分覆盖。对于所有其他类型的攻击，都要重复这个过程，直到所有需要考虑的攻击类型都被数据集完全覆盖。最终的数据集涵盖所有攻击类型和无攻击情况。在大多数情况下，如果采用现有数据集进行模型训练，则可以跳过数据收集过程。但是理想情况下，现有数据集的结构应该遵循上述结构。

2. 规则库初始化

假设训练数据集（T）包含 l（$l \geqslant 1$，$l \in \mathbb{N}$）个标记的类，涵盖了 $l-1$ 类攻击和正常情况。如图 6.4 所示，系统首先将训练数据集 T 划分为 l 个子数据集 T_1，T_2，$\cdots$，T_l，每个子集代表一种攻击类型或正常流量（即 $T = \bigcup_{s=1}^{l} T_s$）。

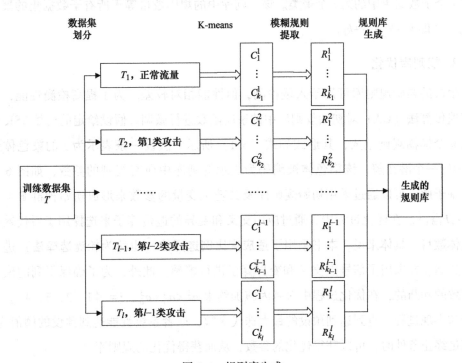

图 6.4　规则库生成

K-means 算法是使用最为广泛的聚类算法之一，然后在每个子数据集上运用该算法将数据点根据它们的特征值分组为 k 个聚类。需要注意的是，运用 K-means 算法必须预先定义算法中的 k 值。Elbow 方法[67] 通过判断添加一个新的聚类是否会降低数据集建模的性能来确定聚类数量，该方法已经被用于确定 k 的值。基于此，每个确定的聚类被表示为对 TSK 规则库有贡献的模糊规则。

本书采用了一个 0 阶的 TSK 模糊模型。每个类别中的所有数据实例共享类标签（一个整数），该标签被用作相应的 TSK 规则的结果。在规则前提中使用三角隶属函数。三角模糊集的支持度表示为聚类沿该输入维的跨度，对应模糊集的核被设置为聚类中心。最

终通过组合从所有 l 个子数据集中提取的所有规则来生成 TSK 模糊规则库，如下所示：

$$R_{t_s}^s : \textbf{IF } x_1 \text{ is } A_1^{st_s} \text{ and } x_2 \text{ is } A_2^{st_s} \text{ and } x_3 \text{ is } A_3^{st_s} \text{ and and } x_4 \text{ is } A_4^{st_s},$$

$$\textbf{THEN}_z = s, \tag{6.1}$$

其中 $s = \{1, \cdots, l\}$ 表示第 s 个子数据集，用来指示第 s 类网络流量，$t_s = \{1, \cdots, k_s\}$ 表示第 s 子数据集中的第 t 个聚类。该规则库中的规则数量等于所有子数据集的聚类数量之和（即 $k_1 + k_2 + \cdots + k_l$）。

3. 规则库优化

生成的初始规则库可用于入侵检测，但性能相对较差。为了提高检测性能，本书采用遗传算法（GA）对初始规则库中的隶属函数进行微调。假设给定的初始 TSK 规则库由 n 个模糊规则组成，其形式如式（6.1）所示。假设一条表示为 I 的染色体代表 GA 中的一个潜在解，该染色体被编码为表示规则库中所有规则的参数，如图 6.5 所示。基于此，可以通过采用初始规则库及其随机变量的参数来形成初始种群 $\mathbb{P} = \{I_1, I_2, \cdots, I_{|\mathbb{P}|}\}$。在优化过程中，通过应用交叉和变异的遗传算子来选择用于后代繁殖的染色体数目。具体来说，本书采用了**适应度比例选择法**（也称为**轮盘选择法**）进行染色体选择，并采用了信号点交叉和变异算子进行繁殖。此外，为了确保得到的模糊集是有效的和凸的，在优化过程中对基因施加约束 $a_{ir}^1 < a_{ir}^2 < a_{ir}^3$，$i = \{1, 2, 3, 4\}$。重复选择和再现过程，直到达到预设的最大迭代次数，或者系统性能达到预设的阈值为止。当满足终止条件时，可以获得优化的参数，从而获得优化的规则库。

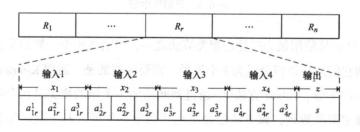

图 6.5   染色体编码

4. 基于 TSK 插值的入侵检测

一旦生成了规则库，就可以部署 TSK+模糊推理方法来执行对攻击检测的推理。为了实时生成网络入侵警报，系统采用 6.2.1 节介绍的一种部署方法进行部署，该方法不断捕获网络流量数据并进行分析。对每个捕获的网络数据包提取四个重要特征，并将其输入到上述系统中，四个重要特征详见表 6.1。根据这些输入，TSK+模糊推理方法将使用生成的规则库对网络流量的类型进行分类。假设优化的 TSK 模糊规则库由 n 个规则组成，如下所示：

$$R_1 : \textbf{IF } x_1 \text{ is } A_1^1 \text{ and } x_2 \text{ is } A_2^1 \text{ and } x_3 \text{ is } A_3^1 \text{ and } x_4 \text{ is } A_4^1 \textbf{ THEN}_z = \mathbb{Z}_1 ,$$

$$\cdots$$

$$R_n : \textbf{IF } x_1 \text{ is } A_1^n \text{ and } x_2 \text{ is } A_2^n \text{ and } x_3 \text{ is } A_3^n \text{ and } x_4 \text{ is } A_4^n \textbf{ THEN}_z = \mathbb{Z}_n , \qquad (6.2)$$

其中 A_k^i（$k \in \{1, 2, 3, 4\}$，$i \in \{1, \cdots, n\}$）表示规则前提中的正常凸三角模糊集，相应地表示为 $(a_{k_1}^i, a_{k_2}^i, a_{k_3}^i)$，$\mathbb{Z}_i$ 是整数，表示网络流量的类型，包括正常流量和特定类型的攻击。以捕获到的网络报文为例，入侵检测的 TSK+模糊推理的工作流程可以概括为以下步骤：

1）从网络数据包中提取四个特征值，以 $I = \{x_1^*, x_2^*, x_3^*, x_4^*\}$ 的形式表示，将其作为系统输入。需要注意的是，提取的特征值通常是清晰的值，它们必须表示为形式为 $A_k^* = (x_k^*, x_k^*, x_k^*)$ 的模糊集，其中 $k = \{1, 2, 3, 4\}$，以备之后使用。

2）使用如下公式确定输入 $I = \{A_1^*, A_2^*, A_3^*, A_4^*\}$ 与每个规则 R_i，$i = \{1, \cdots, n\}$ 的规则前提 $(A_1^i, A_2^i, A_3^i, A_4^i)$ 之间的匹配度 $S(A_k^*, A_k^i)$：

$$S(A_k^*, A_k^i) = \left(1 - \frac{\sum_{j=1}^{3} |x_k^* - a_{kj}^i|}{3} \right) \cdot \text{DF} \qquad (6.3)$$

其中 DF 称为距离因子，是两个感兴趣的模糊集之间的距离的函数，定义如下：

$$\text{DF} = 1 - \frac{1}{1 + e^{-sd+5}} \qquad (6.4)$$

其中 s（$s>0$）是一个敏感因子，d 代表两个模糊集之间的欧氏距离。s 值越小，相似度对两个模糊集的距离越敏感。

3）通过整合其前提的匹配度和给定的输入值来获得每个规则的触发程度，如下所示：

$$\alpha_i = S(A_1^*, A_1^i) \wedge S(A_2^*, A_2^i) \wedge S(A_3^*, A_3^i) \wedge S(A_4^*, A_4^i) \qquad (6.5)$$

其中 $\wedge$ 通常作为最小算子实现的 t-范数。

4）使用以下公式整合所有规则的子结果以获得最终输出：

$$z = \frac{\sum_{i=1}^{n} \alpha_i \cdot \mathbb{Z}_i}{\sum_{i=1}^{n} \alpha_i}. \qquad (6.6)$$

5）在最终输出上应用舍入函数来获得指示给定网络数据包的网络流量类型的整数。

如上所述，如果捕获了未知网络的威胁行为或流量模式，仍然可以通过考虑规则库中的所有模糊规则来发出预期的"网络安全警报"。

6.3.2 人工神经网络

人工神经网络（ANN）是一种受构成动物大脑的生物神经系统启发而形成的信息处理系统，是应用最广泛的机器学习算法之一[68]。通常，人工神经网络由两个主要部分组成：一组简单的处理单元（也称为节点或人工神经元）以及它们之间的连接。这些简单的单元或节点按层组织，通常由输入、输出和隐藏层组成。隐藏层是输入层和输出层之间的层。一旦确定了一组处理单元及其连接，或者建立了人工神经网络，训练过程就会调整连接单元之间的连接权重，以确定一个单元将在多大程度上影响其他单元。人工神经网络已经成功应用于 NIDS，通常分为两类：基于监督训练的 NIDS 和基于非监督训练的 NIDS[69]。如图 6.2 所示，两种类型的 NIDS 本质上都遵循本节开头所指定的 ML-NIDS 的体系结构和三个通用步骤。

如果应用监督学习方法，则将从一组有标记的数据中学习给定输入的期望输出或模式。多层感知机（MLP）是一种著名的监督神经网络体系结构，它基于前向和后向传播算法，在输入层和输出层之间具有一层或多层隐藏层[1]。在这种类型的基于人工神经网络的网络入侵检测系统（ANN-NIDS）中，输入层中的节点数设置为从原始流量中选择的特征数，输出层中的节点数配置为期望的输出类别数[16,70-73]。隐藏层的数量和每个隐藏层的节点数量各不相同，通常根据情况进行配置。图 6.6 展示了一个基于带有信号隐藏层的前馈 MLP 结构的 ANN-NIDS 模型。

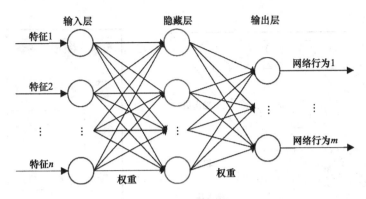

图 6.6 基于多层感知机的 NIDS 体系结构

显然，ANN 中的整个数据流只有一个方向：从输入层通过隐藏层，最后到输出层（见图 6.6）。因此，给定一个网络流量包作为输入，就可以预测相应的网络行为。该模型的优点是既能表示线性，也能表示非线性关系，并能通过训练直接从数据中学习这些关系。但是，许多研究项目报告表明，这种 ANN 的训练过程可能非常耗时，这可能对 NIDS 系统更新造成重大的负面影响[1,24]。

另一种 ANN NIDS 是基于无监督训练的，其中网络适应不同的簇，而没有期望的输出。这类算法中最流行的算法之一是自组织映射（SOM），它通过使用 Kohonen 提出的无监督学习方法将任意维的输入转换成低维（通常是 1 维或 2 维）离散映射[74]。传统自组织映射的结构如图 6.7a 所示。传统的自组织映射网络模型通常有两层：输入层和输出层（也称为竞争层）。与基于监督训练的 NIDS 相似，输入层中的节点数通常设置为训练数据集的选定特征数。输出层由组织成网格的神经元组成，通常是一个有限的二维空间。每个神经元都有一个特定的拓扑位置，并与一个与输入向量具有相同维数的权重向量相关联[75]。

在训练过程中调整神经元的权重向量，从而描述从高维输入空间到低维映射空间的映射。最终，SOM 会作为输入空间的一种特征映射而成为一个稳定区域的映射。基于这些映射，网络可以识别各种流量行为。图 6.7b 展示了一个 SOM 输出的例子，它清楚地显示了最终被预测的四个类。

当比较 SOM 和基于监督学习的 NIDS 之间的性能（速度和转化率）时，很明显 SOM 更适合实时入侵检测[76-80]。

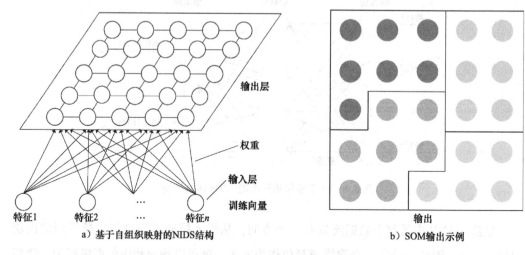

输出层

权重

输入层

训练向量

特征1　　特征2　　…　　特征n

…

a）基于自组织映射的NIDS结构

输出

b）SOM输出示例

图6.7　基于自组织映射的 NIDS 体系结构（见彩插）

尽管这两种类型的 ANN-NIDS 均已成功地用于检测现实网络环境中的入侵行为，并取得了令人满意的结果，但是现有的 ANN-NIDS 有两个主要缺点：1）对低频攻击的检测精度较低；2）检测稳定性较弱，这限制了此类系统的适用性[16]。这些问题背后的原因是不同类型的攻击分布不均。例如，与常见攻击相比，低频攻击的训练数据实例数量非常有限，因此 ANN 很难学习这种低频攻击的特征[81]。

为了解决这些问题，目前已经提出了一些解决方案（例如，参考文献 [16，82，83]）。在这些文献提到的系统中，基于模糊聚类的神经网络 NIDS 方法（FC-ANN-NIDS）[16] 可能是一个潜在的解决方案。传统的 ANN-NIDS 在训练过程中一般不涉及数据聚类技术，与之相比，FC-ANN-NIDS 采用模糊聚类技术生成不同的训练子数据集。随后在训练阶段基于分割的子数据集应用多个 ANN。最后，应用模糊集合模块来组合各 ANN 的结果，以努力消除它们的误差。FC-ANN-NIDS 的框架如图 6.8 所示，它包含三个主要阶段：聚类、ANN 建模和模糊聚合。本节的其余部分介绍了此方法（或 FC-ANN-NIDS）的细节。

1. 聚类

给定一个包含 l 个网络行为的训练数据集，采用模糊 C 均值聚类技术[84] 对数据实例进行聚类，这实质上是将整个训练数据集划分为 n 个子数据集。值得注意的是，在数据聚类后，仅降低了原始训练数据集的大小和复杂度，每个划分的子数据集中的数据实例仍然可能覆盖所有 l 个网络行为。每个划分的训练数据集将被输入到下一阶段的 ANN 中进行训练。遗憾的是，这里提出的系统中的 n 值（簇的数量）是根据实践理论确定的。因此，可以考虑使用更智能的方法来确定 n 的值，例如 Elbow 方法[67]。

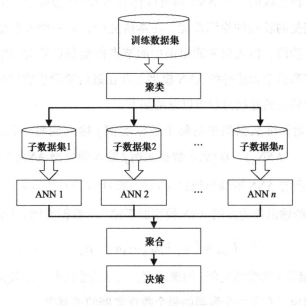

图 6.8 FC-ANN-NIDS 框架

2. ANN 训练

多层感知机模型如图 6.6 所示，在本研究中用于对每个子训练数据集进行建模。如前所述，输入节点的数量设置为与训练数据集的选定特征匹配的数量；输出层中的节点数量设置为训练数据集所覆盖的网络流量行为的数量。然后采用经验公式 $\sqrt{I+O} + \alpha$，（$\alpha = \{1, \cdots, 10\}$），其中 I 表示输入节点数，O 表示输出层节点数，α 为随机数[81]。在训练过程中，隐藏层中的每个节点都会接收到信号，该信号结合了输入值和对应输入节点与隐藏节点之间的权重值。这些信号通过 sigmoid 激活函数处理后，以特定的权重值传播到输出层中的所有神经元。在本研究中，在反向传播过程中使用梯度下降法更新权重，它是应用最广泛的一阶优化算法。一旦整个训练过程完成，就可以基于不同的训练子数据集生成多个 ANN 模型。每个 ANN 模型都可以单独应用于现实网络环境中的网络入侵检测。为了减少检测误差，我们使用了一个聚合模块来聚合来自不同 ANN 的结果。

3. 聚合

虽然在最后阶段生成的每个 ANN 都可以作为 NIDS 单独部署，但其中一些模型可能具有令人无法接受的较差的检测性能。在本研究中，另一个多层感知机模型用于子结果聚合。在这个阶段，输入层和输出层中的节点数量都设置为网络行为的数量。给定整个训练数据集和多个训练好的 ANN 模型以及在最后阶段生成的与各模型对应的训练子数据集，聚合阶段的建模过程可以总结如下：

步骤 1：将原始训练数据集中的每个数据实例 j 输入到每个训练好的 ANN 模型（ANN_1，ANN_2，$\cdots$，ANN_n）。O_i^j 表示数据实例 j 输入到模型 ANN_i 中得到的输出（$i=\{1,\cdots,n\}$），将所有 ANN 的输出统称为 O^j，即 $O^j=[O_1^j,\cdots,O_n^j]$。

步骤 2：先前的输出作为新的 ANN 模型的新输入。数据实例 j 生成的新输入 I_{new}^j 为

$$I_{new}^j=[o_1^j\cdot\mu_1,\cdots,o_n^j\cdot\mu_n] \tag{6.7}$$

其中 μ_i 表示属于聚类 i 的数据实例 j 的隶属度。值得注意的是，已经使用模糊 C 均值聚类算法在聚类中确定了有关每个聚类的每个数据实例的隶属度。

步骤 3：生成新的 ANN 模型，并使用步骤 2 中生成的新型输入对其进行训练。

一旦构建了整个模型，就可以将系统部署在实际的网络环境中以进行入侵检测。给定一个传入的网络流量包，系统首先使用在第一阶段获得的聚类中心来计算传入数据的聚类关系。接下来，使用 ANN 模型和聚合模型来预测最终结果，该结果指示传入的流量是否构成威胁。这种 ANN 网络入侵检测解决方案可以提高检测性能，尤其是对于低频攻击。但是，由于存在大量前馈神经网络的训练过程，整个方案可能会花费大量时间。

6.3.3 基于机器学习的 NIDS 的部署

尽管已开发的基于机器学习的网络入侵检测系统能够以网络包（输入）来预测它

是否是正常的网络行为，但这些系统仍然不能直接在现实网络环境中进行实时检测。其原因是，生成的基于 ML 的模型没有用于实时捕获网络流量的数据包嗅探器。为了实现实时检测，已开发的 ML-NIDS 必须与数据包嗅探器配合工作，如 Snort、Bro 或 Spark。数据包嗅探器（或网络嗅探器）是一种网络流量监测和分析工具，可以实时嗅探通过受监控网络的网络数据。许多 ML-NIDS 已经成功地与数据包嗅探器集成，并实现了良好的实时检测（参见文献 [34，85]）。这些系统的总体框架如图 6.9 所示。可以通过 6.2.1 节中介绍的被动或在线部署方法来实现数据包嗅探器连续捕获网络流量，并从捕获的网络数据包中提取所需信息，以输入到由机器学习技术开发的系统模型中，从而生成最终决策。

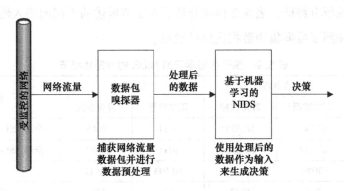

图 6.9　ML-NIDS 部署的框架

6.4　实验

本节将许多由不同机器学习方法开发的网络入侵检测系统应用于 KDD 99 基准数据集，并对它们进行了评估。

6.4.1　评估环境

作为一个众所周知的基准数据集，KDD 99 数据集在最近的几项研究[14,16,18,86]中被多次使用，本节实验选用该数据集来评估多个基于机器学习的网络入侵检测系统。KDD 99 数据集是一个流行的入侵检测基准，它包括合法连接和在军事网络环境中模拟的各种入侵[87]。该数据集包含将近 500 万个数据实例，这些实例具有 42 个属性，其中包括"类"属性，该属性指示给定实例是正常连接实例还是要识别的四种攻击类型之一（即正常、拒绝服务攻击（DOS）、未授权的本地超级用户特权访问（U2R）、来自远程主机的非法访问（R2U）和监视或其他探测活动（PROBES））。该数据集的一个重要特征是数据不平衡，大多数数据实例属于正常流量、DOS 和 PROBES 三类。与低频攻击的情况一样，U2R 和 R2U 两类攻击仅由少量数据样本覆盖。已知与该数据集相关的固有问题，例如具有 78% 的高重复率[87]，可以使用数据实例选择方法（例如随机选择方法）来减少用于机器学习的数据集大小。值得一提的是，NSL-KDD-99 数据集[87]已经取代了 KDD 99 数据集，该数据集将数据样本减少到 125 937 个，同时保留了原始数据集的所有特征。表 6.2 详细介绍了 6.3 节所述的不同网络入侵检测系统使用的训练数据集和测试数据集中数据实例的数量。

表 6.2　基于机器学习的 NIDS 的数据集细节

机器学习方法	训练集		测试集		数据集
	正常数据	异常数据	正常数据	异常数据	
TSK+[14]	67 343	58 630	9711	9083	全部 NSL-KDD-99 数据集
传统模糊推理[33]	67 343	58 630	9711	9083	全部 NSL-KDD-99 数据集
FC-ANN[16]	3000	15 285	60 593	250 496	任意部分
MLP[24]	5922	6237	3608	3388	任意部分
SOM[10]	97 277	396 744	60 593	250 436	任意部分
层次 SOM[10]	97 277	396 744	60 593	250 436	任意部分

6.4.2　模型构建

本节详细介绍了上述六种基于机器学习的网络入侵检测方法的模型构建。

1. TSK+模糊推理

如 6.3.1 节所述，该系统为系统模型带来了四个重要特征。在规则库初始化过程中，根据五个类型标签将训练数据集分为五个子数据集，并将字符型标签用五个整数表示。因此，模糊模型采用四个输入，最终预测出一个确定的整数。根据 Elbow 方法，生成了 46 条 TSK 模糊规则，构建了初始规则库。然后使用遗传算法（GA）对其进优化，形成最终的规则库。这项工作中的目标函数定义为均方根误差（RMSE），GA 参数如表 6.3 所示。

表 6.3　GA 参数

参数	数值
群体大小	100.00
交叉率	0.85
突变率	0.05
最大迭代次数	10 000.00
终止阈值	0.01

2. 传统的 Mamdani 模糊推理

本节研究传统的 Mamdani 模糊推理模型。该系统使用 34 个特征进行系统建模，从而产生一个具有 34 个输入和 1 个输出的 Mamdani 模糊模型。每个输入域被等分为 4 个区域并用 4 个语言术语来描述，即"非常低""低""中""高"，其中"低"模糊集和"高"模糊集分别用于指示正常和异常网络流量。模糊规则通过基于给定训练数据集的映射机制获得。具体来说，给定输入，即网络流量包，系统首先基于映射机制模糊化所需特征的清晰值，然后根据生成的规则库生成模糊输出，最后采用重心法将模糊输出去模糊化为清晰输出，以此来表示流量是否为正常流量。

3. 基于模糊聚类的人工神经网络

基于模糊聚类的 ANN 使用所有 41 个特征来预测 5 种网络行为。值得注意的是，数据集中包含的字符值已转换为连续值。首先，使用模糊 C 均值聚类获得 6 个训练子数据集。接下来，训练 6 个具有信号隐藏层的神经网络模型，每个模型的结构都是 [41；18；5]。这意味着每个网络接受 41 个输入，经过 18 个隐藏节点，最终产生 5 个输出。在聚合过程中，设计了一种结构为 [5；13；5] 的新的信号隐藏层神经网络模型，以聚合来自上层 ANN 模型的所有结果。在系统建模过程中，适应度函数选择均方误差（MSE），其阈值设置为 0.001。此外，所有 ANN 模型的学习率和动量因子分别设置为 0.01 和 0.2。

4. 多层感知机

这项研究工作中已经使用专家知识来帮助选择最重要的特征，具体来说，选择了35个特征，其中包括5个字符特征和30个数字特征。与上面介绍的 FC-ANN 方法类似，字符值被转换为数值。由于缺少 U2R 和 R2U 两类攻击的数据样本，因此只考虑了三个类别，即"正常"、DoS 和 Probes。因此，设置了35个输入节点和3个输出节点。在该实验中，实现了具有两个隐藏层的 MLP 网络模型，构成了一个四层的 MLP，即其结构为$^{[35;35;35;3]}$。

5. 层次自组织映射

本实验采用的层次自组织映射结构由两个级别的 SOM 网络组成，每个级别都由三层组成。第一层是输入层，有20个输入节点（对应于20个选定的特征）。在第一级 SOM 中部署了6个 SOM 网络，每个网络代表一个基本的 TCP 功能，包括"持续时间""协议类型""服务""标志""目标字节""源字节"。在训练过程中，训练数据样本被输入到每个自组织映射网络中，在输入和第二层上的6个6×6网格之间创建多个映射，从而产生了36×6=216个神经元。接下来，在第一级 SOM 的每个输出层上使用**势函数聚类**[84]将神经元总数从36个减少到6个，因此第二层的神经元总数最终减少到36个。这36个神经元作为第二级 SOM 的输入，以训练一个新的 SOM，该网络由20×20个神经元网格组成，表示从输入空间到不同网络行为的映射。模型学习率设置为0.05，邻域函数选择高斯函数。

6. 传统的自组织映射

在这个实验中，所有41个特征都被用于入侵检测系统。在训练过程中，学习率设置为0.05，采用高斯函数作为邻域函数。系统接受41个输入来创建五类网络行为之间的映射，最终映射成6×6的神经元网格。

6.4.3 结果对比

为了能够对不同的 ML-NIDS 方法进行直接比较，在这项工作中采用了一种通用的评估指标，即检测率。具体而言，检测率定义如下：

$$检测率 = \frac{正确检测到的实例数}{实例总数} \times 100 \tag{6.8}$$

表6.4总结了每个网络流量类别分类结果的检测率。

表 6.4 性能比较

方法	正常	DoS	U2R	R2U	Probes
TSK+[14]	93.10	97.84	65.38	84.65	85.69
传统模糊推理[33]	82.93	90.42	19.05	15.58	37.08
FC-ANN[16]	91.32	96.70	76.92	58.57	80.00
MLP[24]	89.20	90.90	N/A	N/A	90.30
SOM[10]	98.50	96.80	0.00	0.15	63.40
层次 SOM[10]	92.40	96.50	22.90	11.30	72.80

结果表明，由于正常、DoS 和 Probes 三类具有足够的训练样本，所有方法对这三类都获得了较高的检测性能。值得注意的是，传统的 ANN-NIDS，例如基于 MLP 的方法和基于 SOM 的方法，对 U2R 和 R2U 两类攻击表现了非常差的检测性能。如6.3.2节所述，这个问题是由于 U2R 和 R2U 缺乏训练数据样本造成的。在这种情况下，未来可能需要进一步探究以确定检测阈值是如何影响检测性能的。但是另一方面，基于 FS-ANN 的方法和基于分层 SOM 的方法这两个类似于 ANN 方法的改进版本则明显提高了检测率。值得一提的是，基于 TSK 的 NIDS 不仅在正常、DoS 和 Probes 类中实现了最佳的检测性能，而且在其他两类中也有出色的性能。

6.5 总结

本章研究了如何运用机器学习算法开发网络入侵检测系统。首先回顾了现有的入侵检测技术，包括硬件部署和软件实现。接着讨论了一些机器学习算法及其在网络入侵检测中的应用。最后，使用著名的网络安全基准数据集——KDD 99 来评估提到的几种 ML-NIDS，并对结果进行了分析。尽管基准数据集 KDD 99 在最近的研究中仍然很受欢迎，但它并没有涵盖当今的许多网络威胁，相对而言已经过时了。因此，未来的研究可以考虑使用替代数据集（参见文献 [88-89]）。此外，随着物联网的不断发展，生成数据的数量和速度将继续增长。如何扩展传统的机器学习和人工智能技术来处理不断增长的数据是一个有趣的研究方向。

参考文献

[1] Stampar M, Fertalj K (2015) Artificial intelligence in network intrusion detection. In: Biljanovic P, Butkovic Z, Skala K, Mikac B, Cicin-Sain M, Sruk V, Ribaric S, Gros S, Vrdoljak B, Mauher M, Sokolic A (eds) Proceedings of the 38th International Convention on Information and Communication Technology, Electronics and Microelectronics, pp 1318–1323. https://doi.org/10.1109/MIPRO.2015.7160479

[2] Sommer R, Paxson V (2010) Outside the closed world: on using machine learning for network intrusion detection. In: Proceedings of the 2010 IEEE Symposium on Security and Privacy. IEEE Computer Society, Los Alamitos, CA, USA, pp 305–316. https://doi.org/10.1109/SP.2010.25

[3] Buczak AL, Guven E (2016) A survey of data mining and machine learning methods for cyber security intrusion detection. IEEE Commun Surv Tutor 18(2):1153–1176. https://doi.org/10.1109/COMST.2015.2494502

[4] Russell SJ, Norvig P (2009) Artificial intelligence: a modern approach, 3rd edn. Pearson, Essex

[5] Farnaaz N, Jabbar M (2016) Random forest modeling for network intrusion detection system. Procedia Comput Sci 89:213–217. https://doi.org/10.1016/j.procs.2016.06.047

[6] Ma Z, Kaban A (2013) K-nearest-neighbours with a novel similarity measure for intrusion detection. In: Jin Y, Thomas SA (eds) Proceedings of the 13th UK Workshop on Computational Intelligence. IEEE, New York, pp 266–271. https://doi.org/10.1109/UKCI.2013.6651315

[7] Mukherjee S, Sharma N (2012) Intrusion detection using Naïve Bayes classifier with feature reduction. Proc Tech 4:119–128. https://doi.org/10.1016/j.protcy.2012.05.017

[8] Thaseen IS, Kumar CA (2017) Intrusion detection model using fusion of chi-square feature selection and multi class SVM. J King Saud Univ Comput Inf Sci 29(4):462–472. https://doi.org/10.1016/j.jksuci.2015.12.004

[9] Zhang C, Zhang G, Sun S (2009) A mixed unsupervised clustering-based intrusion detection model. In: Huang T, Li L, Zhao M (eds) Proceedings of the Third International Conference on Genetic and Evolutionary Computing. IEEE Computer Society, Los Alamitos, CA, USA, pp 426–428. https://doi.org/10.1109/WGEC.2009.72

[10] Kayacik HG, Zincir-Heywood AN, Heywood MI (2007) A hierarchical SOM-based intrusion detection system. Eng Appl Artif Intell 20(4):439–451. https://doi.org/10.1016/j.engappai.2006.09.005

[11] Garfinkel S (2002) Network forensics: tapping the Internet. https://paulohm.com/classes/cc06/files/Week6%20Network%20Forensics.pdf

[12] Liao HJ, Lin CHR, Lin YC, Tung KY (2013) Intrusion detection system: a comprehensive review. J Netw Comput Appl 36(1):16–24. https://doi.org/10.1016/j.jnca.2012.09.004

[13] Bostani H, Sheikhan M (2017) Modification of supervised OPF-based intrusion detection systems using unsupervised learning and social network concept. Pattern Recogn 62:56–72. https://doi.org/10.1016/j.patcog.2016.08.027

[14] Li J, Yang L, Qu Y, Sexton G (2018) An extended Takagi-Sugeno-Kang inference system (TSK+) with fuzzy interpolation and its rule base generation. Soft Comput 22(10):3155–3170. https://doi.org/10.1007/s00500-017-2925-2

[15] Ramadas M, Ostermann S, Tjaden B (2003) Detecting anomalous network traffic with self-organizing maps. In: Vigna G, Krügel C, Jonsson E (eds) Recent advances in intrusion detection. Springer, Heidelberg, pp 36–54. https://doi.org/10.1007/978-3-540-45248-5_3

[16] Wang G, Hao J, Ma J, Huang L (2010) A new approach to intrusion detection using artificial neural networks and fuzzy clustering. Expert Syst Appl 37(9):6225–6232. https://doi.org/10.1016/j.eswa.2010.02.102

[17] Wang W, Battiti R (2006) Identifying intrusions in computer networks with principal component analysis. In: Revell N, Wagner R, Pernul G, Takizawa M, Quirchmayr G, Tjoa AM (eds) Proceedings of the First International Conference on Availability, Reliability and Security. IEEE Computer Society, Los Alamitos, CA, USA. https://doi.org/10.1109/ARES.2006.73

[18] Yang L, Li J, Fehringer G, Barraclough P, Sexton G, Cao Y (2017) Intrusion detection system by fuzzy interpolation. In: Proceedings of the 2017 IEEE International Conference on Fuzzy Systems. https://doi.org/10.1109/FUZZ-IEEE.2017.8015710

[19] Sekar R, Gupta A, Frullo J, Shanbhag T, Tiwari A, Yang H, Zhou S (2002) Specification-based anomaly detection: a new approach for detecting network intrusions. In: Proceedings of the 9th ACM Conference on Computer and Communications Security. ACM, New York, pp 265–274. https://doi.org/10.1145/586110.586146

[20] Tseng CY, Balasubramanyam P, Ko C, Limprasittiporn R, Rowe J, Levitt K (2003) A specification-based intrusion detection system for AODV. In: Swarup V, Setia S (eds) Proceedings of the 1st ACM Workshop on Security of ad hoc and Sensor Networks. ACM, New York, pp 125–134. https://doi.org/10.1145/986858.986876

[21] Bostani H, Sheikhan M (2017) Hybrid of anomaly-based and specification-based IDS for Internet of Things using unsupervised OPF based on MapReduce approach. Comput Commun 98:52–71. https://doi.org/10.1016/j.comcom.2016.12.001

[22] Mukkamala S, Sung A (2003) Feature selection for intrusion detection with neural networks and support vector machines. Trans Res Rec 1822:33–39. https://doi.org/10.3141/1822-05

[23] Kumar M, Hanumanthappa M, Kumar TVS (2012) Intrusion detection system using decision tree algorithm. In: Proceedings of the 14th IEEE International Conference on Communication Technology. IEEE, New York, pp 629–634. https://doi.org/10.1109/ICCT.2012.6511281

[24] Moradi M, Zulkernine M (2004) A neural network based system for intrusion detection and classification of attacks. http://research.cs.queensu.ca/~moradi/148-04-MM-MZ.pdf

[25] Ravale U, Marathe N, Padiya P (2015) Feature selection based hybrid anomaly intrusion detection system using K means and RBF kernel function. Procedia Comput Sci 45:428–435. https://doi.org/10.1016/j.procs.2015.03.174

[26] Liu G, Yi Z (2006) Intrusion detection using PCASOM neural networks. In: Wang J, Yi Z, Zurada JM, Lu BL, Yin H (eds) Advances in neural networks–ISNN 2006. Springer, Heidelberg, pp 240–245. https://doi.org/10.1007/11760191_35

[27] Chen Y, Abraham A, Yang B (2007) Hybrid flexible neural-tree-based intrusion detection systems. Int J Intell Syst 22(4):337–352. https://doi.org/10.1002/int.20203

[28] Mamdani EH (1977) Application of fuzzy logic to approximate reasoning using linguistic synthesis. IEEE Trans Comput C-26(12):1182–1191. https://doi.org/10.1109/TC.1977.1674779

[29] Takagi T, Sugeno M (1985) Fuzzy identification of systems and its applications to modeling and control. IEEE Trans Syst Man Cybern SMC-15(1):116–132. https://doi.org/10.1109/TSMC.1985.6313399

[30] Li J, Shum HP, Fu X, Sexton G, Yang L (2016) Experience-based rule base generation and adaptation for fuzzy interpolation. In: Cordón O (ed) Proceedings of the 2016 IEEE International Conference on Fuzzy Systems. IEEE, New York, pp 102–109. https://doi.org/10.1109/FUZZ-IEEE.2016.7737674

[31] Tan Y, Li J, Wonders M, Chao F, Shum HP, Yang L (2016) Towards sparse rule base generation for fuzzy rule interpolation. In: Cordón O (ed) Proceedings of the 2016 IEEE International Conference on Fuzzy Systems. IEEE, New York, pp 110–117. https://doi.org/10.1109/FUZZ-IEEE.2016.7737675

[32] Chaudhary A, Tiwari V, Kumar A (2014) Design an anomaly based fuzzy intrusion detection system for packet dropping attack in mobile ad hoc networks. In: Batra U (ed) Proceedings of the 2014 IEEE International Advance Computing Conference. IEEE, New York, pp 256–261. https://doi.org/10.1109/IAdCC.2014.6779330

[33] Shanmugavadivu R, Nagarajan N (2011) Network intrusion detection system using fuzzy logic. Indian J Comput Sci Eng 2(1):101–111

[34] Naik N, Diao R, Shen Q (2017) Dynamic fuzzy rule interpolation and its application to intrusion detection. IEEE Trans Fuzzy Syst https://doi.org/10.1109/TFUZZ.2017.2755000

[35] Kóczy TL, Hirota K (1993) Approximate reasoning by linear rule interpolation and general approximation. Int J Approx Reason 9(3):197–225. https://doi.org/10.1016/0888-

613X(93)90010-B

[36] Huang Z, Shen Q (2006) Fuzzy interpolative reasoning via scale and move transformations. IEEE Trans Fuzzy Syst 14(2):340–359. https://doi.org/10.1109/TFUZZ.2005.859324

[37] Huang Z, Shen Q (2008) Fuzzy interpolation and extrapolation: a practical approach. IEEE Trans Fuzzy Syst 16(1):13–28. https://doi.org/10.1109/TFUZZ.2007.902038

[38] Li J, Yang L, Fu X, Chao F, Qu Y (2018) Interval Type-2 TSK+ fuzzy inference system. In: Proceedings of the 2018 IEEE International Conference on Fuzzy Systems. Curran Associates, Red Hook, NY, USA

[39] Yang L, Shen Q (2010) Adaptive fuzzy interpolation and extrapolation with multiple-antecedent rules. In: Proceedings of the 2010 IEEE International Conference on Fuzzy Systems. Curran Associates, Red Hook, NY, USA. https://doi.org/10.1109/FUZZY.2010.5584701

[40] Naik N, Diao R, Quek C, Shen Q (2013) Towards dynamic fuzzy rule interpolation. In: Proceedings of the 2013 IEEE International Conference on Fuzzy Systems. Curran Associates, Red Hook, NY, USA. https://doi.org/10.1109/FUZZ-IEEE.2013.6622404

[41] Naik N, Diao R, Shen Q (2014) Genetic algorithm-aided dynamic fuzzy rule interpolation. In: Proceedings of the 2014 IEEE International Conference on Fuzzy Systems. Curran Associates, Red Hook, NY, USA. https://doi.org/10.1109/FUZZ-IEEE.2014.6891816

[42] Shen Q, Yang L (2011) Generalisation of scale and move transformation-based fuzzy interpolation. J Adv Comput Intell Int Inf 15(3):288–298. https://doi.org/10.20965/jaciii.2011.p0288

[43] Yang L, Chao F, Shen Q (2017) Generalised adaptive fuzzy rule interpolation. IEEE Trans Fuzzy Syst 25(4):839–853. https://doi.org/10.1109/TFUZZ.2016.2582526

[44] Yang L, Chen C, Jin N, Fu X, Shen Q (2014) Closed form fuzzy interpolation with interval type-2 fuzzy sets. In: Proceedings of the 2014 IEEE International Conference on Fuzzy Systems. IEEE, pp 2184–2191. https://doi.org/10.1109/FUZZ-IEEE.2014.6891643

[45] Yang L, Shen Q (2011) Adaptive fuzzy interpolation. IEEE Trans Fuzzy Syst 19(6):1107–1126. https://doi.org/10.1109/TFUZZ.2011.2161584

[46] Yang L, Shen Q (2011) Adaptive fuzzy interpolation with uncertain observations and rule base. In: Lin C-T, Kuo Y-H (eds) Proceedings of the 2011 IEEE International Conference on Fuzzy Systems. IEEE, New York, pp 471–478. https://doi.org/10.1109/FUZZY.2011.6007582

[47] Yang L, Shen Q (2013) Closed form fuzzy interpolation. Fuzzy Sets Syst 225:1–22. https://doi.org/10.1016/j.fss.2013.04.001

[48] Li J, Yang L, Fu X, Chao F, Qu Y (2017) Dynamic QoS solution for enterprise networks using TSK fuzzy interpolation. In: Proceedings of the 2017 IEEE International Conference on Fuzzy Systems. Curran Associates, Red Hook, NY, USA. https://doi.org/10.1109/FUZZ-IEEE.2017.8015711

[49] Li J, Yang L, Shum HP, Sexton G, Tan Y (2015) Intelligent home heating controller using fuzzy rule interpolation. In: UK Workshop on Computational Intelligence, 7–9 September 2015, Exeter, UK

[50] Naik N (2015) Fuzzy inference based intrusion detection system: FI-Snort. In: Wu Y, Min G, Georgalas N, Hu J, Atzori L, Jin X, Jarvis S, Liu L, Calvo RA (eds) Proceedings of the 2015 IEEE International Conference on Computer and Information Technology; Ubiquitous Computing and Communications; Dependable, Autonomic and Secure Computing; Pervasive Intelligence and Computing. IEEE Computer Society, Los Alamitos, CA, USA, pp 2062–2067. https://doi.org/10.1109/CIT/IUCC/DASC/PICOM.2015.306

[51] Yang L, Li J, Hackney P, Chao F, Flanagan M (2017) Manual task completion time estimation for job shop scheduling using a fuzzy inference system. In: Wu Y, Min G, Georgalas N, Al-Dubi A, Jin X, Yang L, Ma J, Yang P (eds) Proceedings of the 2017 IEEE International Conference on Internet of Things (iThings) and IEEE Green Computing and Communications (GreenCom) and IEEE Cyber, Physical and Social Computing (CPSCom) and IEEE Smart Data (SmartData). IEEE Computer Society, Los Alamitos, CA, USA, pp 139–146. https://doi.org/10.1109/iThings-GreenCom-CPSCom-SmartData.2017.26

[52] Li J, Qu Y, Shum HPH, Yang L (2017) TSK inference with sparse rule bases. In: Angelov P,

Gegov A, Jayne C, Shen Q (eds) Advances in computational intelligence systems. Springer, Cham, pp 107–123. https://doi.org/10.1007/978-3-319-46562-3_8

[53] Guha S, Yau SS, Buduru AB (2016) Attack detection in cloud infrastructures using artificial neural network with genetic feature selection. In: Proceedings of the 14th International Conference on Dependable, Autonomic and Secure Computing, 14th International Conference on Pervasive Intelligence and Computing, 2nd International Conference on Big Data Intelligence and Computing and Cyber Science and Technology Congress. IEEE Computer Society, Los Alamitos, CA, USA, pp 414–419. https://doi.org/10.1109/DASC-PICom-DataCom-CyberSciTec.2016.32

[54] Jensen R, Shen Q (2008) Computational intelligence and feature selection: rough and fuzzy approaches. Wiley-IEEE Press, New York

[55] Jensen R, Shen Q (2009) New approaches to fuzzy-rough feature selection. IEEE Trans Fuzzy Syst 17(4):824–838. https://doi.org/10.1109/TFUZZ.2008.924209

[56] Tsang EC, Chen D, Yeung DS, Wang XZ, Lee JW (2008) Attributes reduction using fuzzy rough sets. IEEE Trans Fuzzy Syst 16(5):1130–1141. https://doi.org/10.1109/TFUZZ.2006.889960

[57] Zuo Z, Li J, Anderson P, Yang L, Naik N (2018) Grooming detection using fuzzy-rough feature selection and text classification. In: Proceedings of the 2018 IEEE International Conference on Fuzzy Systems. Curran Associates, Red Hook, NY, USA

[58] Dash M, Liu H (1997) Feature selection for classification. Intell. Data Anal 1(3):131–156. https://doi.org/10.1016/S1088-467X(97)00008-5

[59] Langley P (1994) Selection of relevant features in machine learning. In: Proceedings of the AAAI Fall Symposium on Relevance. AAAI Press, Palo Alto, CA, USA, pp 245–271

[60] Jensen R, Shen Q (2009) Are more features better? A response to attributes reduction using fuzzy rough sets. IEEE Trans Fuzzy Syst 17(6):1456–1458. https://doi.org/10.1109/TFUZZ.2009.2026639

[61] Guyon I, Elisseeff A (2003) An introduction to variable and feature selection. J Mach Learn Res 3:1157–1182. http://www.jmlr.org/papers/volume3/guyon03a/guyon03a.pdf

[62] Jensen R, Shen Q (2004) Semantics-preserving dimensionality reduction: rough and fuzzy-rough-based approaches. IEEE Trans Knowl Data Eng 16(12):1457–1471. https://doi.org/10.1109/TKDE.2004.96

[63] Parthaláin NM, Shen Q (2009) Exploring the boundary region of tolerance rough sets for feature selection. Pattern Recogn 42(5):655–667. https://doi.org/10.1016/j.patcog.2008.08.029

[64] Parthaláin NM, Shen Q, Jensen R (2010) A distance measure approach to exploring the rough set boundary region for attribute reduction. IEEE Trans Knowl Data Eng 22(3):305–317. https://doi.org/10.1109/TKDE.2009.119

[65] Saeys Y, Inza I, Larrañaga P (2007) A review of feature selection techniques in bioinformatics. Bioinformatics 23(19):2507–2517. https://doi.org/10.1093/bioinformatics/btm344

[66] Yu L, Liu H (2004) Efficient feature selection via analysis of relevance and redundancy. J Mach Learn Res 5:1205–1224

[67] Thorndike RL (1953) Who belongs in the family? Psychometrika 18(4):267–276. https://doi.org/10.1007/BF02289263

[68] Anderson JA (1995) An introduction to neural networks. MIT Press, Cambridge, MA, USA

[69] Planquart J-P (2001) Application of neural networks to intrusion detection. Sans Institute. https://www.sans.org/reading-room/whitepapers/detection/application-neural-networks-intrusion-detection-336

[70] Cameron R, Zuo Z, Sexton G, Yang L (2017) A fall detection/recognition system and an empirical study of gradient-based feature extraction approaches. In: Chao F, Schockaert S, Zhang Q (eds) Advances in computational intelligence systems. Springer, Cham, pp 276–289. https://doi.org/10.1007/978-3-319-66939-7_24

[71] Linda O, Vollmer T, Manic M (2009) Neural network based intrusion detection system for critical infrastructures. In: Proceedings of the 2009 International Joint Conference on Neural

Networks. IEEE, Piscataway, NJ, USA, pp 1827–1834. https://doi.org/10.1109/IJCNN.2009. 5178592

[72] Subba B, Biswas S, Karmakar S (2016) A neural network based system for intrusion detection and attack classification. In: Proceedings of the Twenty-Second National Conference on Communication. IEEE, New York. https://doi.org/10.1109/NCC.2016.7561088

[73] Zuo Z, Yang L, Peng Y, Chao F, Qu Y (2018) Gaze-informed egocentric action recognition for memory aid systems. IEEE Access 6:12894–12904. https://doi.org/10.1109/ACCESS.2018. 2808486

[74] Beghdad R (2008) Critical study of neural networks in detecting intrusions. Comput Secur 27(5):168–175. https://doi.org/10.1016/j.cose.2008.06.001

[75] Ouadfel S, Batouche M (2007) Antclust: an ant algorithm for swarm-based image clustering. Inf Technol J 6(2):196–201. https://doi.org/10.3923/itj.2007.196.201

[76] De la Hoz E, de la Hoz E, Ortiz A, Ortega J, Martínez-Álvarez A: Feature selection by multi-objective optimisation: application to network anomaly detection by hierarchical self-organising maps. Knowl Based Syst 71:322–338. https://doi.org/10.1016/j.knosys.2014.08. 013

[77] Labib K, Vemuri R (2002) NSOM: a real-time network-based intrusion detection system using self-organizing maps. http://web.cs.ucdavis.edu/~vemuri/papers/som-ids.pdf

[78] Vasighi M, Amini H (2017) A directed batch growing approach to enhance the topology preservation of self-organizing map. Appl Soft Comput 55:424–435. https://doi.org/10.1016/ j.asoc.2017.02.015

[79] Vokorokos L, Balaz A, Chovanec M (2006) Intrusion detection system using self organizing map. Acta Electrotechnica et Informatica 6(1). http://www.aei.tuke.sk/papers/2006/1/ Vokorokos.pdf

[80] Prabhakar SY, Parganiha P, Viswanatham VM, Nirmala M (2017) Comparison between genetic algorithm and self organizing map to detect botnet network traffic. In: IOP conference series: materials science and engineering, vol 263. IOP Publishing, Bristol. https://doi.org/10.1088/ 1757-899X/263/4/042103

[81] Haykin S (2009) Neural networks and learning machines, 3rd edn. Prentice Hall, Upper Saddle River, NJ, USA

[82] Joo D, Hong T, Han I (2003) The neural network models for IDS based on the asymmetric costs of false negative errors and false positive errors. Expert Syst Appl 25(1):69–75. https://doi.org/10.1016/S0957-4174(03)00007-1

[83] Patcha A, Park JM (2007) An overview of anomaly detection techniques: existing solutions and latest technological trends. Comput Netw 51(12):3448–3470. https://doi.org/10.1016/j. comnet.2007.02.001

[84] Chiu SL (1994) Fuzzy model identification based on cluster estimation. J Intell Fuzzy Syst 2(3):267–278. https://doi.org/10.3233/IFS-1994-2306

[85] Mahoney MV (2003) A machine learning approach to detecting attacks by identifying anomalies in network traffic. Ph.D. thesis, Florida Institute of Technology, Melbourne, FL, USA

[86] Elisa N, Yang L, Naik N (2018) Dendritic cell algorithm with optimised parameters using genetic algorithm. In: Proceedings of the 2018 IEEE Congress on Evolutionary Computation. Curran Associates, Red Hook, NY, USA

[87] Tavallaee M, Bagheri E, Lu W, Ghorbani A (2009) A detailed analysis of the KDD Cup 99 data set. In: Wesolkowski S, Abbass H, Abielmona R (eds) Proceedings of the 2009 IEEE Symposium on Computational Intelligence for Security and Defense Applications. https://doi. org/10.1109/CISDA.2009.5356528

[88] Gharib A, Sharafaldin I, Lashkari AH, Ghorbani AA (2016) An evaluation framework for intrusion detection dataset. In: Joukov N, Kim H (eds) Proceedings of the 2016 International Conference on Information Science and Security. Curran Associates, Red Hook, NY, USA. https://doi.org/10.1109/ICISSEC.2016.7885840

[89] Sharafaldin I, Lashkari AH, Ghorbani AA (2018) Toward generating a new intrusion detection dataset and intrusion traffic characterization. In: Mori P, Furnell S, Camp O (eds) Proceedings of the 4th International Conference on Information Systems Security and Privacy, vol 1, pp 108–116. https://doi.org/10.5220/0006639801080116

第 7 章

使用机器学习技术进行 Android 应用程序分析

Takeshi Takahashi，**Tao Ban**

摘要 当前，针对 Android 终端的恶意软件数量正在增长，与其他 Android 应用程序类似，恶意软件应用程序以 Android 软件包（APK）的形式分发给 Android 终端。因此，分析 APK 可能有助于识别恶意软件。在本章中，我们将介绍如何使用机器学习技术来识别 Android 恶意软件。我们首先查看 APK 文件的结构并介绍识别恶意软件的技术。然后，我们介绍如何收集和分析数据，并借此准备数据集，这不仅需要通过使用权限请求和调用 API 来实现，还需要将应用集群和描述作为数据源。为了证明机器学习技术在分析 Android 应用程序方面的有效性，我们在数据集上分析了支持向量机分类的性能，并将其与不使用机器学习的方案进行了比较。我们还评估了所用特征的有效性，并通过移除不相关的特征来进一步提高分类性能。最后，我们解决了使用机器学习技术分析 Android 应用程序时遇到的一些问题和限制。

7.1 引言

Android[⊖]是智能手机中最广泛使用的操作系统（OSes）之一，在撰写本文时，按

⊖ https://www.android.com

其向最终用户的销售计算，其全球市场份额为 87.7%[1]。它的开放规范促进了应用程序的开发及其在 Android 应用程序市场上的发布。但是，这使得难以集中管理 Android 操作系统和应用程序，Android 恶意软件也因此可以在不被发现的情况下传播。

当前，Android 恶意软件的数量在不断增加，而且 Android 平台上存在各种类型的威胁[2]。例如，Simpslocker[3] 和 LockerPin[4] 是两个用于 Android 的勒索软件应用程序。Simplocker 加密用户文件，而 LockerPin 更改设备的个人识别码（PIN）⊖。合法用户和攻击者都不知道新的个人识别码，因此即使支付了请求的赎金，用户也无法获得个人识别码。

Android 恶意软件的影响不仅限于智能手机。虽然 Android 目前主要用于智能手机设备，但它已经在物联网设备上被广泛使用。事实上，Android Things 就是一个基于 Android 操作系统的物联网操作系统，它已经被投入使用并被重新命名为 Brillo⊖。因此，Android 恶意软件的影响将逐步扩大，不仅仅限于智能手机领域。

在本章中，我们将介绍检测 Android 恶意软件的技术，并描述如何使用机器学习技术分析 Android 应用程序，特别是支持向量机（SVM）⊖[5-6]。我们还会讨论数据集生成，由于数据集的大小和质量很大程度上决定了机器学习技术的性能，所以这一步至关重要。我们不仅需要使用权限请求和 API 调用，还将应用程序类别和描述作为数据源。在生成的数据集上，我们通过测量 SVM 的分类性能并将其与不使用机器学习的方案进行比较，证明了使用 SVM 分析 Android 应用程序的有效性。为了进一步提高 SVM 的性能，我们评估了用于分析 Android 应用程序的特征的有效性，并从数据集中删除了没有贡献的编码特征。然后我们设计了一个实验并在其中取得了 94.15% 的分类准确率。最后，我们讨论了机器学习技术在该领域实际应用中的几个问题和局限性。

本章其余部分的结构如下。7.2 节概述了 Android 应用程序包（APK），为分析 Android 应用程序提供了必要的初步知识。7.3 节介绍了识别恶意软件的各种技术，包括基于机器学习的技术。7.4 节介绍了所使用的数据集。7.5 节介绍了一种使用 SVM 检测恶意软件的技术，并在我们的数据集上评估了其有效性。7.6 节展

⊖ 个人识别码（PIN）是用于用户身份验证的数字或字母密码、代码。
⊖ https://developer. android. com/things/
⊖ 对文献 [7-8] 中发布的工作进行了扩展。

示了与不使用机器学习的方案在性能上的比较。7.7 节介绍了一种通过评估特征并从数据集中删除无关特征来提高机器学习技术泛化能力的技术。7.8 节讨论了使用机器学习技术分析 Android 应用程序的一些问题和限制。最后，7.9 节总结了未来研究的要点和潜在路线。

7.2　Android 应用程序包的结构

Android 应用程序以 APK 的形式提供。APK 文件是一个由多个文件组成的压缩文件，因此必须在使用前将其解压。如图 7.1 所示，每个 APK 文件都包含文件 `AndroidManifest.xml` 和 `classes.dex` 以及未预编译的签名文件和资源。`AndroidManifest.xml` 和 `classes.dex` 通常用于分析和评估 APK 文件的威胁和漏洞。

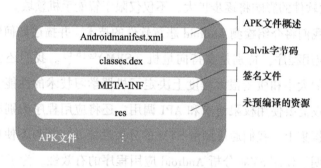

图 7.1　APK 文件结构

7.2.1　中央配置（AndroidManifest.xml）

所有 APK 文件都包含一个 `AndroidManifest.xml` 文件，它以二进制形式存储并包含用 XML 描述的各种应用程序信息。我们可以使用 Apktool⊖和 Android Studio⊖等工具从该文件中提取信息。表 7.1 列出了 XML 中包含的一些标签，其中包括权限请求和应用程序支持的 API 级别。

⊖ https://ibotpeaches.github.io/Apktool/
⊖ https://developer.android.com/studio/

表 7.1　AndroidManifest. xml 中描述的核心信息

标签名	内容
Application	应用程序的常规配置，例如图标、标签和显示主题
Uses-sdk	运行应用程序所需的 API 级别范围
Uses-permission	应用程序请求的权限
Uses-library	应用程序使用的库

权限系统用于限制对特权系统资源的访问，Android 应用程序开发人员必须在 AndroidManifest.xml 中明确声明权限。官方 Android 权限分为四种类型：Normal、Dangerous、Signature 和 SignatureOrSystem，其中最后一种自 Android 6.0 以后不再使用。使用 Dangerous 权限需要用户批准，因为它们允许访问受限资源，如果使用不当，可能会有安全隐患。当将权限作为机器学习算法的输入来检测恶意软件时，权限通常被编码为二进制变量，即向量中的元素只能取以下两个值中的一个：1 表示所请求的权限，否则为 0。Android 权限数量取决于操作系统的版本。

Android 操作系统在不断发展，可用的权限请求和 API 调用可能会不时地发生变化。因此，需要参考 uses-sdk 标签来获取受支持的 API 版本，并使用受支持的权限和 API 调用来高效地进行风险分析。

7.2.2　Dalvik 字节码（classes. dex）

Android 应用是用 Java 开发的，并被编译成 Java 字节码。然后，字节码被转换成 Dalvik 字节码，并以 Dalvik 可执行文件（DEX）格式⊖存储，即 classes.dex。与 Java字节码一样，Dalvik 字节码对逆向工程友好，无须源代码即可进行代码分析。

有一些工具可以帮助进行代码分析。如前所述，每个 APK 文件都是一个压缩文件，其中的文件以二进制形式存储，所以无法直接分析文件内容。前面提到的 Apktool 不仅可以将 AndroidManifest.xml 转换成文本，还可以通过对 classes.dex 中的字节码进行逆向工程来生成 smali 代码⊖。尽管 smali 代码不是原始 Java 代码，但是它以人

⊖ https://source. android. com/devices/tech/dalvik/dex-format
⊖ https://github. com/JesusFreke/smali

类可读的方式准确地表示了字节码，这对于分析字节码很有用。事实上，可以修改反编译为 smali 代码的 APK，然后将其重新编译为有效的 APK。此外，dex2jar⊖可以将一个 classes.dex 文件转换成一个 JAR 文件，尽管这个 JAR 文件不能被重新编译成一个能工作的 APK。在网上还有其他一些工具可用于 APK 文件分析。

每个应用程序在运行时会调用一组 API，每个 API 与一个特定的权限相关联。进行 API 调用时，将检查对其关联权限的批准情况，只有当用户授予必要的许可时，API 的执行才会成功。这样，权限就可以保护用户的私人信息免受未经授权的访问[9]。Android应用程序的 API 调用存储在一个 smali 文件中，该文件可以通过逆向工程获得。

7.3　Android 恶意软件识别技术

恶意软件以 APK 的形式分发到 Android 终端，所以为了识别恶意软件，需要使用 APK 分析技术。此外，恶意软件分析非常需要自动化技术。在本节中，将介绍三种类型的分析技术（基于黑名单、参数化和分类）。

7.3.1　黑名单

基于黑名单的检测技术通常用于各种领域，例如垃圾邮件过滤和恶意软件检测。每个应用程序都有特定的黑名单，例如，APK 文件的黑名单、URL 的黑名单和应用程序开发人员签名的黑名单。APK 文件黑名单是被识别为恶意软件的 APK 文件的哈希值列表。URL 黑名单列举了包含恶意内容（例如恶意软件）的 URL 以及与这些 URL 进行通信的 APK 文件。应用程序开发人员黑名单是恶意软件开发人员证书的列表，带有这些证书的 APK 文件很可能就是恶意软件。

基于黑名单的检测技术依赖于已经创建并随时可用的黑名单，因此，评估以前没有评估过的应用程序需要其他方法。手动评估是一种选择，不过也有自动方法，下面将详细介绍。

⊖　http://code.google.com/p/dex2jar/downloads/list

7.3.2　参数化

判断应用程序是否是恶意软件的自动化方法之一是定义一个数字参数，该参数表示软件是恶意软件的可能性。如果该参数的值超过某个值，则该软件被视为恶意软件。DroidRisk 就是这样一种技术[10]，它根据许可请求量化应用程序的风险级别。首先，它通过将恶意软件滥用许可的可能性乘以这种滥用的影响来量化每个许可的风险级别。然后，它对应用程序请求的权限的量化风险求和，以产生代表应用程序风险级别的参数，如下所示：

$$r = \sum_i \{ L(p_i) \times I(p_i) \} \tag{7.1}$$

其中 r 表示量化的风险级别，$L(p)$ 表示许可 p 被恶意软件使用的可能性，$I(p)$ 表示恶意软件滥用许可 p 的影响。如果 r 值超过预定义的阈值，DroidRisk 会将该应用程序标记为恶意软件。

该方案可能能够识别许多恶意软件应用程序，但是其功能有限。例如，该方案不考虑应用程序类型。权限滥用的可能性因应用程序类型而异，而 DroidRisk 不考虑这种差异。例如，日历应用程序请求访问用户联系人列表的权限并没有什么异常，但是如果计算器应用程序这样做就很可疑。

有一种方案考虑了应用程序类型，它为每种应用程序类型确定了一个特定的权限，称为**基于类别的稀有关键权限**（CRCP）[11]。虽然这个权限可以被许多应用程序使用，但是它很少被特定类型的应用程序使用。如果特定类型的应用程序请求该权限，则此方案会将该应用程序视为恶意软件。

这类计划对于分析人员而言相当容易理解和验证。但是，这类方案仅利用了几个特征，而使用更多的特征可以提高检测恶意软件的性能，但困难在于使用多个特征构建参数并非易事。下一节中描述的当前最优秀的分类方法不仅考虑多种特征，而且可以提供比之前的方法更好的恶意软件识别性能。

7.3.3　分类

在我们的分类方法中，对每个样本进行分类而不是定义和使用关键参数。如果仅关注恶意软件检测，则使用此方法的方案会将样本分为两组。有人可能会说，上述方案也可以视为普通的分类方案，但与它们不同的是，此处的方案通常不提供人类友好的参数，而是使用机器学习技术，众所周知，机器学习技术在分类任务中能够胜过其他类型的技术。

有不少不同的机器学习技术，但并不是所有这些技术都适合对 Android 应用进行分类。如 7.4 节所述，本章将包括 API 调用在内的各种特征作为 SVM 的输入。但是，将这些特征编码为数值属性会导致数据集非常大，对于 API 特征来说尤其如此：在我们的数据中，APK 文件使用了超过 30 000 个独特的 API，而这种高维且稀疏的数据导致难以使用常见的机器学习技术。然而，根据 Vapnik 的**统计学习理论**[6]，即使对于超高维的数据，SVM 也能保证性能。线性 SVM 特别适用于这种数据，因为它的收敛速度快且泛化性能良好。与其他方法相比，我们更喜欢线性 SVM 的另一个原因如 7.7 节所述，它有助于对高维数据进行快速特征选择。因此，本章仅使用 SVM 用于分类任务。

7.4 数据集准备

在使用机器学习方法之前，必须准备好数据集。本节介绍常见数据类型的集合。

7.4.1 APK 文件分析

需要使用 APK 文件来生成各种数据集进行分析。这些文件可以在在线 APK 市场中找到，例如 Google Play $^{\ominus}$。有几种下载这些文件的选项，还有一些为此目的而专门设计的工具和 API 值得考虑[12]。一些市场对 APK 文件的使用和访问设置了一些限制，在相应的条款和条件中对此进行了说明。

通过分析 APK 文件，可以提取构建数据集所需的数据。用于提取特征的分析基本上有两种类型：静态分析和动态分析。

静态分析检查 APK 文件中的文件。在这些文件中，AndroidManifest.xml 和 classes.dex 包含适合用作特征的数据。权限请求信息可以从 Android Manifest.xml 中提取，API 调用可以从 classes.dex 中提取。虽然本章仅利用权限请求

$\ominus$ https://play.google.com

信息和 API 调用信息，但也可以从 Android Manifest.xml 中提取更多信息，例如有
关预期应用程序的信息。

与静态分析不同，动态分析监控运行中的应用程序的行为和活动。有一些工具可以
帮助进行这种分析，例如 TentDroid[13] 和 Epicc[14]。动态分析的一个常见缺点是与用户界
面的交互性有限，不过有一些工具解决了这个问题，例如 Monkey[15] 和 DroidBot[16]。

虽然这两种类型的分析都很重要，但本章重点介绍静态分析。

7.4.2　应用程序元数据

APK 分析不是生成数据集数据的唯一方法。还有其他数据源，例如在线 APK 市场
上可用的 APK 文件的元数据。APK 市场上的 APK 文件随应用程序说明一起发布。应
用程序类别信息和下载次数也经常可用。这些信息可以被收集并作为特征。

由于应用程序描述不能以其原始形式进行处理，因此需要对其进行转换，以便将
其用作 SVM 输入。一种方法是应用词袋模型，该模型列出了每个单词在描述中出现的
频率[17]。但是，词袋模型会生成高维数据集，因此它的效率很低。

另一种方法是将诸如 k-means[18] 的聚类算法应用于所生成的词袋，从描述中生成
应用程序聚类。例如，CHABADA 使用 k-means 来定义集群，然后将 APK 文件分类成
聚类簇[19]。这个过程包括三个阶段：

1）数据预处理阶段。从描述中得出可用于潜在 Dirichlet 分配（LDA）[20] 的单词。
首先，检查描述语言并丢弃非英语描述。此外，非文本项，如数字、HTML 标签、Web
链接和电子邮件地址等也将被丢弃。然后，从描述中提取词干⊖并截断停用词。最后，
统计最终描述的单词数，丢弃包含少于 10 个单词的描述⊜。

2）主题模型生成阶段。使用 LDA 处理剩余描述中的单词。这些描述被导入后可
训练出许多主题。本实验共考虑了 300 个主题，主题比例阈值为 0.05，每个条目最多 4
个主题。因此，该过程将输出一些（最多 4 个）主题数-比例值对⊜。

⊖　词干是单词的一部分，并且对于所有的变体形式都是通用的。
⊜　我们使用语言检测库[21] 来检测语言，使用词干化[22] 进行词干操作，并使用 MALLET[23] 的停用词列表作
　　为本实验的停用词列表。
⊜　我们使用 MALLET 来运行 LDA，并考虑了 300 个主题，因为 MALLET 文档中指出："主题的数量应该在某
　　种程度上取决于集合的大小，但是 200~400 个会产生合理的细粒度结果。"

3）集群生成阶段。对于每个描述，使用 k-means$^{\ominus}$根据主题数–比例值对将 APK 文件分组为聚类簇。类别数设置为 12，与 Opera Mobile Store$^{\ominus}$中使用的类别数相同。

7.4.3 标签分类

要进行监督学习，首先需要标签信息。有几种获取该信息的技术，这里只介绍其中一种。该方法使用 VirusTotal$^{\ominus}$，这是一个可以从各种评估引擎的输出中获取数据的信息聚合器。如果至少有两个结果表明该文件是恶意文件，则将该 APK 文件视为恶意软件。

需要解决的一个问题是准确定义恶意软件。广告软件是一种只会令人讨厌的软件类型（不会构成威胁），并且具有不同于恶意软件的特征。虽然也可以将广告软件视为恶意软件，但出于我们的实验目的，需要将广告软件与恶意软件区分开来。因此，应该删除名称中包含字符串"adware"或广告软件系列名称列表中列出的任何字符串的恶意软件应用程序。广告软件系列名称列表可以用不同的方式构建，其中一种方法是列出所有被 VirusTotal 识别为广告软件的软件名称。需要注意的是，命名规则可能会因评估引擎而异，这需要在构建列表时加以考虑。

7.4.4 数据编码

将各种来源的信息编码为数字特征可能具有挑战性：特征格式和特征可用性可能因来源而异。例如，虽然权重和顺序可能包含 API 调用的基本信息，但它们不适用于权限请求和应用程序类别等特征。

为了一致地编码所有特征，我们将所有特征编码为二进制属性。对于权限请求和 API 调用，如果在 manifest/smali 文件中声明了权限/API，则属性设置为 1；否则，属性设置为 0。应用程序类别可以按照**独热编码**被编码为二进制属性：将每个应用程序类别建模为二进制属性，并且这些属性是互斥的，因此集合中只有一个数值位可以为 1。为了将描述文本编码成二进制属性，我们首先使用 7.4.2 节中提到的技术执行聚类分

⊖ 我们使用了 Ruby gem[24] 的"kmeans"功能。

⊜ Opera Mobile Store 已更名为 Bemobi Mobile Store[25]。

⊜ https://www.virustotal.com

析，以便将每个 APK 分配给少数几个聚类之一，之后可以按照独热编码进行编码。至此，基本的鉴别信息（即两个 APK 文件的描述文本越相似，它们就越有可能属于同一类）就被编码为二进制属性了。

使用高级文本挖掘方法开发描述文本可能会带来更好的泛化性能。然而，这也引入了新的问题，例如数据维数显著增加以及对特征加权的依赖，因此在此省略了此方法。

7.4.5　一种安全和恶意 APK 文件的新型数据集

我们使用 7.4.4 节描述的技术生成了数据集⊖。2014 年 1 月至 9 月，我们从 Opera Mobile Store 收集了 87 182 份 APK 文件。因为我们的分析方案严格要求权限请求，所以排除了无法提取权限请求的文件。VirusTotal 无法处理的文件也从数据集中排除，因为需要 VirusTotal 评估结果来标记数据集。按照 7.4.3 节中描述的步骤，文件被标记为恶意的或安全的，并且忽略了广告软件。最终我们得到一个包括 61 730 份 APK 文件的数据集，其中有 49 045 个安全文件和 12 685 个恶意文件。

我们还从 Opera Mobile Store 收集了同期的 APK 文件元数据。这些元数据包括应用程序类别、描述和下载次数。该描述用于生成聚类信息。表 7.2 和表 7.3 分别显示了数据集按类别和聚类簇的数据集细分的情况。使用 7.4.4 节中描述的步骤对所有收集到的数据进行编码。

表 7.2　按类别划分数据集详情

类别	安全文件	恶意文件	文件总数
商业和金融	3779	268	4047
通信	2114	323	2437
电子书	2784	479	3263
娱乐	14 138	2453	16 591
游戏	12 090	2603	14 693
健康	1536	228	1764
语言和翻译	734	41	775

⊖　http://mobilesec.nict.go.jp

（续）

类别	安全文件	恶意文件	文件总数
多媒体	2422	567	2989
备忘录	1300	87	1387
铃声	327	132	459
主题皮肤	5276	5059	10 335
旅游和地图	2545	445	2990
总数	49 045	12 685	61 730

表7.3 按聚类簇划分数据集详情

聚类簇	安全文件	恶意文件	文件总数
1	3574	934	4508
2	3883	889	4772
3	3945	976	4921
4	5247	1206	6453
5	4317	1174	5491
6	3820	1077	4897
7	3474	919	4393
8	5337	2091	7428
9	4104	811	4915
10	4346	832	5178
11	3496	818	4314
12	3502	958	4460
文件总数	49 045	12 685	61 730

7.5 用SVM检测恶意软件

在本节中，我们在生成的数据集上使用SVM来检测恶意软件，使用不同的特征方案来实现更好的性能，并解释了SVM的原理以及完善的性能评估技术和指标。

7.5.1 SVM概述

如前几章所述，SVM是一种机器学习模型，可映射数据样本的特征并绘制一个将它们分成两组的决策超平面（见图7.2）。

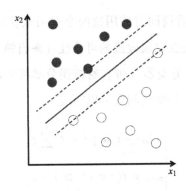

图 7.2　使用 SVM 将具有二维特征的样本分成两组

更准确地说，SVM 绘制的超平面（图 7.2 中的虚线）穿过两组的最外层样本，并绘制了另一个到每个虚线超平面的距离最大化的超平面（图 7.2 中的实线），该实线超平面充当两组之间的边界线。当应用于 Android 恶意软件识别时，SVM 可以通过使用 APK 的特征并在安全软件（良性软件）和恶意软件的特征之间绘制决策超平面来将 APK 文件分为两组。

二分类 SVM 的概念描述如下。从一组训练样本 $\mathcal{D} = \{(x_i, y_i) \mid x_i \in \mathbb{R}^d, y_i \in \{-1, +1\}, i = 1, \cdots, \ell\}$ 中，二分类 SVM 学习一个 1 范数线性函数

$$f(x) = \langle w, x \rangle + b \qquad (7.2)$$

该函数值由权重向量 w 和代表最大间隔的阈值 b 确定$^{\ominus}$。根据 Vapnik 的统计学习理论，训练集中的间隔最大化等价于分类器泛化误差的最小化。

如果无法使用线性超平面分离样本，则有两种选择。第一种选择是使用惩罚参数 C 和一组松弛参数 $\xi_i (\xi_i \geq 0)$，以控制间隔大小和不可分样本引入的误差之间的权衡。第二种选择是首先通过非线性映射函数 Φ 将输入向量 x_i 映射到高维（可能是无限维）特征空间 $\mathcal{F}$，这样，来自相反类别的训练样本之间的改进后的可分性可以确保在 $\mathcal{F}$ 中存在最大间隔超平面的可行解。通过利用所谓的**核方法**，映射 Φ 可以由对应于特征空间中内积的某个核函数 $K(\cdot, \cdot)$ 来隐式地实现，即

$$K(x_i, x_j) = \langle \Phi(x_i), \Phi(x_j) \rangle \qquad (7.3)$$

$\ominus$　间隔是从超平面（实线）到任一类的最近训练数据点的距离。

在实践中，通常在学习阶段同时使用这两个选项来获得数值鲁棒性（来自第一个选项）、对非线性问题的适应性以及改进的可分性（来自第二个选项）[26]。

对于一个基于核的 SVM 分类器（带有对错误分类样本的线性惩罚权重参数 C，该参数通常称为**软间隔参数**），其优化问题可以写成

$$
\begin{cases}
\min \dfrac{1}{2}\parallel \boldsymbol{w} \parallel^2 + C\displaystyle\sum_{i=1}^{\ell} \xi_i \\[2mm]
\text{s. t. } y_i f((\boldsymbol{x}_i)) \geq 1 - \xi_i \\[2mm]
\xi_i \geq 0 \quad i = 1,\cdots,\ell
\end{cases}
\tag{7.4}
$$

可以使用拉格朗日理论获得该问题（通常称为**原始问题**）的解决方案，从而可以将 $\boldsymbol{w}$ 计算为

$$
\boldsymbol{w} = \sum_{i=1}^{\ell} \alpha_i^* y_i \Phi(\boldsymbol{x}_i)
\tag{7.5}
$$

其中 α_{i^*} 是以下二次优化问题（通常称为**对偶问题**）的解：

$$
\begin{cases}
\max W(\boldsymbol{\alpha}) = \displaystyle\sum_{i=1}^{\ell} \alpha_i - \dfrac{1}{2}\displaystyle\sum_{i,j=1}^{\ell} \alpha_i \alpha_j y_i y_j K(\boldsymbol{x}_i,\boldsymbol{x}_j) \\[3mm]
\text{s. t. } \displaystyle\sum_{i=1}^{\ell} y_i \alpha_i = 0 \\[3mm]
0 \leq \alpha_i \leq C \quad i = 1,\cdots,\ell
\end{cases}
\tag{7.6}
$$

在训练之后，SVM 根据以下决策函数预测输入测试样本 $\boldsymbol{x}$ 的类别标签：

$$
f(\boldsymbol{x}) = \sum_{i=1}^{\ell} \alpha_i^* y_i K(\boldsymbol{x},\boldsymbol{x}_i) + b
\tag{7.7}
$$

这是式（7.2）的核版本。如果 $f(\boldsymbol{x}) > 0$，则 $\boldsymbol{x}$ 为正类，否则为负类。

在我们提出的方案中，利用文献 [27] 中提出的线性 SVM 分类器，从训练数据中建立模型。简而言之，以下的 L2-SVM 是使用文献 [27] 中介绍的信赖域牛顿法求解，并在 LIBLINEAR 工具箱[28] 中实现的：

$$
\min_{w} g(\boldsymbol{w}) = \frac{1}{2}\boldsymbol{w}^{\mathrm{T}}\boldsymbol{w} + C\sum_{i=1}^{\ell} (\max(0, 1 - y_i \boldsymbol{w}^{\mathrm{T}}\boldsymbol{x}_i))^2
\tag{7.8}
$$

7.5.2　特征设置

一些学术论文研究了利用 SVM 的恶意软件检测方案。Peiravian 和 Zhu[29] 提取了许可请求和 API 调用作为特征，并使用了包括 SVM 在内的机器学习技术。DroidAPIMiner[30] 和 Li 等人[31] 通过特征选择提高了机器学习技术的性能。

要对样本进行高精度分类，需要选择能够捕捉良性软件和恶意软件特性的特征。为此可以使用不同类型的特征，包括请求权限、应用程序类别、应用程序描述和下载次数。本章通过准备各种特征来探索使用 SVM 检测恶意软件，并评估哪些类型的特征能有效提高检测性能。

为了研究不同特征在区分恶意软件和良性软件方面的相关性，我们使用不同的特征设置对评估指标和分类精度进行了比较。从主要特征开始，每次添加一种辅助特征，以查看通过将新特征纳入学习范围可以带来多少性能改进。

为了辨别各种特征方案，在后面各节中使用以下符号。SVM(p) 表示专门使用权限请求特征 p 训练的 SVM。SVM(p, ct) 表示使用 p 和应用类别特征 ct 训练的 SVM。SVM(p, cl) 表示使用 p 和应用程序聚类特征 cl 训练的 SVM。SVM(p, ct, cl) 表示使用 p、ct 和 cl 训练的 SVM。其他特征方案可以用同样的方式制定，例如，SVM(p, api, ct, cl) 表示使用所有三个特征加上 API 特征 api 训练的 SVM。

7.5.3　调整超参数

算法性能通常严重依赖于用于训练 SVM 模型的超参数。**超参数优化**找到一个超参数元组，该元组产生一个可以最大化独立数据泛化性能的模型。在评估性能之前，执行交叉验证以估计泛化性能并确定最优超参数以供之后使用。

为了执行交叉验证，首先将训练集随机划分成 K 个不相交的子集（我们通常设置 $K=10$）。然后，在第 i 次迭代中，使用第 i 个子集的互补集来训练 SVM，并针对本轮迭代进行测试。最后，通过对 K 次迭代的结果求平均值来完成评估。对于线性 SVM，唯一的关键参数是式（7.4）中的惩罚参数 C，它控制优化目标和训练误差数量之间的权衡。我们执行**网格搜索**——仅通过手动指定的 C 值子集进行穷举搜索——以确定在训练数据集上产生最佳交叉验证结果的 C。然后，使用参数 C 在训练集中的所有样本上训练 SVM 模型。最后，通过将模型输出与测试数据的真实标签进行比较来评估性能。

7.5.4 评估指标

有用于评估分类器性能的通用指标，它们使用四个中间参数来计算：真正例（TP）、假正例（FP）、真负例（TN）和假负例（FN）。TP 是属于正类且预测为正类的样本数，FP 是属于负类但预测为正类的样本数，TN 是属于负类且预测为负类的样本数，FN 是属于正类但预测为负类的样本数。基于四个中间参数，使用四个指标进行性能评估：

- **准确率**（Accuracy）：测试数据被正确分类的概率，即

$$Accuracy = \frac{TP+TN}{n} \tag{7.9}$$

- **精确率**（Precision）：预测为正类的样本被正确分类的概率，即

$$Precision = \frac{TP}{TP+FP} \tag{7.10}$$

- **召回率**（Recall）：样本被正确分类的概率，即

$$Recall = \frac{TP}{TP+FN} \tag{7.11}$$

- **假正率**（FPR）：属于负类的样本被错误分类的概率，即

$$FPR = \frac{FP}{FP+TN} \tag{7.12}$$

当在实验中评估性能时，产生最大精度的超参数被认为是最优的。对于提供安全警报的实际应用，需要一种将误报率（FNR）最小化的方案，此时等效于最小化（1-recall），而对于提供自动对策的应用，最小化 FPR 可能是更好的选择。因此，使用哪种性能度量指标必须根据具体情况决定。

7.5.5 数值结果

为了评估分类器的泛化性能，可以将数据集随机分为训练集和测试集，并且可以

进行多次实验。在我们的实验中，70%的数据用于训练，其余的用于性能评估。报告的结果是十轮的平均值。

在表 7.4 中，我们比较了使用不同特征方案的总体泛化性能。

表 7.4　基于 SVM 的方案的性能

特征方案	准确率（%）	精确率（%）	召回率（%）	FPR（%）	训练时间（s）	测试时间（μs）
SVM（p）	88.87±0.12	81.19±0.65	59.67±0.41	3.58±0.16	0.08	0.3
SVM（p,ct）	89.45±0.15	83.87±0.60	60.27±0.80	3.00±0.15	0.19	0.3
SVM（p,cl）	89.38±0.10	83.48±0.67	60.25±0.38	3.08±0.16	0.14	0.3
SVM（p,ct,cl）	89.45±0.09	83.76±0.53	60.35±0.59	3.03±0.14	0.31	0.3
SVM（api）	94.07±0.16	87.23±0.45	83.34±1.00	3.16±0.15	45.08	12.4
SVM（api,ct）	94.09±0.17	87.37±0.49	83.26±0.73	3.11±0.14	35.65	12.4
SVM（api,cl）	94.08±0.17	87.23±0.53	83.40±0.79	3.16±0.16	41.33	12.4
SVM（api,ct,cl）	94.07±0.15	87.20±0.38	83.36±0.89	3.16±0.12	40.24	12.4
SVM（p,api）	94.07±0.19	87.19±0.57	83.39±0.80	3.17±0.16	37.94	12.4
SVM（p,api,ct,cl）	94.05±0.18	87.21±0.31	83.28±0.99	3.16±0.10	43.55	12.4

由于准确率、精确率和召回率具有相似的趋势，因此在下面的讨论中只使用准确率。表 7.4 的上半部分展示了最初使用权限请求特征训练模型时的结果，以及使用应用程序类别特征和聚类特征时的结果。在我们的数据集上，许可请求特征的准确率为88.87%。添加应用程序类别特征时，准确率提高到89.45%；添加聚类特征时，准确率提高到89.38%。这些数值表明，应用程序类别特征可能比聚类特征包含更多的判别信息。

当使用这两个元数据特征以及权限请求特征时，准确率保持在89.45%。换句话说，当用于恶意软件检测时，这两个元数据特征包含几乎同等价值的信息。

表 7.4 的中间部分展示了使用 API 特征的结果。在这里，学习仅从 API 特征开始，后面添加了另外两个元数据特特征。与 SVM（p）的结果相比，SVM（api）在所有四项性能指标上都有显著提高。与 SVM（p）相比，SVM（api）的准确率提高了 5%，达到了94.07%。但是，当添加元数据特征时，准确率仅略有提高，这表明元数据特征几乎不包含对分类有用的额外判别信息。

表 7.4 的底部展示了 SVM（p,api）和 SVM（p,api,ct,cl）的结果。对于这两种特征

方案，准确率都与仅用 API 特征获得的准确率相同。这证实了 API 调用比权限请求包含更多的判别信息。由于存在关联关系，与仅基于 API 特征的分类器相比，权限在性能增益方面没有任何额外的判别信息。与 SVM(p, api) 相比，当元数据特征也被用于学习时，SVM(p, api, ct, cl) 的准确率略有下降。综上所述，将元数据特征与 API 特征结合使用，几乎不会为分类提供额外的判别信息。

表 7.4 的最后两列显示了所有设置的训练和测试时间。由于 LIBLINEAR 在中等规模数据集上性能较高，因此计算时间不能被视为训练或测试的瓶颈。只要泛化性能得到改善，学习中还可以包含更高级的特征。

7.6　与参数化方法比较

如前所述，基于机器学习的方法在分类方面优于其他方案。为了了解性能优势，本节比较了参数化方法和机器学习方法（分别使用 DroidRisk 和 SVM）。为了进行公平的比较，我们扩展了 DroidRisk，使其能够包含权限请求以外的特征。下面首先介绍如何扩展 DroidRisk，然后与基于 SVM 的方案比较性能。

7.6.1　扩展 DroidRisk

我们定义了一种称为 DR(p, ct) 的新方案，该方案扩展了 DroidRisk 以根据其应用类别 ct 量化 APK 文件的安全风险。DroidRisk 通过分析整个数据集来确定 $L(p)$ 和 $I(p)$，但最优值可能会因应用程序类型而异。例如，旅行和地图类别中的许多应用程序都请求使用 GPS 的权限，而多媒体类别中的应用程序则很少请求该权限。因此，DR(p, ct) 通过分析每个类别中的数据，为每个应用程序类别设置不同的 $L(p)$ 和 $I(p)$ 值，如下所示：

$$r = \sum_i \left\{ L(p_i, ct) \times I(p_i, ct) \right\}. \tag{7.13}$$

我们还定义了另一个称为 DR(p, cl) 的方案，该方案使用应用程序聚类特征 cl 来扩展 DroidRisk，其中 cl 是使用 7.4.2 节中描述的方案得到的。类似于基于类别的方案，该方案将风险值 r 计算为

$$r = \sum_{i} \{ L(p_i, cl) \times I(p_i, cl) \}. \tag{7.14}$$

7.6.2　DroidRisk 性能

表 7.5 展示了 DroidRisk 及其在 7.6.1 节中定义的扩展在准确率、精确率、召回率和 FPR 方面的性能。

这些值是 10×10 交叉验证结果的平均值。如表 7.5 中所示，通过使用应用程序类别特征和聚类特征，DR(p) 的性能得到了提高。与应用程序聚类特征相比，应用程序类别特征可以进一步提高性能。尽管通过微调聚类生成算法可以进一步提高应用程序聚类的贡献，但是性能的提高并不明显。这很可能是因为 DR(p,ct) 和 DR(p,cl) 都过拟合了，这种过拟合是由基于上下文的分析分割数据集引起的。

表 7.5　基于 DroidRisk(DR) 的方案的性能

	准确率（%）	精确率（%）	召回率（%）	FPR（%）
DR(p)	83.59±0.14	67.02±0.61	39.65±1.29	5.05±0.25
DR(p,ct)	85.63±0.20	59.68±2.19	29.85±1.69	4.93±0.48
DR(p,cl)	83.88±0.17	65.78±0.88	42.35±1.75	6.05±0.40
DR(api)	79.50±0.04	51.77±18.47	0.93±0.34	0.18±0.06
DR(api,ct)	82.41±0.12	45.82±9.01	14.07±0.70	6.75±0.86
DR(api,cl)	79.53±0.04	53.84±9.17	0.85±0.26	0.13±0.04

有人可能会说，应该使用 API 调用来代替权限请求，以便进行更准确的分析。为了研究这一点，我们使用 API 调用来测量这些方案的性能，分析了超过 30 000 种类型的 API 调用，包括 Android 框架 API、Java API 和第三方 API，以计算参数 L 和 I。为了简单起见，我们针对恶意软件使用的 API 调用的前 10% 优化了 L 的值，而其余部分将该值设置为 1。表 7.5 显示了 DR(api)、DR(api,ct) 和 DR(api,cl) 的性能，其中 api 表示 API 调用。这些基于 API 的方案的性能远远落后于基于权限的方案，这很可能是因为基于 API 的方案比基于权限的方案更容易受到过拟合问题的影响。过拟合的程度取决于数据集中的样本数量和特征的维数。因为这里的数据集是相同的，所以与基于权限的方案相比，过拟合对那些使用更高维度特征的基于 API 的方案具有更大的影响。当使用 API 调用和元数据特征时，必须考虑过拟合的程度。

比较表 7.4 和表 7.5 中的结果可以清楚地发现，基于 SVM 的方案比基于 DroidRisk 的方案具有更好的性能。所有基于 DroidRisk 的方案都比随机分类器具有更好的性能，事实上，它们可以被视为弱分类器。这些结果证实了 7.3 节中的结论，即分类方法优于参数化方法。

7.7   特征选择

在 7.4 节中描述的四种特征类型，当被编码为二进制属性时，会产生 37 720 维的特征向量（权限特征为 583 维，API 特征为 37 113 维，类别特征为 12 维，聚类特征为 12 维）。但是，根据 7.5.5 节中给出的评估结果，并非所有二进制属性都为分类提供了等同的判别信息。这一观察使我们对特征相关性进行了更严格的分析。在下文中，除了在**特征选择**（feature selection）的上下文中使用外，我们用**属性**（attribute）来表示输入到分类器的向量的单个元素，用**特征**（feature）来指代从特定来源获得的一组变量。

在机器学习中，特征选择是一种经过广泛研究的工具，可以用来：1）克服维数灾难以提高泛化性能；2）加快训练和预测中的计算速度；3）降低数据收集和存储成本；4）促进进一步的数据研究。传统的特征选择方法通常分为两类：包装法和过滤法。最近还引入了更先进的方法，例如将选择标准添加到目标函数中的嵌入法，以及结合多种选择策略的混合方法。

先前关于特征选择的工作表明，特征选择对于构建强大的分类器是必不可少的。这也适用于专门处理高维数据的支持向量机。然而，特征选择通常需要大量计算：它通常需要用不同的特征子集重复训练相同的分类器。考虑到大量的 APK 文件和数据的高维数，需要一种经济、高效的特征选择方法。

7.7.1   递归特征消除

由于支持向量机的稳健性和高效性，目前已经提出了几种基于 SVM 的特征选择算法。其中，基于 SVM 的递归特征消除（SVM-RFE）[32]已被广泛用于分析大规模、高维数据。

SVM-RFE 最初是为了选择癌症分类的相关基因而引入的。它使用后向选择逻辑：首先用所有感兴趣的属性拟合一个 SVM 模型，然后根据下一节描述的标准对属性进行排序，并忽略那些在选定的关键级别上不重要的属性。接下来，该算法使用剩余的属性依次重新拟合简化的 SVM 模型，直到所有剩余的属性在统计上都是有效的，或者直到保留了预定数量的属性为止。算法 11 中展示了 RFE[32]的修改版本。

算法 11：基于 SVM 的递归特征消除

数据：维度为 $\mathcal{D}$ 的数据集 $\mathcal{D} = \{(x_i, y_i)\}$
结果：$\mathcal{R}$（按重要性递增排序的属性指标）
1 $\mathcal{A} = \{1, \ldots, D\}$（默认属性索引集合）；
2 **while** $|\mathcal{A}| \geq 1$ **do**
3 $\quad$ $SVM(\alpha_i^*) = Train(\mathcal{A}, \mathcal{D})$；
4 $\quad$ $R_k = |\sum_{i=1}^{l} y_i \alpha_i^* x_{ik}|$, for $k \in \mathcal{A}$；
5 $\quad$ $e = \arg \min_k R_k$；
6 $\quad$ $Push(\mathcal{R}, e)$；
7 $\quad$ $\mathcal{A} := \mathcal{A} - e$；
8 **end**

7.7.2　排序标准

文献［32］中引入了一种基于成本效益的排序标准，用于估计属性对分类的贡献。给定式（7.8）中线性 SVM 的目标函数的最优解 α^* 和 w^*，有

$$w^* = \sum_{i=1}^{\ell} y_i \alpha_i^* x_i \qquad (7.15)$$

式（7.15）表明，如果 w^* 的某些元素为零，则删除相关的输入属性将保持决策函数不变。此外，与 w^* 中接近于零的元素相关联的属性可能被认为是不重要的，可以在不降低分类器泛化性能的情况下将其删除。因此，线性 SVM 的第 k 个特征的排序标准可以定义为

$$R_k = \sqrt{\| w^* \|^2 - \| w^{*(k)} \|^2} = |\sum_{i=1}^{\ell} y_i \alpha_i^* x_{i_k}| \qquad (7.16)$$

其中，x_{i_k} 是 x_i 的第 k 个元素。对于 $i = 1, \cdots, l$，通过将所有分量 x_{i_k} 设置为 0，可以从 w^* 获得 $w^{*(k)}$。

7.7.3 实验

我们使用 7.4 节中介绍的所有四种特征类型在数据集上运行 SVM-RFE，以找到产生最佳性能的属性。由于在不同类型的评估指标之间需要权衡取舍，我们选择了 F 值（F-measure）作为优先考虑的指标，它是精确率和召回率的加权调和平均值：

$$F\text{-measure} = 2. \frac{精确率 \times 召回率}{精确率 + 召回率} \qquad (7.17)$$

值得注意的是，如 7.5.4 节中所述，可以优先考虑其他指标。

为了加快特征选择的速度，当 SVM-RFE 应用于我们的数据时，我们在每次迭代中删除多个属性。假设特征选择前的属性总数为 D，SVM 的二进制输入向量的维数和在第 i 次迭代中删除的属性数分别为 d_i 和 Δ_i。在实验中，Δ_i 以如下方式确定：

$$\Delta_i = \begin{cases} \lceil 0.10 d_i \rceil & d_i > 0.80D \\ \lceil 0.005 d_i \rceil & 100 < d_i \leqslant 0.80D \\ 1 & d_i \leqslant 100 \end{cases} \qquad (7.18)$$

在本实验中，SVM-RFE 在我们的数据集上运行了 11 次。表 7.6 展示了每次运行的性能。D_{opt} 列展示了获得最佳性能所需的属性数量。表 7.6 中还展示了使用最佳特征集的 SVM 的 F 值、准确率、精确率、召回率和 FPR。比较表 7.4 和表 7.6 可以发现，当选择相关属性并省略与 SVM-RFE 无关的属性时，SVM 性能会进一步提高。

表 7.6 SVM-RFE 的性能

次数	D_{opt}	F 值	准确率（%）	精确率（%）	召回率（%）	FPR（%）	D_{base}
1	3129	0.857	94.18	86.62	84.76	3.378	878
2	17 115	0.868	94.59	88.15	85.50	3.02	1439
3	3885	0.853	94.02	87.40	83.23	3.15	4554
4	34 112	0.854	94.08	96.82	84.03	3.31	4554
5	1927	0.854	94.04	87.15	83.74	3.25	666
6	2542	0.853	94.19	87.75	83.01	2.95	1471
7	25 869	0.857	94.21	86.54	84.85	3.39	3397
8	18 000	0.852	94.03	86.97	86.50	3.24	7776
9	10 329	0.853	94.11	86.78	83.81	3.26	7776

（续）

次数	D_{opt}	F 值	准确率（%）	精确率（%）	召回率（%）	FPR（%）	D_{base}
10	1734	0.855	94.07	87.22	83.83	3.23	808
11	8918	0.854	94.14	86.93	84.01	3.25	963
平均数	11 596	0.855	94.15	87.12	84.02	3.22	2288
中位数	89187	0.854	94.11	86.97	83.83	3.25	1439

　　表 7.6 中的 D_{base} 列显示了在没有特征选择的情况下，要获得与表 7.4 所示的 SVM 相同的性能所需的属性数量。可以看出，只需要 1439 个属性（最多 7776 个）就能获得相同的性能。

　　为了进一步分析实验结果，我们对 D_{base} 取中值的情况，即 SVM-RFE 在我们的数据集上第二次运行的结果做进一步分析。图 7.3 展示了在我们的数据集上第二次运行 SVM-RFE 的结果$^{\ominus}$。从图中可以看出，当我们在早期阶段添加有贡献的属性时，性能会急剧变化，并且曲线会很快饱和：当在训练中添加超过 2000 个额外属性时，性能几乎没有变化。

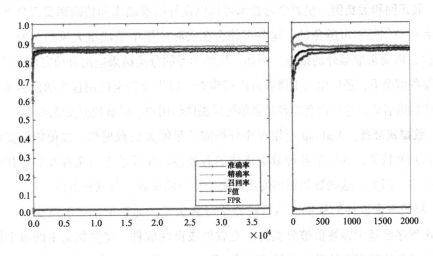

图 7.3　特征选择结果（左侧表示所有属性，右侧表示排序后的顶部属性）（见彩插）

　　通过使用有限数量的属性（中位数为 8918，最大值为 34 112），性能得到了进一步提高。通过使用更少数量的属性（中位数为 1439，最大值为 7776），可以获得与不使

$\ominus$　所有曲线的形状都是相似的。

用特征选择的 SVM 相同的性能水平,这将极大地降低计算的复杂度。因此,对属性进行排序和选择有贡献的属性是在降低计算成本的同时获得更好性能的有效方法。

仔细研究第二次运行结果中的排序属性,会发现 API 调用是该领域中最有用的特征。权限请求、API 调用、应用程序类别和聚类特征在特征排名中第一次出现时分别排第 14 位、第 1 位、第 240 位和第 942 位。因为所有这些特征在维度达到 D_{opt} 之前就至少出现过一次,所以它们有助于进行恶意软件检测。但是,谁出现得越早,谁的贡献就越大,这些结果支持 7.5.5 节中给出的结果——API 调用贡献最大,而聚类信息对分类的贡献很小。第二次运行的结果还表明,权限请求特征和应用程序类别特征的一些属性有助于提高分类性能。

7.8 问题和限制

Android 应用程序分析对于保障 Android 设备的安全非常重要,而机器学习可以有效地帮助用户做到这一点。但是,需要考虑以下问题和限制:

1) **假正例和假负例**。机器学习技术可以以良好的准确率和精确率实现分类,但是假正例和假负例是不可避免的。这些可能会在实际应用中造成重大风险。为了最小化这种风险,需要采取额外的措施。例如,机器学习的分类结果应由自动安全工具进行审查,在某些情况下,还应由人工操作员进行审查,以生成安全应用程序的白名单和危险应用程序的黑名单,这些白名单和黑名单可以提供给用户,以替代分类结果。

2) **数据集准备**。Android 应用程序分析需要足够大的数据集,以便能够提取有效的统计信息和特征,并评估各种分类算法的有效性。在线数据收集存在如版权和使用限制等障碍。因此,这些数据源的使用取决于相应的法规、条款和条件。

3) **标记恶意软件的标准**。运行机器学习算法时,标签值是必不可少的。在本章中,应用程序已基于标签值被分类为恶意软件或良性软件。将数据集中的每个样本条目标记为恶意的或安全的并不总是很容易,因为定义恶意软件的特征并不简单。例如,广告软件是否是恶意软件是具有争议的。因此,VirusTotal 中的某些恶意软件分析引擎将广告软件视为恶意软件,而其他引擎则不会。根据恶意软件的定义,标记结果可能会改变,这反过来会影响机器学习的分类结果。这使得有必要针对每个应用程序去合理地定义恶意软件。

7.9　总结

在本章中，描述了识别 Android 恶意软件的技术，并展示了机器学习技术在这方面的可用性，重点介绍了 SVM。用于运行 SVM 来识别恶意软件的数据集是根据权限请求、API 调用、应用程序类别和描述生成的。我们评估了 SVM 和 DroidRisk 在我们的数据集上的性能，得出的结论是 SVM 比 DroidRisk 具有明显的优势。为了进一步提高 SVM 的性能，SVM-RFE 被用来评估属性和确定它们的贡献。删除无贡献的特征获得了 94.15% 的准确率。该评估证实了 API 调用是最主要的特征，权限请求和应用程序类别也对分类性能有一定贡献，而从应用描述中导出的聚类信息几乎不影响分类。本章重点介绍了 SVM，但也可以考虑使用其他机器学习技术来识别 Android 恶意软件，例如深度学习，还可以探索不同类型的特征和特征选择方案。这样的研究工作将极大地促进我们构建更安全的 Android 生态系统。

参考文献

[1] Van der Meulen R, Forni AA (2017) Gartner says demand for 4G smartphones in emerging markets spurred growth in second quarter of 2017. https://www.gartner.com/newsroom/id/3788963

[2] Sophos (2017) SophosLabs 2018 malware forecast. https://www.sophos.com/en-us/en-us/medialibrary/PDFs/technical-papers/malware-forecast-2018.pdf

[3] Lipovsky R (2014) ESET analyzes Simplocker—first Android file-encrypting, TOR-enabled ransomware. https://www.welivesecurity.com/2014/06/04/simplocker/

[4] Stefanko L (2015) Aggressive Android ransomware spreading in the USA. https://www.welivesecurity.com/2015/09/10/aggressive-android-ransomware-spreading-in-the-usa/

[5] Schölkopf B, Smola AJ (2001) Learning with kernels: support vector machines, regularization, optimization, and beyond. MIT Press, Cambridge

[6] Vapnik VN (1998) Statistical learning theory. Wiley, Hoboken

[7] Takahashi T, Ban T, Tien CW, Lin CH, Inoue D, Nakao K (2016) The usability of metadata for Android application analysis. In: Hirose A, Ozawa S, Doya K, Ikeda K, Lee M, Liu D (eds) Proceedings of the 23nd International Conference on Neural Information Processing. Springer, Cham, pp 546–554. https://doi.org/10.1007/978-3-319-46687-3_60

[8] Ban T, Takahashi T, Guo S, Inoue D, Nakao K (2016) Integration of multimodal features for Android malware detection based on linear SVM. In: Proceedings of the 11th Asia Joint Conference on Information Security, IEEE, pp 141–146. https://doi.org/10.1109/AsiaJCIS.2016.29

[9] Moonsamy V, Rong J, Liu S (2014) Mining permission patterns for contrasting clean and malicious Android applications. Future Gener Comp Syst 36:122–132. https://doi.org/10.1016/j.future.2013.09.014

[10] Wang Y, Zheng J, Sun C, Mukkamala S (2013) Quantitative security risk assessment of Android permissions and applications. In: Wang L, Shafiq B (eds) Data and applications security and privacy XXVII. Springer, Heidelberg, pp 226–241. https://doi.org/10.1007/978-3-642-39256-6_15

[11] Sarma BP, Li N, Gates C, Potharaju R, Nita-Rotaru C, Molloy I (2012) Android permissions: a perspective combining risks and benefits. In: Atluri V, Vaidya J (eds) Proceedings of the 17th ACM Symposium on Access Control Models and Technologies. ACM, New York, pp 13–22. https://doi.org/10.1145/2295136.2295141

[12] Demiroz A (2018) Google play crawler JAVA API. https://github.com/Akdeniz/google-play-crawler

[13] Enck W, Gilbert P, Han S, Tendulkar V, Chun BG, Cox LP, Jung J, McDaniel P, Sheth AN (2014) TaintDroid: an information-flow tracking system for realtime privacy monitoring on smartphones. ACM T Comput Syst 32(2), Article 5. https://doi.org/10.1145/2619091

[14] Octeau D, McDaniel P, Jha S, Bartel A, Bodden E, Klein J, Le Traon Y (2013) Effective inter-component communication mapping in Android with Epicc: an essential step towards holistic security analysis. In: Proceedings of the 22nd USENIX Conference on Security. USENIX Association, Berkeley, CA, USA, pp 543–558. https://www.usenix.org/system/files/conference/usenixsecurity13/sec13-paper_octeau.pdf

[15] Android Developers (2018) UI/Application exerciser monkey. https://developer.android.com/studio/test/monkey

[16] Li Y, Yang Z, Guo Y, Chen X (2017) DroidBot: a lightweight UI-guided test input generator for Android. In: Uchitel S, Orso A, Robillard M (eds) Proceedings of the 39th International Conference on Software Engineering Companion. IEEE Computer Society, Los Alamitos, CA, USA, pp 23–26. https://doi.org/10.1109/ICSE-C.2017.8

[17] Harris ZS (1954) Distributional structure. WORD 10(2–3):146–162. https://doi.org/10.1080/00437956.1954.11659520

[18] MacQueen J (1967) Some methods for classification and analysis of multivariate observations. In: Le Cam LM, Neyman J (eds) Proceedings of the Fifth Berkeley Symposium on Mathematical Statistics and Probability, vol 1. University of California Press, Berkeley, pp 281–297. https://projecteuclid.org/euclid.bsmsp/1200512992

[19] Gorla A, Tavecchia I, Gross F, Zeller A (2014) Checking app behavior against app descriptions. In: Jalote P, Briand L, van der Hoek A (eds) Proceedings of the 36th International Conference on Software Engineering. ACM, New York, pp 1025–1035. https://doi.org/10.1145/2568225.2568276

[20] Blei DM, Ng AY, Jordan MI (2003) Latent Dirichlet allocation. J Mach Learn Res 3:993–1022

[21] Shuyo N (2010) Language detection library for Java. https://github.com/shuyo/language-detection

[22] Pereda R (2011) Stemmify 0.0.2. https://rubygems.org/gems/stemmify

[23] McCallum AK (2002) MALLET: a machine learning for language toolkit. http://mallet.cs.umass.edu

[24] RubyGems.org (2013) kmeans 0.1.1. https://rubygems.org/gems/kmeans/

[25] Apps and Games AS (2018) Bemobi mobile store. http://apps.bemobi.com

[26] Cover TM (1965) Geometrical and statistical properties of systems of linear inequalities with applications in pattern recognition. IEEE Trans Electron EC-14(3):326–334. https://doi.org/10.1109/PGEC.1965.264137

[27] Lin CJ, Weng RC, Keerthi SS (2007) Trust region Newton methods for large-scale logistic regression. In: Ghahramani Z (ed) Proceedings of the 24th International Conference on Machine Learning. ACM, New York, pp 561–568. https://doi.org/10.1145/1273496.1273567

[28] Fan RE, Chang KW, Hsieh CJ, Wang XR, Lin CJ (2008) LIBLINEAR: a library for large linear classification. J Mach Learn Res 9:1871–1874

[29] Peiravian N, Zhu X (2013) Machine learning for Android malware detection using permission and API calls. In: Bourbakis N, Brodsky A (eds) Proceedings of the 25th International Confer-

ence on Tools with Artificial Intelligence. IEEE Computer Society, Los Alamitos, CA, USA, pp 300–305. https://doi.org/10.1109/ICTAI.2013.53

[30] Aafer Y, Du W, Yin H (2013) DroidAPIMiner: mining API-level features for robust malware detection in Android. In: Zia T, Zomaya A, Varadharajan V, Mao M (eds) Security and privacy in communication networks. Springer, Cham, pp 86–103. https://doi.org/10.1007/978-3-319-04283-1_6

[31] Li W, Ge J, Dai G (2015) Detecting malware for Android platform: an SVM-based approach. In: Qiu M, Zhang T, Das S (eds) Proceedings of the 2nd International Conference on Cyber Security and Cloud Computing. IEEE Computer Society, Los Alamitos, CA, USA, pp 464–469. https://doi.org/10.1109/CSCloud.2015.50

[32] Guyon I, Weston J, Barnhill S, Vapnik V (2002) Gene selection for cancer classification using support vector machines. Mach Learn 46(1–3):389–422. https://doi.org/10.1023/A:1012487302797

推荐阅读

机器学习实战：基于Scikit-Learn、Keras和TensorFlow（原书第2版）

作者：Aurélien Géron ISBN：978-7-111-66597-7 定价：149.00元

机器学习畅销书全新升级，基于TensorFlow 2和Scikit-Learn新版本

Keara之父、TensorFlow移动端负责人鼎力推荐

"美亚"AI+神经网络+CV三大畅销榜冠军图书

从实践出发，手把手教你从零开始构建智能系统

这本畅销书的更新版通过具体的示例、非常少的理论和可用于生产环境的Python框架来帮助你直观地理解并掌握构建智能系统所需要的概念和工具。你会学到一系列可以快速使用的技术。每章的练习可以帮助你应用所学的知识，你只需要有一些编程经验。所有代码都可以在GitHub上获得。

机器学习算法（原书第2版）

作者：Giuseppe Bonaccorso ISBN：978-7-111-64578-8 定价：99.00元

本书是一本使机器学习算法通过Python实现真正"落地"的书，在简明扼要地阐明基本原理的基础上，侧重于介绍如何在Python环境下使用机器学习方法库，并通过大量实例清晰形象地展示了不同场景下机器学习方法的应用。

推荐阅读

Kali Linux高级渗透测试（原书第3版）

作者：[印度]维杰·库马尔·维卢 等 ISBN：978-7-111-65947-1 定价：99.00元

Kali Linux渗透测试经典之作全新升级，全面、系统阐释Kali Linux网络渗透测试工具、方法和实践。

从攻击者的角度来审视网络框架，详细介绍攻击者"杀链"采取的具体步骤，包含大量实例，并提供源码。

物联网安全（原书第2版）

作者：[美]布莱恩·罗素 等 ISBN：978-7-111-64785-0 定价：79.00元

从物联网安全建设的角度全面阐释物联网面临的安全挑战并提供有效解决方案。

数据安全架构设计与实战

作者：郑云文 编著 ISBN：978-7-111-63787-5 定价：119.00元

资深数据安全专家十年磨一剑的成果，多位专家联袂推荐。

本书以数据安全为线索，透视整个安全体系，将安全架构理念融入产品开发、安全体系建设中。

区块链安全入门与实战

作者：刘林炫 等编著 ISBN：978-7-111-67151-0 定价：99.00元

本书由一线技术团队倾力打造，多位信息安全专家联袂推荐。

全面系统地总结了区块链领域相关的安全问题，包括整套安全防御措施与案例分析。

推荐阅读

数据大泄漏：隐私保护危机与数据安全机遇

作者：[美] 雪莉·大卫杜夫 著 ISBN：978-7-111-68227-1 定价：139.00元

数据泄漏可能是灾难性的，但由于受害者不愿意读及它们，因此数据泄漏仍然是神秘的。本书从世界上最具破坏性的泄漏事件中总结出了一些行之有效的策略，以减少泄漏事件所造成的损失，避免可能导致泄漏事件失控的常见错误。

Python安全攻防：渗透测试实战指南

作者：吴涛 等编著 ISBN：978-7-111-66447-5 定价：99.00元

一线开发人员实战经验的结晶，多位专家联袂推荐。

全面、系统地介绍Python渗透测试技术，从基本流程到各种工具应用，案例丰富，便于掌握。

网络安全与攻防策略：现代威胁应对之道（原书第2版）

作者：[美] 尤里·迪奥赫内斯 等 ISBN：978-7-111-67925-7 定价：139.00元

Azure安全中心高级项目经理 & 2019年网络安全影响力人物荣誉获得者联袂撰写，美亚畅销书全新升级。 涵盖新的安全威胁和防御战略，介绍进行威胁猎杀和处理系统漏洞所需的技术和技能集。

网络安全之机器学习

作者：[印度] 索马·哈尔德 等 ISBN：978-7-111-66941-8 定价：79.00元

弥合网络安全和机器学习之间的知识鸿沟，使用有效的工具解决网络安全领域中存在的重要问题。基于现实案例，为网络安全专业人员提供一系列机器学习算法，使系统拥有自动化功能。